特种经济动物疾病学

齐 萌 赵爱云 井 波◎主编

中国农业科学技术出版社

图书在版编目（CIP）数据

特种经济动物疾病学／齐萌，赵爱云，井波主编 . —北京：中国农业科学技术
出版社，2020.7

ISBN 978-7-5116-4821-1

I.①特… II.①齐…②赵…③井… III.①经济动物-动物疾病-防治-高等学校-
教材 IV.①S858.9

中国版本图书馆 CIP 数据核字（2020）第 116413 号

责任编辑	陶　莲	
责任校对	李向荣	
出 版 者	中国农业科学技术出版社	
	北京市中关村南大街 12 号　邮编：100081	
电　　话	（010）82106625（编辑室）　　（010）82109702（发行部）	
	（010）82109709（读者服务部）	
传　　真	（010）82106625	
网　　址	http：//www.castp.cn	
经 销 者	各地新华书店	
印 刷 者	北京建宏印刷有限公司	
开　　本	710mm×1 000mm　1/16	
印　　张	15	
字　　数	244 千字	
版　　次	2020 年 7 月第 1 版　2020 年 7 月第 1 次印刷	
定　　价	58.00 元	

《特种经济动物疾病学》
编 委 会

前　言

特种经济动物具有较高的药用价值、营养价值和经济价值。随着人们生活水平的不断提高，对生活质量提出更高的要求和向往，特种经济动物的产品和制品等受到人们的广泛青睐，特种经济动物养殖在近些年来发展迅速。

特种经济动物养殖对保护生物多样性，保存和开发利用动物资源，促进动物健康，提高畜产品质量，保障人类健康和环境安全等方面具有重要的研究价值和学术价值，可有效提升经济效益、社会效益和生态效益，具有广阔的应用前景。在我国部分地区，特种经济动物养殖已成为新的经济增长点，并逐渐呈现规模化和集约化养殖模式。我国生态环境丰富多样，不同地区的特种经济动物养殖分布存在差异，虽然有较高的养殖效益，但在整体布局上略显混乱，缺少科学的区域规划与指导，存在一定的养殖风险。特别是卫生环境较差、饲养管理不善的养殖场，动物发生疾病的风险尤为突出，其生产性能和经济效益将受到较为严重的影响。因此，需因地制宜地开展特种经济动物养殖，根据其自身特点进行饲养管理，疾病防控也应采取综合性措施。

目前，随着社会对特种经济动物养殖方面的人才需求不断增加，许多高等农业院校已将特种经济动物饲养和疾病防治纳入本、专科教学中，开设了相关课程。基于我国常见的特种经济动物养殖现状，结合其相关疾病防治的研究工作，编者组织编写了《特种经济动物疾病学》一书，以供农业院校相关专业的师生、基层兽医和养殖人员阅读参考。本书第一章由齐萌编写，第二章由赵爱云编写，第三章由井波编写，第四章第一节至第三节由钱伟锋编写，第四节由徐春艳编写，第五节至第十一节由王甜编写，全书由齐萌统稿。

　　本书引用了许多专家、学者的研究成果和相关的文献资料，在此深表感谢！本书的出版得到了塔里木大学预防兽医学重点学科建设项目、塔里木大学动物医学特色品牌专业项目（220101501）和新疆建设兵团中青年科技创新领军人才计划项目（2018CB034）的经费支持，在此表示感谢！塔里木大学动物科学学院本科生侯旻昱、王银龙和乔飞在书稿的文字校对方面做了大量工作，在此一并感谢！

　　由于时间紧迫，编者水平有限，书中错误和不足之处在所难免，敬请读者批评指正！

编　者

2019 年 9 月

目　　录

第一章　特种经济动物的生物学习性

动物的生物学习性主要包括其分类地位、解剖学特征、繁殖与生理特点及行为习性和食性等。特种经济动物的生物学特性差异较大，研究了解其特性对科学地饲养管理、有效地防治疾病均有重要意义。

第一节　鹿

鹿（Deer）在分类学上属于脊索动物门、脊椎动物亚门、哺乳纲、兽亚纲、真兽次亚纲、偶蹄目、反刍亚目、鹿科动物。鹿科分为鹿亚科、白唇鹿亚科、毛冠鹿亚科和獐亚科。分布于我国的鹿科动物分为 9 属 15 种，即豚鹿、梅花鹿、水鹿、白唇鹿、马鹿、泽鹿（坡鹿）、麋鹿、狍、驼鹿、驯鹿、黑鹿、小鹿、赤鹿、毛冠鹿和獐（河鹿）。

我国养鹿的主要目的是获取鹿茸，凡是生产的鹿茸有药用价值的鹿称为茸用鹿或茸鹿。现已驯养的茸鹿主要为梅花鹿、马鹿、水鹿、海南坡鹿和白唇鹿等。

鹿的共同体型特征为耳大直立、颈细长、尾短、四肢长、悬蹄小、雄鹿有角、雌鹿无角等。鹿的解剖结构与其他反刍动物大体相似，不同之处是 2~9 肋骨与软骨的连接是靠关节结合，胸骨柄和胸骨体之间也有关节。鹿的后肢肌肉发达，蹬力大，善于弹跳。鹿上颌无切齿，齿式为 0.1.3.3/4.0.3.3，共 32~34 枚。无胆囊，肝管较粗大，胆汁直接入胆总管，胆总管以乳头开口于幽门下十二指肠 14~15cm 处的肠壁。雄鹿成长至一定年龄（梅花鹿 8~10 月龄，水鹿约 10 月龄）在额顶两侧长出初角茸，至翌年 4 月脱盘，经 50d 左右长成二杠茸，经

70d 左右长成三叉茸。雄梅花鹿第一年收初角茸，从翌年起每年可收二杠或三叉茸。马鹿每年从脱盘起经 80d 左右收叉茸。雄鹿的生茸期为 10~15 年。野生雄鹿因不收茸，茸角逐渐钙化变硬，表皮剥落成为硬角，每年脱换 1 次，并在每年4—8 月中旬长茸。

梅花鹿是亚洲东部的特产种类，在国外见于俄罗斯东部、日本和朝鲜，在中国分布于黑龙江乌苏里江、河北兴隆、山东、山西太原、四川红原、江苏的太湖和镇江及南京、上海、浙江杭州、安徽、广西壮族自治区（全书简称广西）、广东等地。过去在中国分布很广，后因人类社会经济活动的扩展和长期滥捕乱猎，野生的梅花鹿日渐稀少，河北、山西等地已绝迹。现在许多地方由圈养发展到成群牧养，鹿的数量和鹿茸产量均有增加。野生梅花鹿已被中国政府定为国家级保护动物，严禁猎取。梅花鹿体型中等，体重 100~150kg，肩高 1.3~1.4m。主蹄狭长，毛色鲜艳，冬毛厚密呈栗棕色且有绒毛，白斑不明显。夏毛薄而无绒毛，呈红棕色，有明显白斑。

马鹿在世界上分布很广，欧洲南部和中部、北美洲、非洲北部、亚洲的俄罗斯东部、蒙古、朝鲜和喜马拉雅山地区均有分布，在中国分布于黑龙江、辽宁、内蒙古自治区（全书简称内蒙古）的呼和浩特、宁夏回族自治区（全书简称宁夏）的贺兰山、北京、山西忻州、甘肃临潭、西藏自治区（全书简称西藏）、四川、青海、新疆维吾尔自治区（全书简称新疆）等地的野外种群已经在 21 世纪初灭绝。

鹿性情胆怯，反应灵敏，易受惊吓。行动敏捷，善奔跑。嗅觉和听觉灵敏。视觉转差。喜栖息于橡树和椴树等树种的混交林、山地草原和森林的边缘地带以及岩石较多的地域。冬天多活动于避风向阳的地域或积雪较少之处；春、秋季节则多在少树的地方；夏季常在较密的林子里。

鹿为反刍动物，采食各种草本植物和乔、灌木的嫩枝叶。其采食植物的种类随鹿的种类和可供采食的植物种类而变化。梅花鹿主要采食橡树、柞树和极树的叶、嫩芽和嫩枝以及苔藓植物。与梅花鹿相比，马鹿更喜欢采食禾本科植物和互科植物。由于鹿食性广泛，人工饲养下夏季以各种新鲜的树叶、块根、青草、青制玉米等为主要饲料，冬季则喂给干草、干树叶并补给谷物类（麸皮、米糠等)、豆类(豆饼等)精饲料,同时给予一定量的骨粉、蛋壳粉和食盐等。

梅花鹿、马鹿 15~18 月龄开始性成熟,为季节性多次发情,在北方秋、冬季的 9—11 月是雄、雌鹿发情配种时期。雌鹿在此季节周期性多次发情,发情周期平均 12d 左右,每次发情持续 12~36h。雄鹿争偶角斗在 9 月中旬最激烈。妊娠期梅花鹿为 235~245d,马鹿约 250d。分娩期在翌年 4—6 月,多数产 1 仔,少数产双仔,初生梅花鹿重 5.8~6.5kg。

马鹿的发情期集中在每年 9—10 月,此时雄鹿很少采食,常用蹄子扒土,频繁排尿,用角顶撞树干,将树皮撞破或者折断小树,并且发出吼叫声,初期时叫声不高,多半在夜间,高潮时则日夜大声吼叫。发情期间雄鹿之间的争偶格斗也很激烈,几乎日夜争斗不休。但在格斗中,通常弱者在招架不住时并不坚持到底,而是败退了事,强者也不追赶,只有双方势均力敌时,才会使一方或双方的角被折断,甚至造成严重致命的创伤。取胜的雄鹿可占有多只雌鹿。雌鹿在发情期眶下腺张开,分泌出一种特殊的气味,经常摇尾、排尿,发情期一般持续 2~3d,性周期为 7~12d。雌鹿的妊娠期为 225~262d,在灌丛、高草地等隐蔽处生产,每胎通常产 1 仔。初生的幼仔体毛呈黄褐色,有白色斑点,体重为 10~12kg,最初 2~3d 内软弱无力,只能躺卧,很少行动。5~7d 后开始跟随雌鹿活动。哺乳期为 3 个月,1 月龄时出现反刍现象。

鹿的反刍活动一般在采食后 60~90min 出现,每日数次,每次 30~40min,夜间同样发生。健康鹿平均每小时嗳气 15~20 次。鹿粪球状呈褐绿色,每日排粪 8~10 次。

鹿的正常生理值如下。体温 38.2~39℃,成鹿心率 40~78 次/min,仔鹿心率 70~120/min,呼吸次数 15~25 次/min。血液凝固时间(玻片法)平均 5~6min,血液呈弱碱性,pH 值 7.35~7.4。血红蛋白 8~10g/100md,红细胞数(8.75~10.48)×10^6 个/μL。白细胞数(7~10.75)×10^3 个/μL,其中分叶核粒细胞 35%,杆状核粒细胞 11%,嗜酸性粒细胞 3%,嗜碱性粒细胞 1%,淋巴细胞 40%,单核细胞 10%。鹿的常发疾病主要有布鲁氏菌病、巴氏杆菌病和口蹄疫。

第二节　麝

麝(Musk deer),又称香獐子、香子、獐子、山驴子、獐鹿、麝鹿、獐麝,在分类学上属于哺乳纲、真兽亚纲、偶蹄目、鹿科、麝属，属国家二级保护珍稀药用动物。麝其雄性麝香囊中的分泌物称为麝香。麝香是位居四大动物香料（麝香、龙涎香、灵猫香、海狸香）之首的名贵中药材，具有开窍醒神、活经通络、散结止痛、消炎解热等功能，主治中风痰厥、神志不清、心腹暴痛、恶疮肿毒、跌打损伤等症。

我国麝的种类和数量堪称世界之最，并以盛产麝香而闻名于世。我国共有5个麝种，即林麝、原麝、马麝、喜马拉雅麝、黑麝，其中林麝是人工饲养的主要品种，其次是马麝。

麝是一种亚热带、温带、亚寒带的高山动物，主要分布在中国、朝鲜、蒙古、印度、缅甸等亚洲国家及独联体各国。麝在我国的分布较广，但以云贵高原、青藏高原分布最多。

麝形似鹿，但比鹿小，雄麝比雌麝大，雄、雌麝均无角。其体型大小因品种不同而有差异。林麝体长70~80cm，体高40~50cm，体重6~9kg；马麝体长85~90cm，体高50~60cm，体重13~17kg。麝头小而长，耳长而直立，上部圆形，吻端裸露，无眶下腺。雄麝上犬齿发达，形成向外弯曲的獠牙状，露出唇外。雌麝上犬齿小，包在唇内。麝的四肢细长，后肢比前肢发达，故臀部高于肩部，有利于奔跑和跳跃。前、后肢均有4蹄，中间1对发达，窄而尖，有利于攀岩或在陡峭的悬崖上行走。尾较短，仅3~5cm，呈三角形，隐藏于毛内。雄麝腹部肚脐与睾丸之间的正中线处，有一椭圆、突于体表的香囊，囊内有麝香腺，含有颗粒状或粉状的麝香。香囊外及中央有2个小口，前为麝香囊，后为尿道口。麝背部和体侧部毛色较深，腹部和四肢内侧毛色较浅。因品种、季节和栖息环境不同，在毛色上表现出一定的差异。

麝属于山地森林动物，多生活在海拔1 500~4 500m的高原山区。一般喜欢山林中人迹和野兽罕至的幽静环境，出没于茂盛的森林、陡峭的岩坡及有鲜嫩青草和清澈山泉的地方，尤其喜欢在针、阔叶混交林中生活。麝有较固定的生活区域，一般不轻易离开或更换生活环境。麝在选定适宜的生活环境后，便将尾脂腺的分泌物擦在周围的树或岩石上作为标记，以便在生活圈以外觅食或饮水时不至于迷失方向，可原路返回自己的生活区域。当环境受到危害时，能暂时离开栖息地。

麝主要以灌木枝叶、青草、苔藓和地衣为食，喜独栖，仅雌麝带领幼麝同居。白天很少活动，多在清晨或黄昏时出来觅食和活动。

麝1.5岁性成熟，适配年龄雄麝和雌麝分别为3.5岁和2.5岁，以保证雌麝和仔麝的品质。麝为季节性多次发情动物，秋、冬季节交配，发情周期为21d左右，发情持续36~60h，其中发情旺期可持续24h，排卵期多在发情开始后的18~20h。在配种季节雄性间有激烈的争斗，但很少有伤亡现象。雌麝妊娠期5~6个月，每胎产2仔，偶有产1仔和3仔的现象。

麝的常发疾病主要有瘤胃积食、肺充血和巴氏杆菌病。

第三节　狐

狐在分类学上属哺乳纲、食肉目、犬科动物。目前，世界上人工饲养的狐狸主要有赤狐（又名红狐、草狐）、银黑狐（又名银狐）和北极狐（又名蓝狐）3个种，它们属于两个不同的属，即狐属和北极狐属。赤狐、银黑狐和北极狐经风土驯化和种间杂交可形成40多种不同毛色的彩狐。

养狐是为了取得优良种兽和优质皮张。狐皮属高档珍贵裘皮，是国际裘皮市场的三大支柱之一。其被毛轻暖，美观华丽，毛色素雅，针毛挺实，底绒丰厚，板质耐磨而富有弹性，是制作高档服装、披肩、围巾、帽子等产品的重要原料。

目前，人工饲养的狐有赤狐、银黑狐、北极狐及各种突变型或组合型彩色狐。

（一）赤狐

又称红狐、草狐。由于分布区的自然条件不同，其毛色变异较大，一般呈火红色、棕红色、灰红色等颜色。四肢及耳背呈黑褐色，腹部呈黄白色，尾尖呈白色。平均体重为5kg，体长60~90cm，尾长40~50cm。

（二）银黑狐

又名银狐，原产于北美洲北部和西伯利亚东部地区，目前不少国家进行笼养。银黑狐体躯比赤狐大，基本毛色是黑色，全身毛被均匀地掺杂白色针毛，尾端呈纯白色，绒毛为灰色。嘴尖，耳长，脸上有白色银毛构成的银环。冬季雄狐平均体重为 5.5～7.5kg，体长 57～70cm，个别的达到 75cm；雌狐体重为 5～6.6kg，体长 63～67cm。

（三）浅蓝色北极狐

又叫蓝狐，体型比银黑狐小，嘴短，腿也短，耳小，体较肥胖。成年雄狐比雌狐大 5%～7%。雄狐平均体重 5.5～6.7kg，体长 58～70cm，尾长 25～30cm；雌狐体重 4.5～6kg，体长 60cm 左右。

（四）其他彩色狐

随着养狐业的发展，各国已培育出不少彩色狐。

狐在野生时，栖息在森林、草原、丘陵、荒地和林丛河流、溪谷湖泊岸边等地。常以天然树洞、土穴、石头缝为巢。狐以肉食为主，也食一些植物。在野生状态下，以鱼、蛙、虾、蟹、虫类、蚯蚓、鼠类、鸟类、昆虫以及野兽和家畜、家禽的尸体、粪便为食，有时也采食浆果、植物籽实、根、茎、叶等。

狐性机警，狡猾多疑，昼伏夜出。狐行动敏捷，善于奔跑。嗅觉和听觉很灵敏，能发现 0.5m 深雪下藏于干草堆的田鼠，能听到 10m 内老鼠的轻微叫声。狐汗腺不发达，以张口伸舌、快速呼吸的方式调节体温。繁殖期结成小群，其他时期则单独生活。野生北极狐有时群聚，狐群规模可达 20～30 只。狐的抗寒能力强，不耐炎热，喜在干燥、清洁、空气新鲜的环境中生活。狐能沿峭壁爬行，还能爬倾斜的树，会游泳。

狐是季节性单次发情动物，1 年只繁殖 1 次。多胎，一般 1 胎可产仔狐 6～12 只。狐只有在繁殖季节才能发情、交配射精、排卵、受精等。在非繁殖季节狐的睾丸和卵巢功能都处于静止状态。夏季雌狐卵巢和子宫处于萎缩状态，到 8 月末至 10 月中旬，雌狐卵巢逐渐发育，到 11 月黄体消失，同时卵泡迅速增长，性器官也发育，一般银黑狐在 1 月中旬开始发情，蓝狐要到 2 月中旬开始发情。雄狐睾丸在夏季非常小，只有 1.2～2g，不产生精子，到 8 月末至 9 月初睾丸开始发育，重量和体积都有所增加，接近 1 月时，睾丸重量可达到 3.5～4.5g，并能产生成熟精子。雌狐是自发性排卵动物，在一次发情中所产生的卵泡不是同时成熟和排卵，先成熟的卵泡先排卵。一般只交配 1 次的雌狐，妊娠率只有 70% 左右，而且每胎的产仔数也少；如果第二天复配，雌狐妊娠率可达 85% 左右；复配 3 次的雌狐，几乎全部妊娠，每胎产仔数也多。在我国北方地区，雌狐一般配种期为：银黑狐在每年1月下旬至3月下旬；蓝狐在每年2月下旬至4月下旬。出生仔狐体重60~90g，18~23日龄开始吃食，45日龄断奶分窝。

第四节　貂

貂是哺乳纲、食肉目、鼬科、鼬属的一种小型珍贵毛皮兽，原产于北美洲。世界上现有美洲水貂和欧洲水貂两个种。由于黑色标准貂与野生貂的基因型相同而称为野生型。彩色貂系黑色标准貂的基因突变型，再经过组合选育出近百种毛色基因彩貂，如灰色、米黄色、咖啡色、蓝色、棕色、白色、琥珀色等毛色的水貂，因此也称为基因突变型。水貂的自然分布区主要集中在北纬40°以北的地区。自然条件下，北回归线以南地区，水貂不能正常繁殖。

貂毛绒细密，质地柔软，富有光泽，轻便美观，是加工高档女式大衣、披肩、帽子、领子、围巾和服装镶边的理想原料，在国际裘皮市场中占有十分重要的位置，其贸易额占裘皮动物贸易总额的70%左右。因此，水貂有"裘皮之王"的美称。貂肉营养丰富，可供食用。貂油护肤润皮，可作为化妆品原料。水貂还是科学研究的实验动物，对多数病原微生物敏感。

水貂外形与黄鼬十分相似。体躯细长，头小，颈粗短，尾细长，尾毛蓬松。肛门两侧有1对臭腺，用于逃脱天敌。四肢较短，趾端有锐爪，趾间有微蹼，加之其胸腔发达，因此水貂具有十分出色的潜水能力。成年雄貂体长38~42cm，尾长18~22cm，体重1.6~2.2kg；成年雌貂体长34~37cm，尾长15~17cm，体重0.7~1kg。

野生水貂属半水栖动物，善游泳潜水，多穴居于林溪边、浅水湖畔、冲毁的河床等有水的环境中。多在夜间活动和觅食，喜欢潜水和游泳，性情孤僻、凶猛，除繁殖季节外，其余时间多散居或单独活动。动作敏捷，听觉灵敏。

貂是肉食动物，在日粮中鱼、肉类动物性饲料应占总量的2/3，鱼类、肉类、动物下脚料、奶类、蛋类、蚕蛹等均可作为优良的动物性饲料。此外，应补给一定的谷物饲料、青绿饲料和维生素、矿物质等添加剂，以满足其营养需要。

水貂的生理活动与高纬度生活的遗传性状相关，表现在生殖、换毛同光照周期的关系非常密切。貂季节性发情繁殖，1年间仅在2—3月发情繁殖1次。季节性换毛，1年脱毛2次，春季脱冬毛长夏毛，秋季脱夏毛长冬毛。

光照周期变化规律构成了水貂重要的生物学特性，是水貂生理活动、生长发育、繁殖和换毛的必要条件和触发信号。秋分后，日照时间逐渐缩短，触发夏毛脱落、冬毛长出，冬至之前冬毛发育成熟，生产上即可取皮。同时，生殖器官发育明显加快。雄貂睾丸下降到阴囊，体积、重量增加3倍以上，性功能增强，精子数增多。雌貂卵巢体积和重量均增加1倍以上，卵泡长成，卵子成熟。至春分前的2—3月，雄、雌貂性成熟，开始发情配种。春分以后，随日照时间增加，生殖器官逐渐衰退，雌貂卵巢妊娠黄体形成并进入功能活动期。同时，冬毛脱落夏毛长出，水貂9~10月龄性成熟，一般繁殖可利用3~4年。水貂是季节性繁殖的动物，每年2—3月发情交配，在发情季节有2~4个发情期，每个发情周期为6~9d，持续发情仅1~3d。雌貂为刺激排卵，且多发生在交配后36~42h。貂的妊娠期为37~85d，平均为47d。4—5月为产仔期，1胎产仔3~8只。6—7月为断奶期，一经断奶应及时分窝饲养。

貂的正常生理生化值如下。体温39.5~40.5℃，呼吸数26~36次/min，心跳数140~150次/min。红细胞数（8.6~9.3）×10^6个/μL，血红蛋白16.2~19.2g/100mL，白细胞数（4.3~7.1)×10^3个/μL，其中嗜碱性粒细胞0.05%，嗜酸性粒细胞1.6%，中性粒细胞48.65%，淋巴细胞48.7%，单核细胞0.82%；血清总蛋白7.1%~8.1%，白蛋白50%~66%，α-球蛋白9%~15%，β-球蛋白10.7%~17.3%，γ-球蛋白11%~20.1%。

第五节　貉

貉俗称貉子、毛狗、狸，属食肉目、犬科、貉属，主要分布于中国、西伯利亚、日本、朝鲜和中南半岛北部。在我国的分布甚广，几乎遍及全国各省、自治区、直辖市，习惯以长江为界分为南貉和北貉。分布于长江以北各省、自治区、直辖市的貉，统称为北貉；分布于长江以南的貉，统称为南貉。北貉体型大、毛长色深、底绒丰厚，多属东北亚种，毛皮质量优于南貉。南貉体型小、毛绒稀疏、保温性能差，毛皮质量虽不及北貉，但全身被毛较平齐、色泽艳丽，也有一定的利用价值。我国的貉可分7个亚种，即乌苏里貉、朝鲜貉、阿穆尔貉、江西貉、闽粤貉、湖北貉、云南貉。

貉体形似狐，但较狐短粗、肥壮。尾短，四肢短细，被毛长而蓬松、底绒丰满。体重3.5~11kg，体长55~82cm，尾长17.8~25cm，趾行性，以趾着地。前足5趾，第一趾较短，不着地。前后足均具发达的趾垫。爪粗短，与犬科各属相同，不能伸缩。通常被毛呈青灰色或青黄色，吻短尖，面颊横生有淡色长毛。由眼周至下颌生有黑褐色被毛，构成明显的八字形，并经由喉部、前胸连至前肢。沿背脊中央针毛多具黑色毛尖，形成一条界线不清的黑色纵纹，向后延伸至尾的背面，尾末端黑色加重。背部毛色较深，一般呈青灰色。靠近腹部的体侧被毛呈灰黄色或棕黄色。腹部的毛色最浅，呈黄白色或灰白色。四肢的毛色较深，呈黑色或黑褐色。

貉是一种常见的犬科野生动物，生活在平原、丘陵及部分山地，兼跨亚寒带到亚热带地区。常栖息于靠近河川、溪流、湖沼附近的丛林和荒草地带，也常利用狐、獾、狼等的弃洞为穴，也有自行挖洞为穴的，不易发现。貉多数白天在洞穴中休息睡眠，或在洞穴附近隐蔽的地方休息并看守洞穴，遇不良气候或天敌时便躲入洞中。貉一般在傍晚和夜间出来活动和采食。在家养条件下，由于受人为环境的影响，全天都可活动。貉的性情较温顺、迟钝，行为也较笨拙，不如狐等动物狡猾、敏捷。会爬树、游泳和下水捕食。听觉较迟钝，活动范围狭窄，习惯于直线往返活动。出洞后常在洞口周围胡乱走动，造成足迹混乱以迷惑捕猎者。貉通常是成对穴居，也有一雄多雌或一雌多雄者。尤其是双亲可以较长时期与其仔貉同穴而居。其集群性在繁殖期表现更为明显，尤其在仔貉临近断奶前，常由双亲带领到离穴不远的地方与邻近他穴的双亲及仔貉在一起玩耍嬉戏，常20~30只集群，雌貉不分彼此相互哺乳和爱抚。幼貉一般在入冬前寻好配偶和洞穴后离开双亲，由此而形成了貉的群居特性。野生状态下，貉一般在洞穴附近的固定地点排粪，常一穴一处，个别也有邻近几穴一处的，日久积累成堆，家养时多在笼舍的某角落排泄，一般不到处乱便，但极个别也有往食盆、水槽里便溺的。分布在北方尤其是东北地区的貉，常隐居于洞穴中，进行非持续冬眠，即自立冬、小雪开始至翌年 2 月在穴中少食、少动呈昏睡状态，以减少消耗，冬眠期的长短与气温密切相关。在冬季为了抵御严寒和食物的奇缺，消耗入秋以来所蓄积的皮下脂肪，以维持其较低水平的新陈代谢，但与真正的冬眠不同，在天气转暖时往往出来活动和寻食。这种非持续冬眠的习性，在犬科动物中唯貉特有。

家养貉多为笼养或圈养，居处应干燥。家养貉的昼伏夜出活动觅食和冬眠等习性已明显改变，但多数仍能在固定点排粪。貉 1 年换毛 1 次，自 2 月下旬开始脱冬毛，于 4—5 月基本脱落，同时再长出绒毛，至 7—8 月脱落针毛并迅速长出冬毛，约在 11 月被毛又全部长成。

貉食性较杂，野生貉以鱼、蚌、蟹、鼠、蛙、鸟、昆虫或动物尸体、粪便为食，有时也采食果实、谷物和植物的根、茎、叶等。家养貉主要喂给鱼、肉、乳、蛋、血及动物下脚料，并补加谷物、矿物质、维生素和青绿饲料。通常动物性饲料占 30%～40%，植物性饲料为 60%～70%，每日早、晚各喂 1 次。

貉 1 年繁殖 1 次，属季节性发情动物。一般 2～5 月发情，发情期 10～12d，性欲旺盛期 2～4d，发情期间表现冲动、食欲减退等。配种时采取一雄配多雌，妊娠期 50～70d，单胎产仔 5～10 只，多的达 19 只，产后雄、雌貉在穴中共同育仔。

貉的正常生理指标如下。体温 38.2～40℃，呼吸数 23～43 次/min，脉搏数 70～140 次/min，红细胞数 $(3.87～6.7)×10^6$个/μL，血红蛋白 11.6g/100mL。

貉的常见疾病有貉瘟热病、貉传染性肠炎、沙门氏菌病等。

第六节　小灵猫

小灵猫属哺乳纲、食肉目、灵猫科、小美猫属，有斑灵猫、七间狸、香狸（商品名）、麝香猫等美称，是我国特有的珍贵兽类之一。

小灵猫的针毛具有挺拔、富有弹性等特点，是制作书画笔笔尖的上等原料。因此，小灵猫亦有"笔猫"的别称。小灵猫（也包括大灵猫）所分泌的香膏是香料工业上的一种定香剂，使用微量的灵猫香酊剂，就能使多种花香型香精香味浓郁、柔和并经久不散。灵猫香还有类似麝香的医药功能，其药理效价近似麝香。此外，灵猫的肉、骨、鞭（阴茎和睾丸）等亦可入药。在国内小灵猫人工养殖研究始于1963年，1968年即获得人工繁殖成功。

小灵猫体型比家猫略大，体重2~4kg，体长46~61cm。尾多数超过体长一半，小灵猫吻尖而突出，额部狭窄，耳短而圆，眼小而有神；四肢健壮，后肢略长于前肢。足具5趾，但前足的第三趾和第四趾没有爪鞘保护，有伸缩性，能从脚底垫中间裸出。在会阴部有囊状香腺，闭合时外观像1对肾脏，开启时形如一个半切开的苹果。雄性比雌性略大，基本毛色为棕灰色、乳黄色或赭黄色。四足乌褐色，尾具7~9个暗褐色环，尾环狭窄，其数目和尾端颜色因个体或产区不同而异。体色和斑纹因季节不同也有差异，冬毛体斑较模糊，体色棕黄色或乳黄色。夏毛（7—8月）多呈浅灰色调，黑褐色斑纹清晰。

小灵猫广泛分布于热带、亚热带和暖温带的山区、丘陵和农耕地。小灵猫属南方野生动物，国内分布于淮河流域、珠江流域，以及台湾、海南岛、云南、四川南部和西藏东南部及南部地区，分布于我国的小灵猫共有4个亚种。小灵猫主要栖于稀树灌丛、浓密的草丛、墓穴、石洞、树洞，甚至居民区附近的仓库或住屋下。小灵猫为独居夜行性动物，性机警，行动灵活。小灵猫主要营地栖生活，但也善于攀缘，能上树捕食小鸟、松鼠或采摘果实。亦会游泳，能横渡溪沟和小河。无固定的排粪点，但较注意穴居卫生，排粪一般在洞外。

小灵猫食性广而杂，但以动物性食物为主，植物性食物为辅。栖居在山地、灌木丛林中，昼伏夜出，经常单独活动，以鼠、鸟及鸟卵、蛙、蛇、蜥蜴、昆虫等为食，有时也采食野果和树根、薯类等。

小灵猫性温顺，机警胆怯，对周围反应敏感，喜欢安静，易于驯服。小灵猫还有擦香的习性。每当活动时，无论香囊中有无香膏，都经常向突出的物体上擦香。野生灵猫擦香主要起领域标识和性诱惑作用，这种习性在人工饲养条件下也不改变。

小灵猫2周岁，体重达2kg以上时，可达到性成熟。小灵猫繁殖分春、秋两季，主要集中在春季（2—4月），发情表现主要是发出"咯咯"的叫声，秋季9月发情时间短暂。凡有发情表现的雌灵猫，外生殖器均有不同程度的肿胀和充血现象。饲养的小灵猫，每年2月选种配对饲养并笼后，雄、雌兽之间多数表现和睦亲昵。交配时间短，且多在夜晚。在夜间常能听到类似家猫交配时的嘶叫声。

小灵猫妊娠期70~90d，最长116d，短的仅69d。刚妊娠的雌灵猫食欲不振，但不久即恢复正常。妊娠雌灵猫变得温顺，1个月后可用手触摸雌灵猫腹部进行检查。2个月后，妊娠猫腹部膨大、下垂，尤其4枚乳头明显突出。产仔期多在4—6月，时间为清晨或夜晚。仔猫多连续产出，但也有间隔若干小时的。人工饲养的小灵猫1胎产仔1~5只，但多数为3只。初生仔灵猫体长20~25cm，体重75~120g。仔灵猫毛色比成体深而呈暗黑色，除尾部外，斑纹不明显。1周龄睁眼，半月龄可出窝活动，约3月龄可断奶分窝。在饲养条件下，小灵猫幼兽生长发育速度因体质不同而异。较快的日增重20g以上，慢的仅4g，6月龄体重可达800~1 000g，至翌年秋、冬季即接近成灵猫大小。幼灵猫换齿最早的个体在翌年的1月，但换齿持续时间较短，约在10月底即可全部换完。

小灵猫的常见疾病有细小病毒性肠炎、香囊炎、自咬症等。

第七节　果子狸

果子狸，学名花面狸，又名白鼻狗、斑灵狸、乌脚狸、包雄狸、白额灵猫等。属哺乳纲、食肉目、灵猫科、花面狸属动物，中国有4个亚种。果子狸多栖息在热带或亚热带山林里或农区，在我国分布很广，主要分布于陕西、河北、重庆、四川、贵州、云南及东南沿海各省、市。生活在广西的果子狸有南亚种和指名亚种两类，而人们通常把它们分为大种果子狸和小种果子狸，前者身毛棕色，尾黑色，个体较大；后者身毛灰色，尾略呈斑白色，个体较小。果子狸肉味鲜美，是传统佳肴，也是传统的毛皮用动物。近年来，陕西、河南、山东和许多南方的省份已开始人工驯养。

果子狸外形酷似家猫，但个体较大，四肢短，尾长，体毛浓密而柔软，身体上无斑点或纵纹，尾有五色环。眼后及眼下各具一小块白斑，自两耳基部至颈侧也有一条白纹。下颌黑色。体背、体侧、附肢上部以及尾部的前方呈暗棕黄色。腹部毛色淡，多为灰白色，附肢及尾末端呈黑色。头部被毛呈灰黑色，自鼻孔部向后经额部、颅部及颈背部至后背有一条白色纵纹。果子狸体型中等，比家猫稍大。体重2~9kg，体长50~80cm，尾长40~50cm，果子狸属野生动物，驯化程度不高。营穴居，夜行性，喜攀缘，白天栖息于洞穴中，黄昏至拂晓出窝活动，进行嬉戏、追逐、攀爬、觅食、饮水、排便、求偶交配等。果子狸很少单独活动，常过着群居生活，多见3~10只一起栖息、觅食、越冬等活动。果子狸通常排粪地点相对不变，多排于潮湿的角落。有冬眠习性，在每年的大雪节气至翌年的雨水节气期间，果子狸食量、活动减少，集群睡眠。在正常情况下，果子狸能够和平相处，若遇到因生存空间、食物受到的严重影响，或者患病时，也相互撕咬，特别是雌狸，可见咬仔或食仔的现象。果子狸喜欢干燥、荫蔽、通风、安静的栖息环境，潮湿、日照强烈、嘈杂的环境会影响其正常生活。果子狸胆小易惊恐，对生人或家畜窜入、光照强度变化、颜色气味变化、气温的高低等都表现惊恐不安，会使其食欲不振。驯养程度高的果子狸性情较温顺，好群居，有就巢习性，逃逸现象较少发生。

　　果子狸每年换一次毛，持续时间是3—10月。脱换时针毛绒毛多数按顺序进行，2月上旬，仔狸开始脱毛，3月末，成狸接着脱毛，一般集中在4—8月，到10月，被毛迅速生长，11月被毛成熟。果子狸的食性为植物为主，食物主要包括野果、野菜、树叶及小型动物等，果子狸以爱吃植物果实而得名。

　　果子狸为季节性繁殖动物，其生殖器官随着季节性变化而变化。雄体睾丸体积在2—6月最大，配种（6月）以后睾丸逐渐缩小，到9月最小。同时，果子狸体重也随季节变化而变化，成狸体重最重时为12月，立春后体重逐渐减轻，到4—5月雄狸体重最轻。雄性果子狸在繁殖季节内，始终有繁殖配种能力。有73%的雌果子狸只有1次发情周期，有22%雌果子狸有2次发情周期，仅有5%的雌果子狸有3次发情周期。果子狸性成熟在10~22龄，6月中旬以前出生的果子狸若饲养条件好，营养充足，翌年3—5月可性成熟，饲养条件不好和6月中旬以后出生的要到第三年的2—5月性成熟。果子狸的繁殖年限，雌狸为1~10岁，雄狸为3~7岁。2月末至6月上旬为发情配种期。采用一雄配一雌的方式，一胎平均产仔数为4只；采用一雄配多雌的配种方法，胎产数平均为2.86只，其效果不是太好。妊娠期平均为55d，变动范围是51~71d。4月下旬至8月上旬为果子狸的产仔哺乳期，5—7月为旺期，泌乳期为60d。

果子狸的常见疾病有腹泻、便秘、蛔虫病等。

第八节　乌骨鸡

乌骨鸡俗称绒毛鸡、乌鸡、黑脚鸡，属鸟纲、鸡形目、雉科、原鸡属、原鸡种。乌鸡是我国家鸡品种之一，肉质乌黑细嫩、鲜美爽口，营养丰富，含有多量赖氨酸、缬氨酸、亮氨酸和苏氨酸等人体必需氨基酸，具有强壮保健功能，对遗精、滑精、久泻、消渴、赤白带下等有良好的疗效，对人体具有特殊的滋补功能，是历代进贡的珍品，还具有增加血细胞和血红素、调节生理功能、增强免疫力的功能。目前，已开发系列产品，对市场有较大影响的有十全乌鸡精、参杞乌鸡精、中华乌鸡精、乌鸡天麻酒等，并远销海外。

乌骨鸡对环境的适应性强，很少患病。性情温顺，不善争斗，胆小怕惊，异常的声音、颜色、动作均会使其受惊，影响生长和产蛋。善走喜动，不断地寻找食物，捕捉昆虫，飞翔能力差。

乌骨鸡娇小玲珑、体态清秀、外貌奇特俊巧，可谓观赏珍禽，1915年荣获巴拿马国际家禽博览会金奖，被命名为世界观赏鸡，名扬全球。雄鸡体重不超过2kg，雌鸡体重在1.5kg以下，雏鸡出壳体重平均为25.82g。头小颈短，眼黑色，冠小，翅短。全身羽毛白色，除两翅羽毛外均呈绢丝状，腿短而黑，皮、骨、肉均为乌褐色。

乌鸡食性杂，以青菜、谷物、鱼粉、骨粉等混合饲料为主。通常采用放养，雏鸡和童鸡须精心饲养，育成鸡才可实行放养。

乌鸡生长发育缓慢，18周龄后开始产蛋，平均年产80枚左右，少数达120枚，平均蛋重41g，蛋壳多呈棕色或白色。产蛋雌鸡有突出的就巢性，如能克服其就巢性则可提高产量。种蛋孵化期21d，乌鸡繁殖时大群平养时雄、雌比为1:9，在配组笼养时雄、雌比为1:6。一般入孵1~3d时孵化温度为38℃，4~16d时为37.8℃，17~20d时为37℃。湿度在孵化初期为65%~70%，中期为50%~55%，雏鸡出壳时为65%以上。孵化中每2h翻蛋1次，孵至18d移盘后停止翻蛋。在胚胎发育到中后期，应及时散热凉蛋，通常降至 30~33℃，孵化到 20d 即开始出雏。

乌骨鸡常发疾病有马立克氏病、新城疫、传染性法氏囊病、卵黄性腹膜炎、啄癖等。

第九节　雉鸡

雉鸡又称野鸡、山鸡、环颈雉，属鸟纲、鸡形目、雉科、雉属。其肉质细嫩，味道鲜美，清香可口，营养丰富，粗蛋白质含量高，而胆固醇含量低，具有补中益气、益肝活血的功效。雉鸡身上的彩色羽毛，尤其是尾羽华丽高雅，可作装饰羽毛。全身带羽毛的皮张可做衣帽等的装饰品。因此，雉鸡是一种具有较高食用、药用和观赏价值的经济禽类。

目前，世界上有 30 多个亚种，主要分布在欧洲东南部、中亚、西亚、美国、蒙古、朝鲜、西伯利亚东南部、越南北部和缅甸东北部地区。我国有 19 个雉鸡亚种，其中有 16 个亚种为我国特有。雉鸡在我国的分布范围很广，除海南岛和西藏的羌塘高原外，遍及全国。

雉鸡体型略小于家鸡，雄雉鸡体重为 1.3~1.5kg，雌雉鸡为 1.15~1.25kg。雉鸡体型清秀，呈流线型。尾羽长且由前往后逐渐变细。雄、雌雉鸡的体型外貌有很大差别，易于区分。雄雉鸡头和颈的羽毛为淡蓝色至绿色，头顶两边各有一束青铜色羽毛，脸部皮肤为红色，并有红色毛状肉柱凸起。颈上有明显的白环，胸前部羽毛呈紫红色，两侧为浅蓝色，腹部两侧为淡黄色并带有黑色的斑纹，背腰部为浅银灰色而带绿色。尾羽较长，呈橄榄黄色，并有黑色横斑，中央 4 对尾羽呈红紫色，两侧尾羽呈浅橄榄色并带褐色斑点。雌雉鸡毛色较单调，头顶部有黑色和棕色的斑纹，颈部略带白色，胸部和腹部羽毛较杂，羽片中常带有棕色斑点。腹部羽毛呈浅棕色，尾羽呈浅黄色或黑色，并带有虫迹状的条纹。不同品种的体型外貌存在着一定的差异。目前，人工饲养的雉鸡主要有华北雉、美国七彩雉等品种。

雉鸡对环境具有极强的适应能力，能在 300~3 000m 的海拔区域内正常生活，能耐受32℃的高温和-35℃的低温天气，夏季多栖息于灌木丛中，秋后迁徙到向阳避风处。白天多活动寻食，夜间多在树的横枝上休息，雨天或雪天多在岩石下或大树根下过夜。雉鸡群集性强，活动范围较稳定，秋冬季节常以几只为一小群集体活动，繁殖季节则以雄雉鸡为核心，组成一定规模的繁殖群。雏雉鸡出壳后随雌雉鸡活动，当雏雉鸡具有独立生活的能力时，便离开雌雉鸡重新组群。这一特性便于对雉鸡实行规模生产或集约化生产。

雉鸡对外界有高度的警惕性，即使是在寻食时也时常左顾右盼，观察四周动向，谨防侵扰，奔跑迅速，隐蔽能力强。在笼养情况下，当人、畜出现或者有激烈的嘈杂声时，都会引起雉鸡腾空而飞，撞击笼壁，常常因创伤而造成死亡。因此，在雉鸡场址的选择上，要求远离闹市或交通主干道；在管理上要保持环境安静和稳定性，谢绝参观。雉鸡能够适应人工大群饲养，能和睦相处。如果密度过大，妨碍采食，常发生互相叨啄现象。

雉鸡的嗉囊小，对食物的容纳能力有限，每天需饲料70g左右。雉鸡是杂食性动物，但植物性饲料占食量的97%，以植物的根、茎、叶、花、果实等为主要食物，动物性饲料仅占3%，夏、秋季可食一些昆虫或虫卵。人工饲养可用常见的鸡饲料饲养。雉鸡的采食，上午比下午多。早晨天刚亮时和下午5—6时，是全天两次采食高峰，夜间一般不吃食，喜欢肃静环境。

雄雉鸡在繁殖期，会出现斗架争王过程，一群雉鸡一旦确立了"王"之后，这群鸡就比较安定。在人工饲养条件下，4月底至5月初开始进行繁殖，至8月底结束。清晨雄雉鸡发出清脆的叫声，并拍打翅膀，招引雌雉鸡。雄雉鸡颈部羽毛蓬松，尾羽竖立，迅速追赶雌雉鸡，从侧面接近雌雉鸡。靠近雌雉鸡后一侧翅膀下垂，另一侧翅膀不停地扇，头上下点动，围着雌雉鸡做弧形快速来回走动，然后跳到雌雉鸡背上，用喙啄住雌雉鸡头顶羽毛，进行交尾。交尾时间多在清晨。雌雉鸡在4月下旬开始产蛋，6月至7月底为产蛋高峰，8月中下旬停产。人工养殖情况下，由于室内雉鸡数多，互相干扰，因而产蛋地点一般没有固定位置。产蛋时间一般为早上7—8时和下午4—5时。产蛋场地一般垫上5cm厚的细砂，以保证产蛋完好。东北环颈雉雌鸡产蛋量一般为25~40枚，美国七彩山鸡产蛋量一般为70~90枚，2年龄雌雉比1年龄雌雉产蛋量要多，一般种雉鸡留24

月龄最好。

雏的常见疾病为马立克氏病、新城疫、沙门氏菌病等。

第十节　火鸡

火鸡又名吐绶鸡，由于头颈部长有一条火红的形如绶带的"肉垂"而得名。火鸡源于野火鸡，属鸟纲、鸡形目、吐绶鸡科、吐绶鸡属，原产于北美洲东南部山区和墨西哥沿海一带，品种较少，以青铜色火鸡、黑火鸡、荷兰白火鸡分布较广。

火鸡是一种大型肉用禽，其瘦肉多、脂肪少、肉质鲜嫩、味美爽口、营养独特，其蛋白质含量为30%～34%，而脂肪含量仅7.2%，胆固醇含量极低，是一种十分难得的"高蛋白、低脂肪、少胆固醇"型的肉食佳肴，其有独特的滋补保健功能，尤其适合心血管疾病、动脉硬化等病人和老年人食用。火鸡蛋质地细腻、柔软适口，营养价值更高，特别是含有多种氨基酸和卵磷脂、脑磷脂等营养物质，对人体具有较高的营养滋补和健脑益智作用，火鸡羽毛还具有很高的观赏价值，是制作多种工艺品的重要原料，还可以用于制作各种高级羽绒服装和羽绒被毯等制品，其经济价值远远高于其他家禽类动物。

火鸡的颈直而短，体宽，胸部饱突，背宽长，胸骨长尚直，胸肌与腿肌发达，喉下长有长形的肉垂，好像嘴里吐出来胶带似的。背部隆起，双翅伸展时垂到地面。尾巴很发达，形状特别，末端的彩色尾羽能竖起，并展开呈扇形。火鸡羽毛的颜色随品种而异。有黑色、玫瑰色、青铜色、白色等，它还有一个能膨胀的嗉囊，陌生人接近它时，就会发出"咯咯"的示威鸣声，双脚在原地踏步，身体向各方向转动，令人望而却步。

火鸡体型高大、性情温驯，适应性强，不会飞，具有易饲养、耐粗饲、能放牧、生长迅速、繁殖快、饲料报酬高等经济优势。火鸡的抗病能力很强，极少发生病害。

火鸡对外来刺激较敏感，受到惊扰时，会竖起羽毛，头上的皮瘤和肉垂由红色变成蓝色、粉红色或紫红色等各种颜色，以示警成。对陌生音响也会引发鸣叫，故适合饲养在较安静的环境中。火鸡好斗，在觅食或配种时常发生争斗，易于导致啄癖现象。特别是当饲料中缺乏某种营养元素或强光刺激时更易发生，故一般要对火鸡进行断喙处理。

火鸡同家鸡一样还可在农家庭院散养和舍养成工厂化规模饲养，孵化繁殖方法与家鸡基本相似。肉用火鸡饲养 5~7 个月即可屠宰上市，一般体重可达 8~15kg，肉料比为 1：（1.3~2.5），产出是投入的 10~24 倍。

火鸡属草食禽类，对粗纤维有很强的消化能力，采食青草的能力优于其他禽类。仅次于鹅，能从多种含粗纤维较多的草本植物中获得营养物质。它以草食为主，各种草的草籽、嫩叶、饲草均可作饲料，还特别喜食辛辣味的菜叶（如韭菜、蒜、葱类）和其他青绿饲料。精饲料以谷物、糠麸比较好，同时还可加喂一些骨粉、贝壳粉、矿物质添加剂等。成年火鸡可在草地放牧，任其自由采食，只要在产蛋期适量补喂精饲料，便能正常生长。1 月龄前的雏火鸡，须做好保温工作，并适量饲以熟蛋黄或牛奶米饭以及切碎的辛辣添料等即可。

火鸡的性成熟和体成熟较晚，雌火鸡一般需 28~34 周龄，雄火鸡要滞后 2 周。火鸡蛋重 80~90g，蛋壳白色并带褐色斑点，蛋壳较鸡蛋壳稍厚。蛋形指数为 0.74 左右。成年雌火鸡一般每年有 4~6 个产蛋周期，每个周期产蛋 10~20 枚，最多不超过 30 枚，年均蛋产量为 50~100 枚。一般第一年产蛋多，翌年产蛋量下降 20%~25%。雌火鸡利用年限一般为 2~5 年，后期产蛋率低。雌火鸡具有抱窝性，一般每产 10~15 枚蛋就要出现一次抱窝行为，所以可利用这种特性进行自然孵化。

火鸡的繁殖方法为人工授精和自然交配。在自然交配情况下，雄、雌配比一般为 1：（8~10）；人工授精则可扩大到 1：（18~20）。

火鸡易发疾病有组织滴虫病、沙门氏菌病、霍乱、鸡痘、球虫病、蛔虫病、绦虫病等。

第十一节　鸽

鸽属鸟纲、鸽形目、鸠鸽科、鸽属动物。家鸽由原鸽演化而成，并育成了不少品种，按经济性能可分为肉鸽、观赏鸽和信鸽等数种。

鸽历史悠久，早在5 000年前埃及、希腊已将野生鸽驯养成家鸽。我国养鸽历史也有2 000年之久。

鸽的头部小而呈圆形，头前有上、下喙。鼻孔位于上喙的基部，鸽的鼻孔盖有柔软膨胀的皮肤，这种皮肤称为蜡膜或鼻瘤。眼睛位于头的两侧，视觉十分灵敏。颈部较长，能自由转动。躯干呈纺锤形，脚上有四趾，第一趾向后，其余三趾向前，趾端均有爪。鸽的羽色多种多样，有纯白、纯黑、纯灰、纯红、绛色、灰二线、黑白相间的"宝石花"，还有"雨点"等，就是同一种品种，也有几种羽色。

肉用鸽的体型都比其他类型鸽的体型要大。成年鸽一般体重可达700~900g以上，大者可达1 000g，胸宽且肌肉丰富，颈粗、背宽，腿部粗壮，不善于飞翔。另外，肉用鸽的喙峰和蜡膜也与信鸽及观赏鸽略有不同，肉用鸽的蜡膜比较小，喙峰也比一般的信鸽小些，比观赏鸽中的短喙要长一些。鸽性情温顺，喜群居、群飞，成群觅食和洗澡。散养情况下，单个或小群鸽子飞翔时容易被大群鸽子拐骗走而不再回来。繁殖力和记忆力强，能产生牢固的条件反射，警惕性高，当巢箱受到侵扰后就不再回巢。鸽子不仅具有高度辨别方向的归巢能力和高空飞翔的持久能力等生物学特性，而且还有一定的记忆能力和接受某些诱导能力。喜欢干燥、清洁、安静和稳定的生活方式。鸽的领域行为很强烈，尤其是在护巢方面，雄鸽表现更为强烈。一旦别的鸽子靠近或误入自己巢窝四周的势力范围，双方就会拼命奋起攻击，直至把对方赶走。在采食时也往往表现出领域行为，会出现大笼群养中一对鸽子占领几个窝巢的现象，鸽的特性有别于家禽，对其配偶有选择性，单配且固定，成对生活、繁殖，成对交配专一。鸽属晚成鸟，刚孵出的雏鸽体弱、不能行走、不会啄食、不睁眼，需亲鸽哺喂、保护，出壳后1个月左右方能独立生活。

鸽以谷物、豆类等为饲料，不吃熟食。日粮简单，两成豆类和八成谷物即可，目前已有配合饲料供应，每只鸽日耗饲粮35~45g。鸽子喜欢食盐，食盐是鸽子生活中的一大需要，所以每天必须保证供应适量的食盐。

雄鸽3月龄即有性表现，雌鸽在5~6月龄时开始发情，至6~7月龄性成熟，常到繁殖年龄雄、雌鸽即自找配对。交配后，雌鸽7~10天开始产卵，一般1窝产2枚卵，在产下1枚卵后于第三天再产下另一枚卵，卵产下后雄、雌鸽轮流孵化，雄鸽多在白天，雌鸽多在夜晚，孵化时间为18d，出壳雏鸽多为雌、雄各一，少有两只同性。雏鸽出壳后4~5h，亲鸽开始自嗉囊中分泌鸽乳哺育。在哺育期应给予亲鸽充足的饮水和营养丰富的日粮。雏鸽在10日龄开始换羽，将胎羽换成永久羽，约需1个月换齐。30~40日龄开始啄食，此时即可分窝饲养。雏鸽20日龄以后，亲鸽又开始在另一巢室产卵，如此1对鸽可年产5~8对雏鸽。

饲养鸽必须经常供给保健砂，以保证鸽的健康生长和生产。保健砂多用红土或黄土制成。依据鸽的生物学特性在饲养管理上应特别精心，如鸽采食干粒料时饮水就要充足，鸽的饮水方式为吸饮。鸽乐意用水洗身，故须将饮用水与洗用水分开，以防污染而感染疾病。

鸽常见疾病为鸽痘、新城疫、鹦鹉热、支原体感染等。

第十二节　鸵鸟

鸵鸟是现存鸟类中体型最大的鸟，也是世界上现有鸟类中唯一的两趾鸟，鸵鸟不仅具有一定的观赏价值，其羽毛、皮、肉还具有一定的经济价值和食用价值。鸵鸟羽毛是制作高档掸子、时装和玩具的理想原料。皮具有柔软、轻便、耐磨等特性，是皮革加工业的理想原料皮之一。鸵鸟肉蛋白质含量高（20.7%），而胆固醇含量低（376~620mg/kg），具有较高的营养价值。

鸵鸟属于鸟纲，鸵形目。鸵形目的代表种有非洲鸵鸟、美洲鸵鸟、鹤鸵（亦称"食火鸟"）、澳洲鸵鸟，它们分别归属于鸵鸟科、美洲鸵科、鹤鸵科、鸸鹋科。在鸟纲的所有鸵形目动物中，非洲鸵鸟的个体最大，驯化程度最高，在世界各国广泛饲养，而其他种不论其驯化程度还是饲养的广泛性，都远不及非洲鸵鸟。因此，我们通常所说的鸵鸟，严格来说是指非洲鸵鸟。

非洲鸵鸟雄鸟身长1.8m，高2.75m，重150~200kg，颈部几乎是秃的。雄鸟体羽黑色，雌鸟体羽污灰色。在具体生产中，人们常按鸵鸟的不同体型特征将其分为红颈鸵鸟、蓝颈鸵鸟和黑鸵鸟（一般指非选育的非洲黑鸵鸟）。

鸵鸟群集性强，在非繁殖季节，不同性别的幼鸟和成鸟可组成大群，常集结在沙土区，伏在浅坑里集体沙浴，用身体和羽毛弄沙，使其羽毛间撒满沙子，以除去外寄生虫。繁殖季节多成对或组成 2～5 只的繁殖群，小群活动。对气温的适应范围较宽，能在-30～40℃的不同环境中正常生长繁殖。常在中午太阳暴晒时活动。夜间栖息地比较固定，休息时常头部高高耸起，闭眼蹲在地上。短时间深睡时，将头和颈放在体侧或伸向前方地面，群体次位明显，常因空间、食物和配对等发生争斗。对抗时通常仰起头，扇动翅膀，翘起尾羽并发出叫声威胁对方。

鸵鸟适应性强，体健少病，利用年限长。开阔且长有矮草的半干旱地区能为鸵鸟提供充足的食物和开阔的视野，是鸵鸟的主要栖息地，而在没有植被或密林、肥草覆盖的地域活动较少。不具备其他鸟类善飞的特点，善于奔跑，遇到天敌能以 50～70km/h 的速度持续奔跑 10～20min。遇到威胁时，用脚踢或翅膀拍打来保护自己。活动范围较广，食源不足时可长途跋涉寻找食物。原产于气候干燥、饲料不足、环境条件恶劣的沙漠地区，养成了适应性强的特点。除了雏鸵鸟需要保温外，3 月龄以上的鸵鸟即能适应各种不良的环境条件。即使在气温高达 45℃或低至-30℃时，鸵鸟依然可以正常生长发育和繁殖。成年鸵鸟除产蛋时入舍外，均生活在露天下，虽经风吹雨打、酷暑严寒也能很好地生活。3 月龄内的雏鸵鸟多死于营养不良，极少死于疾病，迄今还未见因传染病造成大批死亡的报道。种鸟的经济利用年限为 40～50 年，寿命可长达 70 年之久。

鸵鸟胆小易受惊吓，突然的喇叭、雷电、爆竹等声音会引起惊群，无目的狂奔，因此饲养场应选在地势较高、通风良好、光线充足、环境安静的地方。

鸵鸟属草食禽类，以各种草或草根、树叶及植物种子为主要食物，兼食一些蝗虫、白蚁、蜥蜴等昆虫和小型脊椎动物。

鸵鸟性成熟较晚，繁殖力强，生长迅速，饲料转化率高。鸵鸟在 18～30 月龄性成熟，这明显晚于其他鸟类，寿命长达 70 年，有效繁殖时间 50 年。2 岁开始产卵，第一年产卵 10～20 枚，以后逐年增加，7 岁时达到高峰，年产卵 80～120 枚。非洲鸵鸟卵最大，重 1.5kg，卵产于沙坑中，积 10～15 枚卵后，开始孵化，孵化和育雏均由雄鸟负责，孵化期 42d，每年每只成年鸵鸟至少可孵化出雏鸟50只。鸵鸟常以1只雄鸟和4~5只雌鸟生活在一起，平时喜群集，数10只为一群。繁殖期间凶猛善斗。

雏鸟成活率为90%，3月龄体重约60kg，12月龄体重约100kg，这时可供屠宰食用。屠宰率50%，1只雌性成年鸵鸟的后代可年产肉约1 125kg，相当于肉雌牛的10倍，雌猪的2倍，远非其他禽类可比。饲料转化率为1∶(1.7~2)，3月龄前为1∶1.3。

鸵鸟常见疾病有新城疫、沙门氏菌病、禽痘等。

第十三节　鹌鹑

鹌鹑是高产的家禽之一，生长快，产蛋多，繁殖快，饲料报酬高，抗病力强，易饲养，饲养成本低，经济效益大。鹌鹑肉、鹌鹑蛋营养价值高，鹌鹑肉的蛋白质、钙、磷、铁等营养成分比鸡肉高，而且细嫩、多汁，更适合人们的口味。鹌鹑蛋的蛋白质和各种氨基酸含量优于鸡蛋，胆固醇含量低，而且细腻、清香，口感更佳。鹌鹑肉和鹌鹑蛋还有多方面的药用功能，对多种慢性疾病具有调理、滋养作用，对过敏症有一定疗效。鹌鹑还是经济实用的实验动物。

鹌鹑属于鸟纲、鸡形目、雉科、鹌鹑属，在我国东起华北南部，西至四川、西藏南部，南至海南广大地区均有分布。现在饲养的鹌鹑都是由野生鹌鹑驯化和培育而成的品种，如蛋用种的日本鹌鹑、朝鲜鹌鹑，肉用种的澳大利亚鹌鹑、美国金黄鹌鹑、法国迪法克鹌鹑及我国培育的南农隐性黄羽鹌鹑、中国白羽肉鹑等。

鹌鹑形似雏鸡，头小尾短，羽毛呈茶褐色，背部呈赤褐色，并散布着黄色纵条纹和暗色横纹，头部呈黑褐色并在中央有3条淡黄色条纹。成年雌鹌鹑胸腹部为白色，下颌为米白色，脸部为红褐色，在肛门上部有一蚕豆大、粉红色球状物，会发出"嘎嘎"啼鸣声。体重120~150g，成年雌性体长17.5cm，雄性体长20cm。

鹌鹑喜温暖、干燥的环境，栖息于依山傍水的干燥山地和灌丛平原，成年鹌鹑适宜温度为20~25℃，在低于15℃时产蛋率即下降。喜啄食颗粒饲料，以谷物、杂草籽实为食，也吃小昆虫和嫩草叶。野生鹌鹑单个或成对栖息于平原、近山平坝、耕地周围的草丛、稀疏灌丛、沼泽边缘草地、山坡、溪边茅草丛生地，平时喜潜伏于杂草或灌木间，惊起时飞翔甚速，直上直下，发出尖锐叫声，猛然下降，在地面急速逃窜。有人突然接近时，即静伏于草丛，即使到了跟前，仍然不动，非迫不得已，不轻易起飞。鹌鹑是一种候鸟，夏天向北、冬天向南迁徙，多在夜间集群迁飞。

家鹌鹑性温顺好动，不怕人，飞翔能力明显退化，听觉敏锐，视觉发达，嗅觉较差，对光照强度和时间、气温的反应迅速而强烈，对笼养具有独特的适应力。喜欢经常采食，善于连续吞食，在黄昏时刻采食更强。饮水时头呈水平姿态或似啄食样，喜欢沙浴，平时常以饲料粉末自撒身躯，或在食槽内作沙浴动作。家养鹌鹑以玉米、高粱、大麦、小麦、米糠、麸皮和薯类等为主要饲料，并补给适量的豆类、鱼粉、血粉等蛋白质饲料。

雌鹌鹑40日龄开始产蛋，一般年产280~340枚，通常将开产后3~7个月间的蛋作种蛋用。配种年龄以雌鹌鹑在3~12月龄间、雄鹌鹑在4~6月龄为最佳。配种雄、雌比例为1∶（2~3）。可将单笼饲养的雄鹌鹑放入雌鹌鹑内进行自由交配，间隔3~4d交配1次，交配的雄鹌鹑要固定。家养鹌鹑已失去孵蛋功能，一般都采取人工孵化。或由家鸽、雌鸡代孵，家鸽一次能孵7~8枚蛋，雌鸡则每次可孵20~30枚蛋，入孵后16~17d即出雏。

鹌鹑的常发疾病为马立克氏病、新城疫、沙门氏菌病等。

第十四节　鹧鸪

鹧鸪俗称龙凤鸟、石鸡、红腿小竹鸡。鹧鸪肉是一种很好的滋补营养品，鹧鸪骨细肉厚，肉嫩味鲜，营养丰富。鹧鸪肉具有高蛋白、低脂肪、低胆固醇的营养特性，含人体必需的18种氨基酸和64%的不饱和脂肪酸。肉中蛋白质含量为30.1%，比珍珠鸡、鹌鹑均高6.8%，比肉鸡高10.6%；脂肪含量为3.6%，比珍珠鸡低4.1%，比肉鸡低4.2%。近十几年来，驯化家养鹧鸪供肉用越来越被重视，逐步发展成为特禽养殖业的重要部分。我国广东、北京、上海等省区市的很多城市都已先后建立了种鹧鸪繁殖场和生产场。

鹧鸪被驯化的历史较短，仅有50年左右，所以家养鹧鸪同野生鹧鸪仍有许多共性和特殊性。鹧鸪喜温暖，怕寒冷，怕炎热，喜光照，喜干燥，怕潮湿，厌阴暗。适宜气温在20~24℃，相对湿度为60%。在昼夜光照时间为14~18h的条件下，鹧鸪生产性能发挥得最好。气温低于10℃或高于30℃，对鹧鸪的生长发育和生产均不利。鹧鸪喜欢群居，胆小，易受惊，遇到响声或异物出现，立即表现不安，跳跃飞动，反应灵敏。有较强的飞翔能力，飞翔快，但持续时间短。鹧鸪生长快，尤其是12周龄前生长最快，刚出壳的雏鹧鸪，体重为14~16g，10周龄时，雄鸪体重达500g，相当于初生重的33~38倍。鹧鸪食性广，是杂食性鸟类，不论杂草、籽实、水果、树叶、昆虫或人工配合的混合饲料，均能采食，且觅食能力强，活动范围较广。鹧鸪好斗，是由于被驯化时间短，仍有野性导致。雌鹧鸪性情稍温驯，雄鹧鸪性情好斗。性成熟后的雄鹧鸪，在繁殖季节常因争夺雌鹧鸪而发生激烈地啄斗，直到头破血流。鹧鸪有趋光性，在黑暗的环境中如发现有光，就会向光亮处飞蹿。鹧鸪广泛分布于世界各地，由于各地的生活环境不同，形成了具有不同外形特征和生产性能的类型和亚种。1962年，Waston将红脚鹧鸪分为7个种、30个亚种，大致分布如下：法国和西班牙红脚鹧鸪，分布在法国和西班牙；岩鹧鸪，分布在意大利、罗马尼亚、保加利亚、希腊、阿尔巴尼亚等国家；石鸡鹧鸪，分布在土耳其、叙利亚、伊拉克、黎巴嫩、塞浦路斯、伊朗、尼泊尔、印度、蒙古和我国内蒙古、西藏等地；巴勃雷鹧鸪，分布在阿尔及利亚；大红脚鹧鸪，分布在我国西南部；阿拉伯红脚鹧鸪，分布在沙特阿拉伯西南部地区和也门；菲尔比红脚鹧鸪，分布在沙特阿拉伯中部地区。

美国鹧鸪体型小于鸡而大于鹌鹑。成年鹧鸪体长35~38cm，雄鹧鸪体重为600~800g，雌鹧鸪为550~650g，体型圆胖丰满，全身羽毛颜色十分艳丽。头顶呈灰白色，自前额、双眼一直到颈部连接喉下有一条黑色带，形成网兜状。鹧鸪体侧有深色条纹，双翼羽毛基部为灰白色，羽尖则有2条黑色条纹，使体侧双翼似乎有多条黑纹。胸、腹部呈灰黄色，喙、眼、脚不论雌、雄均为橘红色，腿、脚为鲜艳的红色，故有"红脚鹧鸪"之称。雌、雄性的羽色、外貌几乎一样，较难区分。两者的主要区别在于，雄鸪比雌鸪体型大；雄鸪头部较雌鸪大而宽，颈较雌鸪短；雄鸪双脚有距，雌鸪虽有时也有距，但较小，而且只长在单脚上。雌、雄的准确区分可采用肛门鉴别法。鹧鸪从小到大羽毛要经过绒羽、幼羽、青年羽和成年羽4次换羽，出壳雏鸪的绒羽为铁灰色，背部有2条黑色条斑，随日龄的增长绒羽脱落并换上灰褐色幼羽，幼羽上有黑色斑点；7周龄后开始换成青年羽，全身大部分覆盖灰色羽毛，背部呈栗色，喙、脚慢慢呈橘红色；12周龄以后逐渐换为成年羽，这时喙、脚、眼圈开始出现橘红色，以灰褐色为基色，并掺杂覆盖着褐红色斑；产蛋时还要进行1次换羽，羽色更加鲜艳。

鹧鸪为早成鸟，出壳绒毛干后便可走动、寻食、饮水，甚至斗架。喜温暖、干燥的环境。忌潮湿、酷热和严寒，对过热、过冷比较敏感。好动，富于神经质，易发生应激反应，当受不适应的外界环境因素刺激时，常常立即发生应激反应，致使生产力下降，甚至死亡。食性广，是杂食性鸟类。具有趋光性，如果暗中发现有光，就向光亮处飞。对发霉的饲料非常敏感，尤其是褐曲霉毒素和黄曲霉毒素。性好斗，特别在春、秋繁殖季节，为争夺配偶而激烈争斗。具嗜血性，特别喜欢啄食血迹，一旦有鹧鸪受伤流血，就跟随啄食。鹧鸪善于奔跑，飞翔力较强，常作直线短距离飞行，受惊后即飞向高处。

在家养条件下，雄、雌鹧鸪均不营巢，产蛋也不一定入巢，没有固定点，也未见抱孵现象。其生长速度较快，90d即达500g的商品鹧鸪规格。28周龄时转入种用阶段，种鹧鸪体长35~38cm，雌鹧鸪体重550~650g，雄鹧鸪体重600~800g。种鹧鸪可使用3年，平均年产蛋100~150枚，每枚20~25g，孵化期为23~24d。

鹧鸪常见疾病为新城疫、传统性法氏囊病、传染性支气管炎、沙门氏菌病等。

第十五节　番鸭

番鸭即瘤头鸭、犹鼻栖鸭，又称麝香鸭、洋鸭、红面鸭、蛮鸭，属于鸟纲、鸭形目、鸭科栖鸭属。番鸭原产于中南美洲热带地区，在我国饲养历史悠久，番鸭被人们视为滋补身体的珍品。福建番鸭经长期驯化以及"选早、选大、选快"

等留种措施，早已成为适应福建省生态环境的两种肉用鸭。由于番鸭具有区别于一般家鸭的特殊经济价值，近年来，国内外都十分重视番鸭生产，饲养量日益增加。在法国，由于"鸭红肉"广受欢迎，使番鸭生产得到了迅速发展，饲养量达到养鸭总量的50%以上，法国克里莫公司对番鸭还进行了系统的选育工作，已选育出若干具有特定性能的品系和配套系。目前，我国四川、福建、江苏、上海、浙江等地已引进祖代或父母代番鸭进行饲养和推广。

番鸭体型与家鸭不同，体型前尖后窄，呈长椭圆形，头大，颈短，嘴甲短而狭，嘴、爪发达。胸部宽阔丰满，尾部瘦长，不似家鸭有肥大的臀部。嘴的基部和眼圈周围有红色或黑色的肉瘤，雄者展延较宽，翼羽矫健，长及尾部，尾羽长，向上微微翘起。番鸭羽毛颜色有白色、黑色和黑白花色3种，少数呈银灰色。羽色不同，体形外貌亦有些差别。

白番鸭的羽毛为白色，嘴甲粉红色，头部有肉瘤，鲜红肥厚，呈链状排列，脚为橙黄色。若头顶有一撮黑毛的番鸭，嘴甲、脚则带有黑点。黑番鸭的羽毛为黑色，带有墨绿色光泽。主翼羽或复翼羽中常有少数的白羽。肉瘤颜色黑里透红，且较单薄。嘴角色红，有黑斑，脚多黑色。黑白花番鸭的羽毛黑白不等，常见的有背羽毛为黑色，颈下、翅羽和腹部带有数量不一的白色羽毛。还有全身黑色，间有白羽。嘴甲多为红色带有黑斑点，脚呈暗黄色。

番鸭喜暖怕寒，在炎热夏季其生产性能不受影响，在寒冷的冬季，其生长速度与产蛋性能受到一定程度的影响。这一生活习性使番鸭非常适合于我国南方地区饲养。尽管番鸭与其他水禽一样，喜欢在水中浮游嬉水，但不善于在水中做长时间游泳。交配既可在水中，也可在陆地进行，适合于陆地舍饲，故有"旱鸭"之称。番鸭动作迟缓、合群性好，喜安静，不善叫，比家鸭老实好管理。即使养上数千只，也无噪声。在繁殖季节，雄鸭可散发出麝香气味，因而被称为"麝香鸭"。因家养番鸭人工选择历史较短，故其外部特征和生物学特性与其野生祖先差别不大。番鸭与河鸭属家鸭杂交的杂种鸭，在我国称为半番鸭或骡鸭。番鸭耐粗饲，对饲料要求不高，在育成期对生长发育受阻具有较强的补偿能力。因此，在育成阶段可多喂青粗饲料，以降低成本。

番鸭性成熟较晚、产量较小。平均开产日龄为172.88d，产蛋日龄为153d，开产后第一个产蛋周期最长，连产蛋数为 35~40 枚。以后每个产蛋周期连产蛋数可稳定在 13~15 枚。年产蛋 100~110 枚，最高个体可达 160 枚。蛋形椭圆，蛋壳为玉白色。产蛋 20 周后即休产换羽，需 10 周左右，然后才进入第二个产蛋周期。怕冷不怕热，如果室温低于 16℃，法国番鸭基本上处于休产状态，也很少配种。本地番鸭虽比法国番鸭耐寒，但在 10℃ 以下时也会休产。番鸭产蛋最多的时候是在最热的夏季，即 6—9 月，此时受精率和孵化率也最高。产蛋最少的是在寒冷的冬季，即 12 月至翌年 2 月，此时雄鸭的精液量少，往往采不出精液，本交受精率也不高。将种鸭养于保暖的房舍，可提高产蛋量和受精能力。

番鸭的常见疾病有鸭瘟、鸭病毒性肝炎、鸭霍乱、细小病毒病、鸭传染性浆膜炎、鸭大肠杆菌病、鸭曲霉菌病、鸭球虫病等。

第十六节 野鸭

广义上，野鸭包括多种鸭科鸟类，而狭义上是指市面上所称的对鸭、四鸭、六鸭、八鸭等 4 个鸭科品种，在分类学上属鸟纲、鸭形目、鸭科、河鸭属。对鸭（绿头鸭）为目前驯养的野鸭，亦即现今家鸭的祖先，同家鸭配种后，可繁殖后代，易于驯化，后 3 个品种则不易驯化，而且捕捉不易，数量稀少。在幼龄阶段经过驯养的对鸭，在自然环境没有改变以及给予仿生饲养管理条件下，仍然保持着野鸭的特征与特性。野鸭多数系对鸭驯化选育而成，人工饲养野鸭已分布世界各地，我国南昌鄱阳湖已建立野鸭养殖公司等企业。农村各地都可以饲养，适应性强。

野鸭外形美观，体型小，长约 60cm，体重 1kg 左右，趾间有蹼，善游泳，翅膀强健，有飞翔能力，雄鸭头和颈呈绿色，颈的基部有一道白色羽圈，颈和翼呈蓝紫色，尾部大部分为白色，仅尾部中央有 4 根黑色羽向上卷如钩状，称为雄性羽，据此可辨别雌雄。雌鸭全身羽毛呈灰褐色，并缀有暗黑色斑点，有的呈银灰色，背、尾后半部呈黑色，雌鸭尾毛有的同家鸭相似，但羽毛光亮紧凑，有大小不等的圆形白麻花纹，脚呈橘黄色，有的呈灰色，体型前重后轻，胸肌发达，腹小。

野鸭在自然条件下，以小群的形式生活在河流、湖泊、沼泽地及水生植物较多的地方，春末去我国北方，冬天又来到鄱阳湖越冬。

野鸭食性广而杂，耐粗饲，植物种子、根、茎、叶、芽以及谷物、杂草、软体动物等均能采食。野鸭喜欢群体生活，胆小，警惕性高，遇有陌生人、畜、禽等，常发生惊叫，成群逃避。这种习性有利于成群结队放牧，有利于集约化养殖管理。

野鸭属候鸟，有趋暖避暑的特性。由于对气温敏感，故对场地及环境选择较为讲究，繁殖季节，根据驯养后第一、第二代雌鸭记录，1年有两季产蛋，春季（3—5月）为主要产蛋时间，秋季（10—11月）再产蛋一批，全年共产蛋50~60枚，春季产蛋量约占全期的80%。蛋壳呈青绿色，蛋重50~55g。在自然条件下，受精率较高，一般在95%左右，而驯养的野鸭蛋受精率则只有85%左右，人工孵化率可达85%，孵化期27~28d。

野鸭的常见疾病有鸭瘟、鸭病毒性肝炎、鸭霍乱、细小病毒病、鸭传染性浆膜炎、鸭大肠杆菌病、鸭曲霉菌病、鸭球虫病等。

第十七节　蛇

蛇，俗称"长虫"，身体细长呈圆筒形，全身都被覆鳞片，附肢已退化消失。全身可分为头部、躯干部和尾部。头后到肛门前称躯干部，肛门以后称尾部。头部较扁平，躯干较长，尾部细长如鞭，或侧扁而短，或呈短柱状。头部有鼻孔1对，位于吻端两侧，只有呼吸作用，无味觉。蛇眼位于蛇头部的两侧。蛇类的眼没有能活动的上下眼睑。蛇全身都是宝。蛇肉是美味佳肴，蛇鞭、蛇血是滋补品，蛇胆、蛇毒、蛇蜕具有极高的药用价值，蛇皮是制革的上好原料。目前，蛇类的养殖正在兴起。

蛇属爬行纲、有鳞亚纲、蛇目。目前世界已有记载的蛇类约有2 700种，分别隶属于10科、400属。在我国分布的蛇类约有200多种，占8科，53属。蛇类可以分为毒蛇和无毒蛇。毒蛇根据其毒性的大小，可以分为剧毒、轻毒等几类。无毒蛇的牙呈锥状，且稍向内侧弯曲；有毒蛇的毒牙形状差异较大，表面有沟或中间空心。毒牙又分管牙和沟牙 2 种，管牙似羊角状，1 对，能活动，内有管道（如蝮蛇、类吻蝮蛇、竹叶青蛇）；沟牙一般较小，呈圆锥状，2~4 枚，不能活动，不易看清，在牙的前面有流通毒液的纵沟。沟牙的着生位置不同，若着生于颌骨前端，又称前沟牙类，如眼镜蛇、金环蛇、银环蛇；若着生于上颌骨后端，称后沟牙类，如泥蛇、水泡蛇等。毒牙的上端与毒腺相接，下端与外界相通。毒腺由唾液腺衍变而成，位于头部两侧，口角上方，其形状大小因蛇种而异。毒腺外面包有一层强韧的白色结缔组织，前端有组长管道与毒牙基部相通。由于毒腺表面肌肉的收缩，毒液便可以从毒腺中挤出，经过毒牙的管、沟注入捕获物。对毒蛇本身来说，毒液的主要作用是捕食和消化食物，其次才是防御天敌。蛇毒的生物学意义就是它的消化功能，这不难理解，因为毒腺是从唾液腺进化而来的。被毒蛇咬伤的动物，尸体容易腐烂，与毒液中的消化酶，特别是蛋白质水解酶有关。

我国的毒蛇种类比较丰富。全世界的毒蛇约有 500 种，而在我国分布的约有 50 种。毒蛇主要是蝰科、眼镜蛇科和海蛇科的所有种类以及一些游蛇科的种类。也可根据蛇的生存环境将其分为陆生种类和海产种类，前者生活在陆地上，后者生活于海洋中。在我国，从南到北，由西向东，都有蛇类的分布，其中有些种类是广布种，如黑眉锦蛇几乎分布于我国各地。蛇的视力较差，对静止的物体反应迟钝。只有在观察运动的物体时，才有比较敏锐的反应，这也是蛇类一般只吃活食的原因。蛇无耳孔和鼓膜，蛇体内部有内耳和听骨。因此，蛇虽然不能接受空气中传来的声音，但通过紧贴地面活动的身体，声音的波动经过听骨传进内耳，蛇可以敏锐地感受到地面震动传来的各种活动信息，从而产生听觉。舌没有味觉，但可以靠频繁地收缩把空气中的化学分子黏附在舌面上，送进位于口腔顶部的锄鼻器，从而产生嗅觉。据理论知识介绍，蛇在觅食和对周围环境判断的过程中，在很大程度上是依靠嗅觉。此外，尖吻蝮蛇与蝮蛇还有颊窝，它对环境温度的微弱变化能产生灵敏反应，因此颊窝又称热感受器，这对夜间捕食有重要作用。有颊窝的蛇，在夜间有扑火的习性。因此，在夜间用明火照明时要十分小心。

蛇类属冷血变温的爬行动物，其栖息环境与温度、湿度都有关。蛇类喜欢栖息在温度适宜、距水源较近、食物丰富、捕食方便、易于隐身的环境中。多在坟丘、石缝、老鼠或田鼠遗弃的洞穴内栖息。蛇对周围环境温度极为敏感，蛇类生活最适宜的温度范围在20~30℃，气温过高或过低时，蛇的活动量减少，进食量也相应地减少。温度在20~30℃条件下，蛇活动最为频繁；13℃以下寻找温暖处冬眠；30℃以上时常到阴凉处栖息或到水中洗澡；若环境温度在-5℃以下或45℃以上，蛇类1h之内就会死亡，蛇的生活习性表现出明显的季节性差异。由于白昼温差的关系，不同的蛇种具有不同的昼夜活动规律，这是蛇对温度条件的一种适应特性。除了环境温度和湿度条件外，蛇类的昼夜活动规律主要决定于被捕食对象的活动时间。此外，蛇类还怕风怕雨，大风天或下大雨时几乎不出洞。蛇的种类不同，栖息环境也不同。金环蛇栖于平原及丘陵地带的水田、塘边的低洼湿地；眼镜蛇栖于山坡、丘陵及平原的墙基、石隙处、坟堆、灌木丛；眼镜王蛇栖于平原及山区，活动于山溪边或爬行于树上和岩缝内；五步蛇栖于山区林地和林旁，习惯盘卧于山洞的岩石上、阴湿的石隙内、溪旁岩石和杂草丛中；蝮蛇栖息于平原及丘陵地带的颓墙、废墟及村庄前后的菜地里；蝰蛇夏季栖息在丘陵地带，冬天迁至平原，秋天多见于稻田或阴暗而凉爽通风处。

蛇主要以活的动物为食，食性很广，蚯蚓、蜘蛛、昆虫及其幼虫、鱼、蛙、鼠、蜥蜴、鸟、兔等都是蛇的好饵料，但蛇的种类不同，摄食的对象也不同。例如，金环蛇主要摄食其他蛇类以及鱼、蛙、蜥蜴、鼠或其他哺乳类小动物；银环蛇的摄食对象是鱼、蛙、蜥蜴、鼠或其他小型哺乳动物；眼镜蛇的摄食对象除了与银环蛇相同外，还摄食蜥蜴和鸟蛋；尖吻蛇主要摄食鼠类或其他小型哺乳动物以及蛙类，也摄食蜥蜴和鸟；蝮蛇摄食鱼、蛙、蜥蜴、鼠和其他哺乳动物。蛇的食性往往还受到其栖息环境的限制，同时季节的变化也影响着蛇的食性，3—7月与9—11月是旺食期，这与进入繁殖期以及体内蓄积营养准备越冬有关。

蛇头部是三角形者其嘴多能张大至130%，能吞食比自己的头大几倍的食物，如鼠类、水禽蛋等。蛇的消化能力与耐饥能力很强，被其吞食的鼠类、鸟类等除毛外，连骨头都能消化掉，在有水无食情况下，几个月甚至半年不进食也不会饿死，但无水无食耐饥时间大大缩短。

蛇的活动规律因其种类不同而有明显的差异。有的喜欢白天活动觅食，如眼镜蛇、眼镜王蛇等称为昼行性蛇类；有的昼伏夜出，如金环蛇、银环蛇等，白天怕强光，喜欢夜间出来活动觅食，称为夜行性蛇类；尖吻蝮蛇、蝮蛇喜欢在弱光下活动，常在早晚和阴天出来觅食，称晨昏性蛇类。

蛇类活动又随季节变化而有差异。在自然环境下，每年的夏初到冬初，是蛇的主要活动时期，7—9月是蛇最活跃的时期，这段时间，蛇四处游动，到处觅食和繁殖，同时还经常到水边饮水和洗澡。当气温高于40℃时，蛇便会寻找树荫、草丛等阴凉处躲避高温。秋季来临，气温降低，蛇会转入地势较低的干燥洞穴、草堆或树洞，不再进食，准备冬眠。

由于各地气温不同，进入冬眠的时间也不尽相同，加之性别与年龄不同，进入冬眠的早晚也有差异，同一品种蛇，雌性较雄性先进入冬眠，成年蛇较幼蛇先冬眠。蛇类的冬眠场所，一般都在冻土层以下干燥无水的洞穴或岩石缝中，有独自冬眠的，也有雌、雄同穴的，还有3~5条或数十条群居的。群居性有利于保温和维持蛇体湿润，对提高成活与繁殖均有益处。

冬眠是蛇类适应环境的一种遗传特性。冬眠时，蛇的新陈代谢降至最低状态，经常可以看到同种或不同种的蛇几十条或成百条地群居在一起，这样可以使温度升高几度，并且能减少蛇体中的水分散失。由于蛇在冬眠时不进食，但又消耗着自身的营养，所以死亡率较高，自然条件下，蛇在冬眠期死亡率会达到35%~60%。

蛇类性成熟后，在每年冬眠后第一次蜕皮时便开始交配，所以雄蛇出蛰后，并不是立即觅食，而是追逐交配伴侣。这段时间是蛇的寻偶交配阶段。蛇是卵生或卵胎生，卵是白色或黑褐色，卵壳柔软，常粘成团，一般1次产卵十几枚。卵胎生的本质也是卵生，不同的是卵在受精后，并没有从雌体中排出，而是在雌体内发育成幼蛇后才产出。

到目前为止，从蛇类中发现的疾病并不多，主要有霉斑病、口腔炎等。

第十八节　蚯蚓

蚯蚓，中医称其为地龙，有很高的药用价值，具有解热、镇痉、平喘、降压、利尿和通筋络等功用,《本草纲目》中已有详细记载。蚯蚓也是一种高蛋白饲料,蚯蚓干体蛋白质含量可达 53.5%~65.1%,可代替鱼粉、大豆,可作为养殖蛇、蜈蚣、林蛙、蟾蜍、蝎子、蛤蚧等的优质动物性饲料。蚯蚓对改良土壤结构、土壤理化性质、增加土壤肥力有重要作用。此外,蚯蚓可用于处理城市的有机质垃圾和受重金属污染的土壤。

蚯蚓属于环节动物门、寡毛纲的动物。寡毛纲分为 4 个目、16 个科,6 700余种,在我国有 200 多种。蚯蚓的身体呈长圆筒形,由多数体节组成,节与节之间有一深槽,叫节间沟。到性成熟时,体节前部皮肤增厚为环带,即生殖带。因种不同,生殖带的形状及位置也不同。蚯蚓在陆地的土壤中生活(水生种除外),无明显的头部和感觉器官。在口的上面有一肉层,大部分藏于体壁中,刚毛排列有对生刚毛和环生刚毛 2 个类型,环毛属刚毛即为环式排列。雌性生殖孔 1~2个,雄性生殖孔 1~2 对,因种类不同所在位置不同,在背部中央每节之间各有一小孔,平常紧闭,有适当机会时,张开背孔排除体液,湿润皮肤。

蚯蚓的大小相差很悬殊,有时即使是相同种类的蚯蚓,个体差异也很大。陆生蚯蚓中最大的是南美的鼻蚓,长达 2 100mm,宽 24mm。我国海南五指山的保亭环毛蚓长达 700mm,宽 24mm。我国最小的陆生蚯蚓是海南的娃形环毛蚯蚓,长仅 10~24mm,宽 1~1.8mm,无背孔。

蚯蚓喜欢吞食腐烂的落叶、枯草、蔬菜碎屑、禽畜粪便、瓜果皮及生活垃圾。特别喜欢吃甜食,比如腐烂的水果,亦爱吃酸料,但不爱吃苦味和有单宁的食物,盐对它有毒害作用。蚯蚓在土壤中呈纵向地层栖息,头朝下吃食,有规律地把粪便排积在地面。

蚯蚓性成热时,体节前部皮肤增厚为环带,即生殖带,因种类不同,生殖带的形状及位置不同。蚯蚓性成熟后配偶双方相互受精,即把精子输送到对方的受精囊内暂时储存,交配时,各以腹面相对,各自的雄性生殖孔与对方的受精囊相对,交换精液,精子在储精囊中可储存 3 个月以上,即交配 1 次可 3 个月不必再交配。可利用庭院、果园、林场、荒山坡地等进行室外蚯蚓养殖,也可利用楼房、平房、地下室、塑料大棚等进行室内养殖,也可用塑料盆、木箱、砖池等进行小规模养殖。

第十九节　蜈蚣

蜈蚣又名天龙、百足虫、百脚、金头蜈蚣等，属于节肢动物门、多足纲、唇足亚纲、蜈蚣目、蜈蚣科、蜈蚣属。蜈蚣是常用的动物性中药材之一，具有祛风、镇痛、解毒等功能，主治小儿惊风、抽搐、破伤风、口歪眼斜、肿毒疱疹、淋巴结核等症，近年来还发现其有抗肿瘤的作用。

蜈蚣种类很多，分布很广。人工养殖的药用蜈蚣种中，主要是少棘蜈蚣和多棘蜈蚣2个近似的地理亚种。少棘蜈蚣主要分布于湖北、江苏、浙江、河南、陕西等地，而多棘蜈蚣主要分布于广西，特别是广西都安一带的蜈蚣体大质优。

蜈蚣体扁而细长，成熟个体一般长 10~12cm，体宽 0.5~1cm。头部有 1 对细长分节的触角，共分 17 小节，除基部 6 小节外，都被有细密的绒毛。触角是蜈蚣的触觉和嗅觉器官。在触角基部后下侧左右有 4 对侧眼。头部还有 1 对大颚和 2 对小颚。少棘蜈蚣左大颚有 5 个大齿，右大颚却只有 4 个，左、右大颚齿在中线上相互嵌合交错，可切割和磨碎食物。少棘蜈蚣原有 25 个体节，其中第一躯干体节几乎完全退化，末 3 个躯干节即前生殖节、生殖节和肛节，在胚胎时期明显，相互分界，但成长以后，一面退化，一面愈合，形成一肛生殖节，形似一小凸起，位于身体末端的尾肢之间。从身体腹面观察，易于区别雌、雄，雄体前生殖节的腹板大，有阴茎，并残存 1 对生殖肢。蜈蚣第一躯干体节虽然退化，已难分辨，但其 1 对附肢却十分发达，并形成颚足，也称毒爪。左、右颚足各有 1 个毒腺，位于第二肢节内，毒腺输出管开口于颚足近末端处。颚足之后，每个明显的体节都有左、右各 1 对步足，共 21 对。末 1 对较粗长，伸向后方呈尾状，特称尾足。爬行时，尾足拖在身后，不起运动作用，它是蜈蚣的触觉器官，其上长有小棘。蜈蚣头部和第一体节背板呈金黄色，其余体节背部呈墨绿色，腹面和足呈黄褐色，足端呈黑色。

蜈蚣天性畏光，昼伏夜出，喜欢在阴暗、潮湿、温暖、避雨、空气流通的地方栖居。主要生活在多石少雨的低山地带。平原地区虽然也有蜈蚣栖居，但数量很少。每当惊蛰过后气温转暖时，蜈蚣开始出土活动，常在阴暗潮湿的杂草丛中或乱石沟里栖居。从芒种到夏至，随着气温的逐渐升高，蜈蚣又逐渐转移到阴凉的地方避过炎热的白昼，时常躲伏在废弃的沟壑、荒芜的坟包或田坎、路旁的缝隙中。到了晚秋季节，则多栖居于背风向阳的松土斜坡下或树洞、树根附近比较温暖的地方。密度过大或惊扰过多时，可引起相互厮杀而死亡。但在人工养殖条件下，饵料及饮水充足时也可以几十条共居。

蜈蚣的活动频率与气温、气压、相对湿度、降水量、光照时间等气象因素有一定关系。蜈蚣往往在夜间出来活动，大都互不合群，触角相撞即回避，绕道而行。虽然蜈蚣有8只侧眼（单眼），但视力极差，尤其在白昼视力更差。在晴朗无风的晚上，气温在20~23℃时，是它们活动捕食的高峰时间。它们白天活动少，夜间活跃；天气炎热达35℃以上时，则躲在阴凉处；温度在25~32℃时，活动量大；20℃左右时活动一般；天冷、气温低时活动少；无风、微风情况下活动正常，风力在6级以上时活动量少；下雨时活动少，雨后则常出来活动；10℃以下时入蛰冬眠。

蜈蚣从卵孵化、幼虫发育、生长、直到成体，均需经过数次蜕皮，每蜕一次皮就明显长大一些。一般1年蜕1次皮，个别的可蜕皮2次。成体蜈蚣蜕皮前，背板翘起而无光泽，体色由黑绿色转变为淡绿色略带焦黄色，步足由红色变黄色，全身浑粗，行动迟缓，不进食物，视力及触觉能力减退，经拨动也不能迅速逃避。蜕皮时，蜈蚣用头部前端顶着石壁或泥壁。先顶开头板，然后依靠自身的伸缩运动逐节剥蜕，躯体连同步足由前向后依次进行。

当气温降至10℃以下时，蜈蚣便进入冬眠期。处于冬眠期的蜈蚣不再活动，也不进食，躯体摆成"S"形，触角由外向内卷曲，尾足并拢。冬眠时，蜈蚣钻入土层的深度一般为15~40cm，最多不超过100cm，这与气温和土温的高低有直接关系，气温越低，钻入土层越深，若气温较高，土温则相对也高，不仅可以推迟冬眠，而且只需在浅土层或土层表面冬眠。

蜈蚣为典型的肉食性动物，性凶猛，食物范围广泛，尤喜食小昆虫类，它甚至能射出毒液杀死比自己大的动物。捕食时，首先头部抬起并猛扑过去，用前几对步足抱紧猎获物。再用颚爪钳住并注入毒液，使之麻痹或死亡。蜈蚣捕食的昆虫有蟋蟀、蝗虫、金龟子、蝉、蚱蜢，以及各种蝇类、蜂类、蛹、蛆等，甚至可食蜘蛛、蚯蚓、蜗牛，以及比其身体大得多的蛙、鼠、雀、蜥蜴及蛇类等，在早春食物缺乏时，也可食少量青草及苔藓的嫩芽等。饱餐后可连续几天不进食。人工养殖如密度过大或食物投放不足，会引起相互残杀现象。

蜈蚣生长发育较慢，从第一年卵孵化成幼虫到当年冬眠之前才长至3~4cm；翌年出蛰之后，食物充足时，也才能长到3.5~6cm；第三年才长到10cm以上。因此，蜈蚣从卵到发育长大为成虫再产卵，需3年时间。

蜈蚣生长3年后，一般体长10cm以上时才达到性成熟，方能交配产卵。交配1次可连续产受精卵几年，自然环境条件下，每年只产1次卵，并有孵化育幼习性。蜈蚣为雌雄异体，卵生。6月下旬至7月上旬为产卵盛期，卵数一般为20~60粒，7月上旬至8月上旬主要是抱卵孵化与育幼期，卵需经过43~50d孵化出幼体。

蜈蚣的常见疾病有腹胀症、绿僵菌病等。

第二十节　蛤蚧

蛤蚧别名大壁虎、仙蟾、蛤蟹。分类学上属壁虎科、壁虎属，广泛分布于各大洲的热带及温带地区。蛤蚧在我国主要分布于广西，遍及大部分县、市；其次是广东和云南，南部其他个别地区也有分布，但数量极少。作为名贵药用动物，蛤蚧的主要功效为益肾补肺、定喘定嗽。主治肺、肾两虚、气喘咳嗽、虚劳咳嗽、咯血、遗精、小便频数、消渴、小儿疳疾、年老体虚等。现代临床主治急慢性气管炎、慢性支气管类、肺结核、心脏性喘息、心源性水肿及神经衰弱等疾病。

成体蛤蚧体重在60~80g。成体体长（吻至泄殖孔）120~160mm，尾长100~145mm。蛤蚧体呈长圆形，背腹略扁，身体明显分为头部、颈部、躯干部、尾部和四肢。皮肤粗糙，被粒状细鳞，细鳞间分布有大的颗粒状细粒。缺乏皮肤腺，所以皮肤经常干燥。头部较大，呈三角形，吻端凸圆，鼻孔近吻端，耳孔椭圆形，眼大，突出，口中有许多小齿。全身生密鳞，上唇鳞12~14片，第一片达鼻孔；吻鳞宽，其后缘有3片较大的鳞，头及背面鳞细小，呈多角形；尾鳞不甚规则，近长方形，排成环状。大而突起的鳞片成行地镶嵌在小鳞片中，行距间约有 3 排小鳞，分布在躯干部的有 10~12 纵行，在尾部的有 6 行，尾侧有 3 对隆起的鳞。胸腹部鳞较大，均匀地排列成覆瓦状。指、趾间具蹼；指、趾膨大，底部具有单行褶襞皮瓣，除第一指（趾）外，末端均具小爪。雄性有股孔 20 余枚，左右相连。尾基部较粗，肛后囊孔明显。背部呈紫灰色，有砖红色及蓝灰色斑点。浸液标本呈深浅相间的横斑，背部有 7~8 条，头部、四肢及尾部亦有散在斑点，尾部有深浅相间的环纹 7 条，色深者较宽，腹面近白色，散有粉红色斑点。尾易断，能再生。

蛤蚧的体色多种多样，主要与其所栖息的环境有密切关系。栖息于黑色石山上的蛤蚧，体色较黑；栖息在浅色石山上的蛤蚧，体色较灰；栖息在土山、土坡的蛤蚧体色棕黄；栖息在树洞中的蛤蚧体色较青。饲养环境下的蛤蚧体色较淡。同一环境中生活的蛤蚧体色也常不一样，这是蛤蚧的一种保护性适应本能。

蛤蚧主要分布区域是北回归线附近的亚热带石灰岩地区。多栖息于悬崖峭壁洞缝中，少数栖息在树洞、房舍墙壁中。蛤蚧特别喜欢栖息在周围昆虫多、有草木生长、高度为几米到几十米的山崖上。白天不出洞，夜幕降临后才外出活动寻食。性情较机警。嘴是唯一的自卫或攻击武器。遇危急情况，能弃尾而逃。不喜水，但能游泳，靠躯体后部左右摆动前进。爬行时头抬离地面，转弯时尾部起着舵的作用。喜暗畏光，白天视力不强。栖息时，头常朝下。蛤蚧能鸣叫，叫声特别洪亮。喜温畏寒，冬天蛤蚧多栖于向阳避风的洞穴中，夏天则栖息于背阳阴凉处。当室温降至 8℃ 左右时，进入冬眠状态，当室温回升到 18℃ 以上时，冬眠状态解除。但又不喜高热，炎热则喜栖息阴凉的环境，当室温在 33℃ 以上时，活动性降低。这时如在人工饲养条件下，需向蛤蚧身上淋水或给予饮水，周围环境也需洒水，以增加空气湿度和降温。经室内观察，蛤蚧的适宜温度为 26~32℃。

蛤蚧是夜出动物，瞳孔能随光线的强弱迅速放大或缩小。在黑暗中，瞳孔放大成回形，在强光下，瞳孔几乎闭合呈一直缝。在黑暗中视力较光亮下强。蛤蚧活动取食受温度制约。温度在 20℃ 左右时便取食。取食活动一般在天黑开始，日出停止。饥饿时，即使在光照下也取食。蛤蚧主要以活的昆虫为食，包括鞘翅目、鳞翅目、膜翅目、半翅目、螳螂目、蜻蜓目等某些昆虫，但以鞘翅目为最多。有吃蜕下之皮的习性。

蛤蚧需 3~4 年才达性成熟。在广西南部地区，从 5—9 月产的，6—7 月为主要产卵期，年产卵 1 次，每次一般产 2 枚卵，先后相隔几分钟至数天，但个别相隔较长。2 个卵通常互相粘在一起。卵白色，多数重 5~7g。2 个卵的重量可占体重的 20% 左右。在输卵管内待产的卵略呈长圆形。卵产在平面上或侧壁上，壳软，具强黏性。经产时腹部挤压就成为圆形、长圆形、斜圆形、椭圆形等多种形状，但都具有一个大小不等的固着面，牢固地固着在物体上。受了精的卵，经 20d 左右变为浅肉色，约经 2 个月变为浅灰褐色。这种变化，表示卵已受精，胚胎发育正常。如果仍呈白色，表明卵没有受精。受精卵经 3 个多月，胚胎发育完成，小蛤蚧破壳而出。

蛤蚧由于年年捕捉过量，加上生活栖息环境遭受破坏，分布范围变窄，致产量逐年减少。20 世纪 70 年代初，掀起了人工养殖蛤蚧试验的热潮。由于蛤蚧具有一些特殊的生物学特性，加上饲养管理不当，一直没有取得比较满意的效果。要突破人工养殖这一关，饲料来源、温湿度控制和栖息环境等问题都有待解决。

蛤蚧的常发疾病有口角炎、口腔炎、软骨症等。

第二十一节　蝎子

蝎子属节肢动物门、蛛形纲、蝎目。它们典型的特征包括瘦长的身体、鳌、弯曲分段且带有毒刺的尾巴。世界上的蝎子约有 800 余种，常用以入药的为东亚钳蝎，亦称马氏钳蝎，属蝎目的钳蝎科，东亚钳蝎分布最广，数量最多，遍布我国 10 余个省，其中以山东、河北、河南、陕西、湖北、辽宁等省分布较多。蝎子是传统的名贵中药材（即东亚钳蝎制成品），临床上将全蝎或蝎毒广泛用于治疗痹痛、癫痫、破伤风、血栓闭塞性脉管炎、淋巴结核、烧伤等病症，特别是在治疗中风、半身不遂、风湿、疮疡肿毒及抗肿瘤等方面效果尤为显著。近些年又成为餐桌上品位极高的美味佳肴，市场需求亦与日俱增。20 世纪 80 年代以来，在人工养蝎实践中，已积累了大量经验，养殖技术亦日益成熟。随着人工养蝎的进一步发展，前景定会更加广阔，同时对野生蝎资源的保护也具有重要意义。

全世界蝎目动物有18科、115属、1 200余种。除南极、北极及其他寒带地区外，世界均有分布。在我国蝎子约有15种，其中最常见和经济价值较高的为东亚钳蝎。

东亚钳蝎体形似琵琶，雌雄异体，体表被有几丁质的外骨骼。身体背面呈灰褐色，腹面呈浅黄色。雄性体长4.5~5.5cm，体宽0.8~1cm；雌性体长5.5~6.0cm，体宽1.0~1.5cm。

蝎子的生命力非常顽强。野生蝎生活在潮湿的泥土中，食物匮乏时可饥饿1年而不死，蝎子的寿命大约8年。性成熟期为3年，繁殖期为5年。目前家养蝎多为野生蝎驯化而成，尚未达到完全驯化的程度，生活习性和野生种群基本相同。

冬眠习性是蝎子和一切变温动物对寒冷环境的一种适应方式，从每年10月下旬开始，随着气温逐渐降低，蝎子在自然界活动减少，新陈代谢降低，不食不动，蛰伏于穴内，进入越冬阶段，到翌年4月出蛰，恢复活动。在人工饲养条件下，可以改变这种生活习性，打破冬眠规律，加快蝎子的发育速度。野生蝎平时栖息在山坡石砾、树丛落叶、墙缝土穴等潮湿阴暗处，并经常外出晒太阳。蝎子随季节变化有迁居行为，在山区，盛夏时居住在山腰，以躲避雨水冲刷和乘凉，其他季节多栖息于山脚，以调节温度和湿度。另外，还要有充足的食物条件。

蝎子喜欢安静的生活环境，怕风吹和噪声，特别是产仔季节，声响的刺激会使雌蝎因受到惊吓而发生流产或咬仔、食仔的现象。蝎子的生活环境需要有新鲜空气流通，但蝎子对强风非常敏感，有躲避强风的现象。人工养蝎以采用微风换气的方法为宜。

蝎子对土壤的盐度有较高的适应性，以pH值5~9的土壤类型为宜，其次是沙壤土。另外，蝎子对各种强烈气味，如油漆、汽油、煤油等及多种化学药品、农药、化肥、石灰均有很强烈的回避性。

蝎子喜欢群居，有认窝识群性，多在固定的巢穴群居。在条件不适宜时，会成群外逃，寻找新居。蝎群长期生活在同一环境中，产生了既互利合作，又相互抑制的关系。雌蝎与仔蝎的互利关系尤为突出。雌蝎产下仔蝎后，仔蝎都趴在雌蝎背上，寻求保护，此时雌蝎肩负起保护仔蝎的任务，警惕性很高，防止仔蝎受到伤害。仔蝎之间也和睦相处，并服从雌蝎的管理和保护，很少强行挣脱保护。

蝎群内个体间，在密度适宜时能保持和睦关系。同窝中一蝎一室，相安无事。在外出捕食时，各自为政，互不干扰。当蝎群密度过大时，行动空间、食物供应、栖息环境等发生紧张，就会导致种群的自疏，达成一种新的平衡。蝎子的自疏活动包括自相残杀、互相干扰、争夺食物和污染环境4个方面。

蝎子为肉食兼食植物性多汁食物的动物。在自然界中，蝎子个体较小，一般捕食一些小型节肢动物为食，主要有蜘蛛、蝗虫、蟋蟀、地鳖虫、苍蝇、蛾类等。在人工饲养条件下，黄粉虫是较理想的饵料。新鲜肉类如猪肉、牛肉、鱼肉、蛙肉、鸡肉、蛇肉、兔肉等都是蝎子喜食的食物。蚯蚓、蜗牛等低等无脊椎动物对蝎子来说不及昆虫类食物喜食。蝎子在缺少动物性食物时，也可食用多汁、青绿的瓜、果及幼嫩的蔬菜。蝎子一般每3~5d捕食1次，1次可吃掉3只较大的黄粉虫。产仔后的雌蝎和刚与雌蝎分离的仔蝎食量较大，可捕食与自身体重相同的食物量。冬眠前的蝎子食量大，蝎子体内有贮藏营养的中肠盲囊，一般进食一次可维持10d不饿。蝎子的生长发育离不开水。蝎子体内的水分在不停地消耗，水分消耗主要有3种方式：一是体表散发，二是经粪便排出，三是经书肺散失。

为了保持体液平衡，维持身体需要，蝎子必须不断地从外界获取相应的水分。蝎子对水分的获取主要有3种途径：第一，通过进食获取大量的水分，如黄粉虫体内含水量达60%左右；第二，利用体表、书肺孔从潮湿大气和湿润土壤中吸收水分；第三，蝎子体内物质代谢过程中生成一些水分。其中前2个途径是蝎子体内水分的主要来源。

蝎子的性发育与个体生长同步，当个体生长发育基本完成时，性发育也就成熟了。野生蝎一般需要26个月左右达性成熟。但从最后一次蜕皮以后，雌、雄蝎均可发生交配行为。在人工饲养条件下，蝎子的发育可大大加快，只需12~18个月即可达到性成熟。野生蝎一般在每年的5—8月交配，有2次交配期。在人工饲养条件下，蝎群可随时进行交配。1只雄蝎1次只能和1只或2只雌蝎交配，特别强壮的最多也只能交配8只雌蝎。之后，雄蝎要过3~4个月后，才能同雌蝎交配。最佳繁殖期3年左右。

蝎子的常见疾病有拖尾病、枯尾病、腹胀病、白尾病等。

第二章　特种经济动物疾病诊断及治疗技术

第一节　临床检查技术

一、捕捉

特种经济动物如鹿、貂、狐、貉、灵猫、麝、熊等虽已驯养，但仍保留着一定的野性，特别是生人难以接近，当人接近时即表现惊慌不安，或逃跑，或仰头竖耳，泪窝开张，蹬腿，被毛逆立，甚至向人攻击，如无防备则易被顶伤或抓伤。雌鹿在产仔哺乳期和雄鹿在配种期往往异常凶猛，所以在接近或捕捉时应加倍注意。狐、貉、貂等动物在捕捉时，主要用其脚掌、牙齿和爪子进行自卫，应提防被咬伤或抓伤。

鹿的捕捉可利用一端设一绳环的长绳，以绳的一端通过绳环端的环使之形成一个大的绳套，套在套杆顶端，一人拿着走近想要捕捉的鹿只，迅速将其置于鹿的后蹄前面，当鹿提脚前进见蹄进入绳套时，立即往上收紧绳套可套住一条或两条后腿。此时，两人速将鹿头颈抱住并放倒在地，再用绳索将前后腿捆绑，压住鹿头颈、体躯和四肢。

麝的捕捉通常用竹、木杆将固定的绳套（不用活套）套到麝颈并立即抱起，或用捕网将麝捕住后立刻抱住。

狐、貉、貂体型小，非常灵活，齿锐利，在捕捉保定时要特别注意防止被咬伤。捕捉时可根据不同情况选用相应的捕捉工具，如网兜捕捉器、铁夹捕捉器、三角胶皮带捕捉器和木板捕捉器等。捕捉貉时，常用木棒先将笼内的貉分开，再用另一只手迅速抓住貉尾，然后快速用力上提。捕捉貂时，常戴皮棉长臂手套直接捕捉，或用网兜捕捉，或将貂赶到笼角，迅速将三角胶皮带圈套住脖子拉出捕捉。

蛤蚧是野生爬行动物，捕捉蛤蚧时首先要了解蛤蚧的生活习性和栖息环境，这样才能达到捕捉目的。凡是能听到蛤蚧叫声的石山，就能捉到蛤蚧。常用的捕捉方法如下：①昆虫诱钩法。用一根 1m 长的粗铁丝，一端磨尖，弯成钩状，钩尖挂蝗虫 1 只，慢慢伸到洞口，蛤蚧看见食物，就会一跃而起张口咬住，未等吞食的片刻，将铁丝扭转 90°，用钩尖钩住蛤蚧的下颌，同时用另一根一端弯成直角的粗铁丝，钩入蛤蚧眼眶，两根铁丝一起用力拖出洞口。②灯光捕捉法。在晚上，蛤蚧出洞，有的鸣叫，有的处出觅食。此时持手电筒，携一根 6m 长的竹竿，顶端系一个铁丝钩，钩上挂 1 只蝗虫，入山捕捉。如见到数米高的峭壁上有蛤蚧，可将竹竿伸去，引诱蛤蚧上钩；如它不咬，还可用竿将蛤蚧快速击落到地上，然后捕捉。③烟熏捕捉法。将一小束干草塞进洞口，外端点火，用口吹烟，让其入洞，蛤蚧难受，便会出洞，这时常会啃咬干草，当听到啃咬干草的声音后，立即把干草猛地抽出，蛤蚧也一同被拉出。

蝎子的捕捉：小规模养殖可直接将构成蝎窝的瓦片或土块拆掉，后用竹筷或镊子夹住收集到容器中；大规模蝎窝，可向窝内喷洒酒精，蝎会因酒精刺激而跑出来，然后收捕。野外白天用镊子捕捉，夜晚用荧光灯诱捕。用镊子轻轻夹住蝎子的胸部或腹部，注意不能让蝎子受伤，放在盆或瓶等容器内。

蜈蚣的捕捉：捕捉蜈蚣可根据其夜间活动的特点，用手电筒或玻璃罩油灯在蜈蚣经常活动的地方寻找。也可在常有蜈蚣出没且阴暗潮湿的地方挖一大坑，坑内放入鸡毛、腐草、牛粪、马粪等，上盖潮湿的草席，引诱蜈蚣，每天或隔天清晨捕捉。发现蜈蚣后用竹夹夹住，放入准备好的箱内带回。

蛇的捕捉：捕蛇原则是不让蛇受刺激太大，更不应使蛇受伤。要求捕捉动作要稳、准、轻、快，胆大心细、精力集中，确保人、蛇安全。首先观察了解蛇的活动地带和活动规律，寻找栖息地，追踪到蛇洞并判明洞内情况，进行捕捉。蛇通常利用鼠等动物洞穴，或者树根旁、土壤裂隙栖息。蛇经过之处，由于头拱体压、爬行等，所以洞口和洞壁较为光滑。在洞孔周围 4～5m 内，常有蛇粪、蛇蜕、蛇鳞片及蛇的行踪痕迹。蛇类有类似鸡的粪便，且有特殊的蛇腥气，常伴有黄色、蓝色、白色的粉状物质，即蛇尿。确定了蛇的位置后，再将蛇爱吃的食物放于洞口，用竹筒吹气以诱蛇出洞，或将蛇讨厌的气体用软管通入，或直接用烟熏，也可以直接用水灌等驱蛇出洞。也有人驯犬觅蛇，然后随时抓取。捕捉蛇时，要穿长袖衣服和长管裤，脚上穿高帮鞋或厚实袜子，头上戴硬沿草帽，同时备有解毒、消炎药物、绷扎带、小刀、碘酊等，看准蛇头位置，立即用手掌压住蛇的头部，一只手捏住蛇的头部，或者当蛇向前爬行时，迅速用手拖住蛇尾，立即提起来，使蛇头朝下，不断抖动不让蛇转过头来咬人，然后放入蛇笼中，还可以用黏性较强的泥巴，拿一大块，照准蛇头部用力摔去，把它粘住，使蛇不能逃走，迅速捕捉，也可以用一根棍子，让蛇沿着棍子爬上来，再捏住蛇头颈部即可。用蛇钳夹住蛇的颈部，或者用蛇钩钩住蛇的颈部，均可以抓蛇。

二、保定

诊疗过程中，用人力、器械或药物等控制动物的方法，称保定法。保定的目的是便于施行诊疗或手术等处置。鹿、麝、狐、貉、貂的保定还在于收茸、取香、发情鉴定、精液检查和装运等的需要。

保定方法应根据动物种类、病情和手术部位及设备条件而定。保定须达到以下要求：患病动物的位置和姿势须保证兽医易于接近患部，保定时动作要温和，勿使动物恐惧；能可靠地制止动物的自卫行动；采用的保定方法须安全，不使动物损伤及窒息。

（一）鹿保定法

1. 人力保定法

人力保定法包括绳套法、推板挤压法和吊绳法等，本法不需多少设备，可因地制宜，在小型鹿场和个别鹿处置时特别适用。

（1）绳套法。将长绳一端系成一个绳环，令其另一端通过绳环成一个大的绳套，并套在套杆的顶端，作业者手持带有绳套的套杆走近拟捕鹿只附近，快速把绳套置于鹿后蹄前，待鹿抽腿前进见蹄进入绳套时立即向上收紧绳套。此刻，无论被捕鹿的一足或两足在绳套内都需用力拉住绳端。在这时，另两人用力抱住鹿头颈，再由一人压住前腿，四人协同一致，按需要将鹿放倒，迅速捆绑好四肢和躯体，供处置。

（2）推板挤压法。先用一块隔板放置于通道适当处挡住，然后将拟捕鹿从小圈赶进通道。此刻，用另一块挡板挡住鹿，使鹿挤压在两块横挡板之间，供处置。

（3）吊绳法。将鹿从小圈通过通道赶进木笼内，待鹿站稳后从一侧将通过横梁的带铁环的吊绳下放，通过鹿腹部把铁环挂在对侧吊钩上，然后将吊绳拉紧直至鹿两后蹄离地 30cm，系固住吊绳，打开前门固定鹿头部，供处置。

2. 机械捕捉保定法

适用于大型鹿场进行预防注射、检疫和锯茸。

将鹿赶进小圈，打开圈门，使鹿在通过弯曲通道时利用转弯时的小挡门逐个驱赶入保定架，当鹿进入保定架后夹板抬起鹿体，踏板下降使鹿四肢悬空，利用滑动门固定头颈，供处置。通常使用半自动夹板式保定架，包括夹板、腰鞍、踏板和滑动门头板组成。

（二）麝保定法

用右手提起两后肢，用左手抓住两前肢，使麝的背紧贴保定者腹部，然后坐在小凳上使麝腹部向外侧横卧在大腿上固定住，另一人协助保定头部以防骚动。

（三）狐、貉、貂保定法

1. 嘴保定法

将狐、貉、貂自笼内捉出后，立即用绷带捆紧上、下颌系于鼻梁上，把嘴保定。由于貂不易靠鼻梁系结，故须先在犬齿后面横过口腔安一根小木棍，然后在木棍后边照样用绷带缠紧后系在鼻梁上，以将嘴固定。

2. 绷带扎口法

取绷带一段，先以半结做成套，围绕动物的上、下颌一周，迅速扎紧，另一个半结在下颌腹侧，两游离端顺下颌骨向后引至两耳后，绕到耳后颈部打结。

3. 腋下保定法

当动物嘴保定后，由一人将其挟在腋下做头向下固定，供处置。

4. 全身保定法

动物嘴固定后，一人可固定头和前肢，另一人固定后腰和尾，根据需要采取仰卧位、侧卧位或背位等进行处置。

三、临床检查

鹿、狐、貉、貂、麝等动物仍保持着一定的野性，见人易惊。同时，多数经济动物具有较强的耐病力，不易发现明显的症状，致使失去有效的诊治时机。据此，在观察和检查时动作应温和、仔细。在平时必须经常注意观察动物的精神、食欲、反刍、饮水、鼻镜黏膜、粪尿、被毛光泽、姿势和活动等是否正常，检查体温、脉搏和呼吸等生理指标，以便尽早发现患病动物，并正确运用各种临床检查方法获得诊断，以有效地进行防治，临床检查方法大致如下。

（一）问诊

问诊主要是通过动物主人了解动物的发病情况，其内容包括现病史、既往病史，以及饲养管理情况等，具体包括以下内容。

1. 现病史

了解发病时间、疾病发生发展和流行情况，如发病数和病死数、流行时间等，以推测疾病为急性或慢性以及疾病的经过和发展变化情况等，便于估计疾病的性质。

了解动物发病的主要表现，如精神、食欲、呼吸、排粪、排尿，运动及其他异常行为表现等，对患腹泻者应进一步了解每天腹泻次数、量、性质（是否含黏液、水样、血样、臭味等），对呕吐者应了解呕吐的量、性状、与采食后在时间上的相关性等，借以诊断疾病的性质及发生部位。

发病后是否治疗过，效果如何。此外，还应了解动物的年龄、性别及品种等。

2. 既往病史

包括动物来源和进场时间，如调出场的疫情和检疫、隔离观察、预防注射等，以及是否患过有同样表现的疾病、其他动物是否表现相同症状、注射疫苗情况，以了解是否是旧病复发、传染病或中毒性疾病等。

3. 饲养管理、环境卫生情况

了解动物的饲养管理情况如何，如食物种类是否突然改变（饲喂变质饲料则易发生中毒和胃肠炎）、卫生防疫情况、卫生消毒措施、驱虫情况等，有利于推断疾病种类。

（二）视诊

视诊是以肉眼直接观察动物状态和利用各种诊断器具对动物整体和病变部位进行观察。多在自然光照下进行。先观察动物全貌，让动物取自然姿势，观察其精神状态、营养状况、体格发育、姿势、运动行为等有无外观变化。然后由前往后、从左到右边走边看，观察患病动物的头、颈、胸、腹、脊柱、四肢、尾、肛门及会阴、被毛、皮肤及体表病变，可视黏膜及与外界相通的体腔黏膜。重点观察患病动物的精神状态、姿势、运动和行为，如呼吸、采食、分泌物和排泄物的性状与数量等。

（三）触诊

触诊是利用手指、手掌或手背、拳对动物体某部位进行直接检查的方法。触诊时应注意安全，必要时先将动物固定，然后从前往后、自上而下地边抚摸边接近欲检的部位，切勿直接突然接触。在检查某部位的敏感性时宜先健区后病部，先远后近，先轻后重地进行，并注意与对应部位或健区做对比。触诊主要检查体表和内脏器官的病变性状。

1. 触诊的方法

一般用一手或双手的掌或指关节进行触诊。触摸深层器官使用指端触诊。触诊的原则是面积由大到小，用力先轻后重，顺序由浅入深，敏感部从外周开始，逐渐至中心痛点。

2. 触诊所感觉到的病变性质

（1）波动感。柔软而有弹性，指压不留痕，间做压迫时有波动感，且组织周围弹力减退，见于组织间有液体滞留，如血肿、脓肿及淋巴外渗等。

（2）捏粉样感觉。稍柔软，指压留痕，如面团样，除去压迫后缓慢平复。见于组织间发生浆液性浸润时，多表现为水肿。

（3）捻发音感觉。柔软稍有弹性及有气体向邻近组织流窜，同时可听到捻发音，见于组织间有气体积聚时，如皮下气肿、恶性水肿等。

（4）坚实感觉。坚实致密而有弹性，像触压肝脏一样，见于组织间发生细胞浸润或结缔组织增生时，如蜂窝织炎、肿瘤、肠套叠等。

（5）硬固感觉。组织坚硬如骨，见于异物、硬粪块等。

（四）叩诊

叩诊是敲打动物体表的某部位，根据所产生的音响性质以推断内部病理变化的一种检查方法。分为直接叩诊法和间接叩诊法。

1. 直接叩诊法

直接叩诊法是用手指或叩诊锤直接叩击动物体表一定部位的方法。主要适用于检查鹿、麝的胃部等。

2. 间接叩诊法

间接叩诊法又分为指叩诊法与锤板叩诊法。主要用于检查肺、心及胸腔病变和肝脏、脾脏大小等。在叩诊时应注意用力强度，一般在对深部器官、部位和大病灶时宜用强叩诊；反之，宜用轻叩诊。为便于集音，叩诊宜在室内进行，叩诊音分清音（满音）、浊音（实音）和鼓音3种。正常肺部的叩诊音为清音，叩诊厚层肌肉的声音为浊音，叩诊胀气的腹部常为鼓音。

（五）听诊

听诊是听取动物某些器官在活动过程中所发出的音响，如心音、呼吸音、蠕动音和摩擦音等，借以判断相应器官的病理变化的一种方法。听诊时，由于动物被毛与听诊器之间的摩擦音或由于外部各种杂音的影响，往往妨碍听诊。因此，听诊必须全神贯注，正确识别发音的性质，并将其疾病与生理状态进行比较。听诊主要应用于了解心脏、呼吸器官、胃肠运动的功能变化以及胎音等。通常又分为直接听诊法和间接听诊法。

1. 直接听诊法

先在动物体表放一听诊布，用耳直接贴在欲检部位的布上进行听诊。

2. 间接听诊法

用听诊器在欲检器官的体表相应部位进行听诊。听诊时对胆小易惊动物要由远而近地逐渐将听诊器集音头移至听诊区，以免引起动物反抗，并要防止被动物抓、踢、咬等。

（六）嗅诊

嗅诊指通过嗅闻来辨别动物呼出气体、分泌物、排泄物及病理产物的气味。

（七）一般检查

在视诊、触诊、叩诊、听诊的基础上，再做进一步的系统检查，如测定体温、脉搏、呼吸数及检查皮肤、黏膜、淋巴结等。同时，对心血管、呼吸系统、泌尿生殖器官、消化器官和神经系统等进行系统的检查。

（八）特殊检查

根据诊断需要和条件可选择相应的特定检查方法，如尸体剖检、X线检查和组织病理学、血液与血清学、病原学等实验室检查。

临床检查程序并非固定不变，可根据具体情况选择重点进行，而且不能单纯以某方面的检查结果就确立诊断，应对各方面的检查结果进行综合分析后做出正确的诊断。

四、注射

注射是防治动物疾病时常用的给药技术。将药物直接注入动物体内，能迅速发生药效，皮下、肌内、静脉注射是临床上最常用的方法。个别情况下还可行皮内、胸腹腔、气管、瓣胃及眼球后结膜等部位的注射。

兽用注射器由玻璃与金属制成，按其容量有 5mL、10mL、20mL、50mL、100mL 等规格。大量输液时，使用输液瓶。针头依其内径大小及长短而分为不同号码。按动物种类、不同注射方法和药量而选择适宜的注射器及针头，使用前必须严格消毒。注射部位应先剪毛消毒，注射后也要对局部进行消毒（皮内注射除外）。抽取药液前先检查药品的质量，观察是否发生混浊、沉淀和变质。混注 2 种以上的药液时，应注意配伍禁忌。抽完药液后，要排净注射器内的气泡后再注射。

（一）皮内注射法

皮内注射法指将药物直接注入皮内，主要用于变态反应诊断或药敏试验。常用小注射器和短针头注射，多选择动物颈侧中部或尾根部内侧，对动物施以安全保定，注射部位剪毛、消毒。左手绷紧皮肤，右手持注射器将针头对着皮肤，使针头斜面朝上，注射器与动物皮肤呈 30°角，轻轻刺入皮肤至针尖斜面进入皮内（约 0.5cm），推动针栓注入规定的药液。此时切忌按压注射部位。注射后，根据不同的注射目的，按照规定的时间观察局部反应。

（二）皮下注射法

凡刺激性不大的注射药液及疫苗、血清等均可皮下注射，鹿、麝注射少量药液时，可用 5~10mL 金属注射器或塑料注射器。应选皮薄且皮下疏松部位，鹿、麝多在颈、肩、胸腹侧，狐、貉、貂及灵猫在股内侧，雉鸡、乌鸡等禽类在翼下。先对动物进行安全保定，局部剪毛、消毒。注射时左手食指、中指和拇指将皮肤掐起形成皱褶，右手持注射器将针头刺入皱褶处皮下 1.5~2cm，将药液注入。药液多时可分点注射。注完后拔出针头，局部涂以碘酊。

（三）肌内注射法

肌内注射法是临床上常用的给药方法。一般刺激性较小、吸收较难的药剂如水剂、乳剂、油剂、青霉素等均可肌内注射。但刺激性较强的药物如氯化钙、高渗盐水等，不能进行肌内注射。有些疫苗也可肌内注射接种。通常用金属注射器、长矛注射器、长柄注射器、手枪式发射器、远距离半自动动物注射枪等。选择肌层厚并避开大血管及神经干的部位。鹿、麝多在臀部、股内侧，狐、貉、貂多在股内侧，雉鸡、乌鸡等在胸肌部。注射时，对动物进行站立保定，局部剪毛、消毒，以左手拇指和食指将注射部位皮肤绷紧，右手持注射器与动物皮肤呈垂直角度迅速将针头垂直刺入 2~4cm，然后左手固定针管，右手回抽针栓无回血时注入药液，注毕拔出针头，局部涂以碘酊。注射时应特别注意勿伤及坐骨神经，否则会造成后肢一定程度的麻痹。在圈舍或固定器过道内给鹿、麝注射，可用长矛或长柄注射器，或枪式发射器。

（四）静脉注射法

将药液直接注入静脉血管内，随血液分布全身，可迅速发生药效。主要用于大量补液、补钙、输血及注入急救强心等药物或刺激性较强的药物。少量注射时可用 50~100mL 往射器，大量输液时可用输液瓶。注射部位依动物种类而不同，鹿、麝多在颈静脉，仔鹿在耳静脉，狐、貉多在后肢隐静脉。注射时，对动物施以侧卧保定，或让助手用手指帮助固定，使其静脉怒张。注射前应排净输液器内的气泡，左手固定注射部位下端，右手持注射器，沿静脉管使针头或头皮针与皮肤呈15°~20°角刺入皮肤和血管内，轻轻抽引针栓，如见回血，再将针头沿血管稍向前伸入，然后解除止血带或助手松开压紧的手，顺针后，固定好针头，适当控制推进速度或调整滴入速度（以防增加心脏负担）。注射完毕，左手用酒精干棉球压迫针孔，右手快速拔出针头。为了防止针孔溢血或皮下形成血肿，继续压迫局部片刻，最后涂以碘酊。静脉注射应注意严密消毒，看清脉管，明确部位。注药液前应排净输液器内的气泡，针头刺入脉管后要再平行插入1~2cm。输液中应注意观察动物有无异常，如有异常，应停止输液。漏出血管的药液若刺激性强或带有腐蚀性，则应向周围组织注入生理盐水加以稀释。如系氯化钙注射液可注入10%硫酸钠溶液，使其变为硫二酸钙和氧化钠，局部温敷，以促进吸收。

（五）腹腔注射

腹腔注射指将药液直接注入腹膜腔，适用于动物小静脉注射困难或直接治疗腹腔器官疾病时。药物注射前应加温至37~38℃，防止冷液刺激过大而引起腹腔器官痉挛。注射部位选择在耻骨前缘2~5cm处，腹白线的两侧，以避开肝、肾、脾等实质性器官。注射时，将动物进行倒提保定，局部常规消毒。左手固定注射部位，右手持注射器将针头垂直刺入腹膜腔2~3cm，回抽无气泡、血和脏器内容物后，即可缓慢注入药液。如需大量输入药液时，应行侧卧保定，针头与皮肤呈30°~45°角刺入，并将针头固定于皮肤上。注射完毕拔出针头，局部除以碘酊。

（六）心内注射

心内注射指将药液直接注入心内。适用于急救，特别是在小动物生命垂危时给予药物的一种方法。注射部位在左侧第三、第四肋间，肩关节水平线之下。注射时，进行右侧卧保定，局部剪毛、消毒。左手固定注射部位，右手持注射器使针头与皮肤垂直刺入，刺入深度以动物个体大小而定，若能感觉心脏的跳动，回抽有血液则表明刺入正确，然后将药液注入心腔。注射完毕拔出针头，局部以碘酊棉球压迫。

（七）气管内注射

将药液直接注入气管内。适用于治疗气管、肺部疾病和肺部驱虫等。注射部位在颈腹侧上1/3下界的正中线上，于第四、第五气管环间。注射时，将动物仰卧保定，局部剪毛、消毒，左手固定注射部位，右手持注射器使针头与皮肤垂直刺入 1~1.5cm，刺入气管后感觉阻力消失，回抽有气体，然后慢慢注入适量药液。注射完毕，拔出针头，局都涂以碘酊。

（八）眼球后注射法

将药液注射到眼球后方，使药液与眼球后方的睫状神经节相接触，以消除角膜、脉络膜及巩膜的炎症。如眼球后注入麻醉药，可使眼球进入麻醉状态，此法广泛地用于内眼手术。在眶下缘的外 1/3 与内 2/3 交界处，用 4~8cm 长的细针头刺入皮下，然后沿眶壁垂直刺入 1~2cm 深。然后将针头略向眶上方前进，当针尖直至肌间筋膜时有少许阻力，穿过此筋膜进入眼球后时有落空感，再继续进针 1.5~3cm（大家畜进针 3cm，小动物进针 1.5cm），回抽注射器有无回血，在确认无回血情况下注入药液。

五、手术

当临床上诊疗疾病时，兽医人员常要运用外科刀、剪等去除病变组织或切开表层组织诊疗深部疾病，所以切开、止血、缝合是兽医人员必须掌握的一种基本技术，通称为手术。

动物在手术前必须进行全面检查，判定其是否能适应手术，然后固定动物，术部进行机械清理，并对术部及所用器材严密消毒，按手术需要施行全身或局部麻醉。

（一）组织切开术

组织切开指用锐性分离的方法将组织分离开，是显露术野的重要步骤。

1. 选择切口的要求

切口应尽可能靠近病变部位，最好直接到达手术区。切口应与局部重要血管、神经走向接近水平，以免损伤这些组织。确保创液及分泌液的引流通畅。二次手术时，应避免在疤痕上切开。

2. 操作注意事项

切口大小要适宜，皮肤切开时手术刀与皮肤垂直，力求一次完成切开皮肤。按解剖层次分层切开，由外向内切口应大小相同、整齐。皮下结缔组织和深筋膜的切开与分离多采用纯性分离配合锐性切开，严防损伤大血管和神经干。切开肌肉时，尽量沿肌纤维方向钝性分离，这样易于缝合和愈合。切开腹白线时，应先用镊子夹起腹白线两侧组织做一小切口，然后插入有沟探针或手术镊，用手术刀反挑式切开腹膜或用钝头剪剪开腹膜，防止损伤内脏。切开肠管时，应将病变肠管引出创外，做好隔离，严防污染。切开骨组织时，应先锐性切开骨膜，再钝性分离，尽可能保持骨膜完整性，有助于骨组织愈合。

（二）组织分离

组织分离指用锐性或钝性分离方法将组织分离开，充分显露术野。

1. 锐性分离

锐性分离是用刀、剪等锐利的外科器械切开组织，并伴有出血的分离方法。普通外科刀适用于切开各种软组织，而具有相当厚度的组织切断时则应用外科剪。切开时通常以手指或镊子、创钩等使组织紧张，以便于正确切开组织。切开组织应先熟练刀、剪的拿法和用法。最常用的握刀法有执笔式、弹琴式、捏刀式、支柱式及全握式，可根据组织部位、种类、厚度和性质等选择。临床常用的运刀法有内向式和外向式2种。内向式运刀法为最普通的运刀法，即将刀刃对动物体，而引刀切割浅层至深层软组织的方法。皮肤活动性很大，在切开前，须用左手拇指和食指按紧皮肤，右手以弹琴式握刀，如皮厚可以提刀式握刀，在左手两指间，切开必要长度的皮肤切口。在切割较为松弛的皮肤时则可用手指或镊子将皮肤提起，使其呈皱襞状而直角切断，称为皱襞切开。皮肤切开后与皮肤创同长切开深部组织。外向式运刀法为刀刃向上切断组织的方法，多用于洞腔或管状脏器的切断，易使刀的运行不确实，故多并用有沟探子。

外科剪的用法是以右手的拇指、无名指插入剪子柄的孔内，以食指固定于中央。

2. 钝性分离

钝性分离是以非刃性的器具或手指、刀柄等对组织做裂断、捻断、绞断、烙断、结扎等，多与锐性分离并用，或有时单独应用。

3. 硬组织分离

硬组织分离主要指骨组织的分离，多用骨科器械（如骨锯、骨钻、骨凿、骨钳、骨膜剥离器等）将骨组织锯断、凿开、钻孔等。

（三）止血术

在进行组织切开时，必然会损伤或切断其中分布的血管，发生各种出血，故在手术时必须迅速止血，以防止失血而影响创伤愈合及手术的进行，根据出血种类、部位和性质可采用以下几种方法。

1. 纱布块止血

适用于毛细血管渗血和小血管出血，用温生理盐水纱布块压迫出血处数秒，即可止血。

2. 钳夹止血

适用于小血管出血，即用止血钳前端夹住血管断端止血。应垂直钳夹血管，减少组织损伤。

3. 结扎止血

适用于明显、较大的血管出血，是最可靠的止血方法。根据出血血管大小，在止血钳钳夹断端血管后，用缝合线进行单纯或贯穿结扎止血。

4. 电凝和烧烙止血

电凝止血适用于浅表小出血或不易结扎的止血，用止血钳钳住出血点，将高频电刀或电凝器与止血钳接触，待局部发烟即可。也可用电凝器直接与出血组织接触止血。烧烙止血适用于出血面积较大或出血部位较深的小血管或渗血。将电烙铁或烙铁烧得微红，接触或稍触压出血处，并迅速移开。

5. 局部药物止血

常用明胶海绵或0.1%肾上腺素、1%~2%麻黄素溶液浸湿纱布压迫止血。

（四）缝合术

病变组织或器官已切除，或体内异物及病的产物已取出，诊疗后，所造成的创口必须按组织层缝合，使创缘密切吻合，促使创伤早期愈合。缝合有皮肤缝合法、肌肉缝合法、肠管缝合法及血管缝合法等，可根据具体情况选用。

1. 缝合材料

临床上最常用的是丝线（不吸收），组织抗张力强。价廉、易消毒、使用方便、打结确实。可根据组织张力大小，选择不同型号的丝线。肠线为可吸收缝线，临床上也较常用。普通肠线 4~5d 即失去作用，铬制肠线 10~20d 仍能保持抗张力。肠线常用于胃肠道、泌尿生殖道的缝合。尼龙线不可吸收，抗张力比丝线强，组织反应也小。单丝尼龙线常用于血管缝合，多丝尼龙线多用于皮肤缝合。但该线较硬，打结易滑脱，故常采用三重结打结。不锈钢丝张力强，对组织不引起炎症反应，临床常用于固定骨折和缝合张力大的组织，如筋膜、肌腱等，也可用于皮肤缝合，以防其被动物舔断，创口裂开。

2. 缝合方法

（1）单纯对合缝合法。分为间断缝合和连续缝合。前者又分为结节缝合、减张缝台、"8"字形缝合等；后者分为单纯连续缝合和锁边缝合 2 种。

（2）内翻缝合。将缝合组织的边缘内翻，使缝合组织的表面平滑，多用于胃肠、膀胱等的缝合。内翻缝合可分为连续内翻、缝合间断内翻缝合、连续水平褥式内翻缝合。

（3）外翻缝合。将缝合组织的边缘向外翻出，使缝合处内面保持平滑。外翻缝合可分为间断垂直褥式缝合和间断水平褥式缝合。常用于皮肤、腹膜、血管等的缝合。

3. 打结

（1）打结的种类。方结（又称平结）是最常用的结，是用 2 个方向相反的单结组成。外科结是将第一结扣线缠绕 2 次，其摩擦面较大，不易松开。三重结是打好方结后，再打一个与第一结方向相同的结。

（2）打结的方法。包括器械打结、单手打结和双手打结 3 种方法。小动物手术常用器械打结。不论采用何种打结方法，都要在结扎时使 2 个牵拉点与结扣点尽量成一条直线，而且两端拉力相等。

4. 注意事项

第一，应根据组织的解剖层次分层缝合，不要遗留死腔。

第二，缝合时，应使缝合针垂直刺入和穿出，拔针时要按针的弧度方向拔出。

第三，针距要整齐、相等。

第四，打结线的松紧度，应视不同组织而异，如肠管缝合时不能过紧，否则易撕裂组织；皮肤缝合打得过紧，皮肤易内翻等。

第五，较长的切口缝合，可先在切口中间缝合 1 针，再在两段中间缝合，这样可使切口边缘对合整齐，防止吻合口皱褶。

六、投药

特种经济动物野性较强，不易接近，保定困难，所以在用药上应使用剂量小而有效期较长的药物，在给药方法上应选择简便易行的方法，能通过喂饮给药的不强灌，能肌内注射的不静脉注射。用药方法多数采取口服，少用直肠灌注。

（一）口服投药法

口服投药有自食法、舔食法、灌服法。当患病动物尚有食欲或饮欲时，将药物混入饲料或溶解于饮水内，让其自由采食或饮水。当动物食欲不好，而药味又大不宜自食时，可将药物研成粉末混入调味剂制成舐剂，用棒或镊柄涂于动物舌根或口腔上颚部，使其自行舔食。动物拒食且药量又多时，可用导管或灌药器灌服。

1. 饮水给药法

饮水给药是动物疾病防治中经常使用的给药方法，主要优点是省工经济、简便易行、安全有效。

（1）使用时机。在动物因病不能食料而能饮水的情况下使用，也适用于短期投药和紧急治疗投药。在家禽还可用于免疫接种，是免疫接种中最常用而又最易用的群体免疫方法，它不但比逐只进行免疫接种省时省力，少骚扰动物群，而且还可在短时间内达到全群免疫的效果。

（2）操作方法。对易溶于水的药物，可直接将药物加入水中混合均匀。对较难溶于水的药物，可先将药物加入少量水中加热、搅拌或加入助溶剂，待达到全溶后再混入全量水中，也可将其做成悬液再混入饮水中。

（3）注意事项。一般选择易溶于水的或可溶于水的药物进行混水给药。在水中不易破坏药物，可让动物全天自由饮用；在水中一定时间内可能被破坏的药物，应计算好时间、药量，让动物在规定时间内饮完。用于稀释疫苗的饮水要十分洁净，必要时用蒸馏水，或在饮水中加入 0.1% 的脱脂奶粉。

2. 混合给药法

混合给药是通过消化道的给药方法，将药物均匀地混入饲料中，让畜动物采时同时将药吃进去。

（1）用药时间。一般需用药几天、几周，甚至更长时间。

（2）操作方法及注意事项。一般将药物混合在饲料中搅拌均匀即可。拌料时一定要做到均匀，如果搅拌不匀，会造成有的没有吃够药量，有的则因药量过大而中毒。注意饲料中其他添加成分同药物的拮抗关系，如长期服用磺胺类药物则应补充 B 族维生素和维生素 K。

（二）灌服法

灌服法是利用胃管、牛角、玻璃或塑料瓶子或注射器等将液状药液投给动物的方法。

投给方法依动物种类和药剂量而定，如给鹿灌服大剂量时使用胃管法投给，小剂量时用牛角或瓶子；给貂、貉等动物投药时，常用一带孔的横板横在口腔，用通过小孔的胃管或注射器投服。在灌服时，应防止将胃管插入气管，并避免损伤食道黏膜。

（三）直肠投药法

直肠投药经常用于严重呕吐的动物，必须在特定条件下进行，它比口服投药法见效快，无副作用。

1. 水、油剂型给药

给药时提起小动物两后肢，将尾拉向一侧。用 12~18 号橡胶导尿管经肛门插入直肠内，一般插入 3~5cm，然后用注射器向导尿管内注入药液 30~100mL，最后拔出导管，并压迫尾根片刻，以防因努责排出药液，然后松开保定。

2. 栓剂给药

适用于向肛门内插入消炎、退热、止血等各类栓剂。动物行站立保定，左手抬起尾，右手持栓剂插入肛门，并将栓剂缓缓推入肛门约 5cm，然后将尾放下，按压 3~5min，待不出现肛门努责即可。

（四）胃管投药法

此法适用于对单个动物的大量投药。

投药者确实保定好动物头部，装上开口器，一只手持涂上滑润油的胃导管，从口腔缓缓插入，当管端到达咽部时感觉有抵抗，此时不要强行推进，待动物有吞咽动作时，趁机向食管内插入。动物无吞咽动作时，应揉捏咽部或用胃导管端轻轻刺激咽部而诱发吞咽动作。

当胃导管进入食管后要判断是否正确插入，其判断方法有：向胃导管内打气，在打气的同时可观察到左侧颈静脉沟处出现波动；将球压扁后不再鼓起来。上述两种判断方法，都证明胃导管已正确地插入食管内。

插胃管时的注意事项：插入胃导管灌药前，必须判断胃导管正确插入后方可灌入药液。若胃导管误插入气管内，灌入药液将导致动物窒息或形成异物性肺炎。经鼻插入胃导管时，插入动作要轻，严防损伤鼻道黏膜。若黏膜损伤出血时，应拔出胃导管，将动物头部抬高，并用冷水浇头，可自然止血。

七、麻醉

麻醉的目的在于安全有效地消除手术疼痛，确保人和动物安全，使动物失去反抗能力，为顺利进行手术创造良好条件，这是小动物疾病诊疗中的重要环节。现今兽医临床麻醉大体分为 3 类，即局部麻醉、全身麻醉和电针麻醉。小动物临床上多用全身麻醉，局部麻醉较少用。

（一）局部麻醉

局都麻醉是借助局部麻醉药的作用，选择性地作用于感觉神经纤维，产生暂时的可逆性的感觉消失，人工消除手术部位的感觉，从而达到无痛手术的目的。局部麻醉简便、安全，适用范围广，可在不少手术上应用。局部麻醉可分为以下几种。

1. 表面麻醉

将药液滴、涂或喷洒于黏膜表面，让药液透过黏膜，使黏膜下感觉神经末梢感觉消失。可麻醉皮肤、黏膜、滑液膜和浆膜。一般选用穿透力较强的局部麻醉药，如 1%~2% 丁卡因溶液（常用于眼部手术）、2% 利多卡因溶液（常用于气管插管前的咽喉表面麻醉）等。本方法广泛用于眼、鼻、口腔、阴道黏膜的麻醉。在创伤、溃疡、烧伤、皲裂及擦伤面上应用麻醉药，亦属于表面麻醉。

2. 浸润麻醉

将药液多点注射于皮下、黏膜下或深部组织中，靠药液的张力弥散以浸润组织，麻醉周围组织的感觉神经末梢或神经干，使其失去感觉与传导刺激的作用，可用 0.25%~1% 普鲁卡因或 0.5%~1% 利多卡因溶液。为了减少药物吸收的毒副作用，延长麻醉时间，常在药物中加入适量的盐酸肾上腺素。因病理过程特性和手术性质的不同，可采用直线浸润、菱形浸润、三角或多角形浸润及金字塔形浸润等多种形式的浸润。

3. 传导麻醉

将药液注入神经干周围，使该神经干所支配的区域产生麻醉作用，又称为神经干阻滞麻醉。其优点是用药量少，麻醉范围广。常用 2%~3% 普鲁卡因或 1%~2% 利多卡因溶液。可用于脸神经、臂神经丛等的传导麻醉。

4. 椎管内麻醉

椎管内麻醉是将药液注入椎管内的麻醉方式，分为以下 2 种。

（1）硬膜外腔麻醉。本法可用于不适宜全身麻醉的腹后部、尿道、直肠或后肢的手术及断肢、短尾等。尤其适用于剖宫产。动物麻醉前用药物镇静后，多施右侧卧保定。麻醉部位是最后腰椎与荐椎之间的正中凹陷处。选择髋骨凸起连线和最后腰椎棘突的交叉点，局部剪毛、消毒，皮肤先小范围麻醉。用 4~5cm 长的注射针在交叉点上慢慢刺入，在皮下 2~4cm 深度刺通黄韧带（弓间韧带）时，有"扑哧"的感觉，是刺入蛛网膜下腔所致，把针稍稍拔出至不流出脊髓液的深度即可，注入麻醉药。2% 普鲁卡因溶液，每千克体重用 0.5mL，可用于骨折的整复；每千克体重用 0.25mL，可用于尾部、阴道、肛门手术。

（2）蛛网膜下腔麻醉。即将局麻药注入蛛网膜下腔，麻醉脊髓背根和腹根的麻醉方法。腰椎穿刺点位于腰荐结合的最凹陷处。腰椎穿刺时，针头经过的层次分别为皮肤、皮下组织、棘上韧带、棘间韧带和黄韧带，此时会出现第一个阻力减退感觉。继续缓慢推进针头，待针头穿过硬脊膜和蛛网膜时，可出现穿刺过程中的第二个阻力减退感觉。拔下针栓，即见有脑脊液从针孔中流出。当判定穿刺正确后，接以吸有 2% 普鲁卡因溶液的注射器缓慢注入 5~10mL，然后再回吸脑脊液，若能畅通抽出，针头可一起拔下。经 3~10min 便可进行腹部、会阴、四肢及尾部所有手术。

（二）全身麻醉

全身麻醉是指用药物使中枢神经系统产生广泛的抑制，暂时使动物机体的意识感觉、反射活动和肌肉张力减弱或完全消失，但仍保持延髓生命中枢的功能，主要用于外科手术。

用于全身麻醉的麻醉剂，可经鼻、口吸入，或经口内服，或经鼻、食道导管投入，也可用直肠灌注、静脉注射、腹膜内注射及皮下和肌内注射等方法投入动物体内，可根据动物种类、药物性质和手术需要而选择。常用的麻醉药有以下几种。

1. 吸入麻醉药

（1）乙醚。本药是一种液体挥发性麻醉药，其挥发的气体经呼吸道吸入体内产生麻醉效果，优点是易于调节麻醉深度和较快地终止麻醉，但需要特制的空气麻醉机或密闭式循环麻醉机。本药是最古老的吸入麻醉药之一。由于其易燃、易爆、麻醉性能差、诱导和苏醒时间长等缺点，现已被淘汰，但可以用于啮齿类动物麻醉。

（2）氟烷。本药是一种氟类液体挥发性麻醉药。本药有水果样香味，无刺激性，易被动物吸入，也不易燃易爆。本药因麻醉性能强，诱导和苏醒均快，是兽医临床最常用的吸入麻醉药。本药因麻醉性能强，对心、肺有抑制作用，故在麻醉中应严格控制麻醉深度。为减少麻醉用药量，吸入麻醉前，需要麻醉前用药和麻醉诱导（多用25%硫喷妥钠溶液）。临床上常与氧化亚氮或其他非吸入性麻醉药并用。

（3）安氟醚。本药是一种氟类吸入麻醉药，无色，透明，具有愉快的乙醚样气味，动物乐于接受。麻醉性能强，但比氟烷、异氟醚弱。诱导和苏醒均迅速。南京农业大学动物医院在临床上对犬使用安氟醚麻醉已应用多年，麻醉效果较好。如果没有精制安氟醚挥发器，也可用乙醚麻醉机挥发器替代。麻醉时，去除其挥发器内棉芯，注入 5～10mL 安氟醚。可通过调整挥发器档次，控制麻醉深度。

（4）异氟醚。本药是一种新的氟类吸入麻醉药。有轻度刺激性气味，但不会引起动物屏息和咳嗽。麻醉性能强,使用后血压下降程度与安氟醚相同,但心率增加,心输出量和心波动减少低于氟烷。对心肌抑制作用较其他氟类吸入麻醉药为轻,不引起心律失常。本药对呼吸抑制明显,苏醒均比其他氟类吸入麻醉药快,更易控制麻醉深度。异氟醚在体内代谢很少,故对肝、肾影响更小。

2. 非吸入麻醉药

(1)盐酸氯胺酮。本药是一种较新的快速作用的麻醉剂。本药可选择性地抑制大脑联络系统,注射后对大脑皮质和丘脑具有抑制作用,受惊扰仍能醒觉,并表现有意识的反应。临床上主要用于保定和一些小手术,也可用于简单的开腹手术。用药前 15~20min,先用硫酸阿托品每千克体重 0.04mg 皮下注射,可以防止流涎。肌内注射盐酸氯胺酮每千克体重 20~30mg,可维持 20~30min,盐酸氯胺酮单独使用有轻度抑制呼吸作用和肌肉松弛不充分的缺点,因此可配合应用846 合剂或二甲苯胺噻嗪(龙朋)等,其麻醉效果更好。

(2)硫喷妥钠。本药是一种超短时作用型的巴比妥类麻醉药,脂溶性高,易透过血脑屏障,注射后迅速产生麻醉作用,故本品多用于麻醉诱导。又因药物很快进入脂肪组织,使脑组织和血液浓度显著降低,麻醉作用时间短,但可用小剂量反复注射以延长所需的麻醉时间。常配成 2.5% 的硫喷妥钠溶液静脉注射。麻醉诱导剂量为每千克体重 8~10mg,手术剂量为每千克体重 20~30mg。先快速注入 1/3 剂量,然后停药 30~60s,余下的药量可在其后的 1~2min 内注完。用每千克体重 13~17mg 的剂量,可产生 7~10min 的短暂麻醉,适用于做 X 线摄影、小手术和各种检查时。根据临床麻醉深度,可小剂量重复注射,可持续麻醉数小时,但苏醒期延长。

硫喷妥钠只能静脉注射,皮下注射或肌内注射均具有刺激作用,并可引起组织腐蚀。若误入血管周围组织,应将等量的 1% 盐酸普鲁卡因溶液注入该部,或注射加入透明质酸酶的生理盐水以稀释药物和促进吸收。

(3)二甲苯胺噻嗪(龙朋)与盐酸氯胺酮合用。预先皮下注射硫酸阿托品(每千克体重 0.03~0.05mg)和二甲苯胺噻嗪(每千克体重 1~2mg),10~15min后,每千克体重肌内注射盐酸氯胺酮 5~15mg。

(4)乙酰丙嗪与盐酸氯胺酮合用。每千克体重皮下注射硫酸阿托品 0.03~

0.05mg，肌内注射乙酰丙嗪 0.3~0.5mg，10~20min 后注射盐酸氯胺酮。每千克体重注射 5~15mg 时，可维持 40~60min 的中度麻醉；每千克体重注射 16~20mg 时，可维持 60~120min 的深度麻醉。

特种经济动物常用的全身麻醉法如下。

鹿、麝、狐、貉等水合氯醛静脉注射麻醉法：多用 10% 水合氯醛溶液静脉注射，每千克体重 1mg 剂量可达全身麻醉状态。

鹿、麝司可林、静松灵肌内注射麻醉法：司可林每千克体重 0.095mg；静松灵梅花鹿每千克体重 1~2mg，马鹿 4~6mg。肌内注射后 5~15min 即出现麻醉，可持续 30~60min。

狐和貉吗啡、阿托品、氯仿合并麻醉法：药液在术前 20~30min 皮下注射，注射后 20min 再吸入氯仿，注入吗啡后 15~20min 出现睡眠，对外界刺激无反应。吸入氯仿后迅速进入深度麻醉。

第二节　病料采取、运送及检验技术

仅依据临床表现、流行情况和剖检病理变化确诊经济动物疾病有一定的困难，特别是在发生传染病时，为迅速确诊，控制疫情，扑灭疫病，减少损失，提出防控措施，常需要采取病料或可疑饲料送检，进行微生物学、血清学、分析化学和病理组织学等实验室检查。临床诊断化验的价值首先依赖于病料的采集和处理适当，保证送检的病料能够进行所需要的化验。所以，正确地依据疾病的临床症状、流行情况和剖检变化采取适当的病料，妥善地贮存运送，合理地选择检验方法，对获得正确诊断十分重要。

一、病料采取的基本原则

在传染病流行期间，常需采取病料做实验室检查，以便对病性做出诊断与鉴定。然而在病料采取时应防止扩散病原，应尽可能做到采取的病料符合检验要求。

（一）病例的选择与采取的时期

采取病料要明确目的，即根据初步诊断采取相应的材料，对一时不易明确的病料可全面采取。一般情况下，应选择临床表现明显、症状典型的病例采取病料，这类典型病例大多出现于流行初中期。流行后期的病例，由于治疗、免疫反应等干扰，症状不明显、不典型，病料检验也不易得出正确的结论。应在濒死期剖杀采取，或在死亡后立即采取病料，最多不能超过死亡后2~4h，在炎热季节更应注意，否则容易污染。

（二）病料采取前的准备与采集后的处理

病料采取的全过程都应保持无菌操作，这是保证正确结果的必要条件。全部器械都要经过消毒灭菌，刀、剪、镊子类金属器械可高压或煮沸灭菌；器皿和玻璃容器可高压或煮沸灭菌；胶塞等橡胶制品可用0.5%石炭酸溶液煮沸消毒10min，或高压灭菌；载玻片先用1%~2%碳酸氢钠溶液煮沸10~15min，水洗后用清洁纱布擦干保存在酒精、乙醚等溶液中备用；注射器、针头可高压或煮沸消毒。未经消毒灭菌的器械不能反复使用，以保证病料不被污染。凡急性死亡且天然孔出血或怀疑为炭疽时，应先自末梢血管采血涂片检查并否认是炭疽后，方能剖检采取病料。

剖检和采取病料时，应按先采取微生物检查病料、后进行病理变化检查的程序进行，以保证病料不被污染。在剖检和采取过程中应尽可能不扩大污染，完毕后应按防疫要求消毒处理。

二、细菌学检验病料的采取、保藏及运送

在采取细菌检验用病料时，至关重要的是始终保持无菌，严防污染，经严密包扎后保存于4℃冰箱或冰瓶中，防止污染腐败，在20~24h内送检。

（一）实质脏器

尸体剖检时，采取供细菌学检查的器官应根据病史、临床症状和剖检病变而定。如有菌血症或败血症可疑时，不仅应采集病变部位，并应包括体内大部分血液正常通过的那些器官样本。最常选用的器官有肾、肝、脾和心。取样时先在局部用酒精棉火焰略加烧烙，杀死空间及表面的杂菌，用无菌剪刀采取病、健交界处组织，大小为2~3cm^2，放入灭菌容器内，经严密包扎后置于4℃条件下保存。装冰瓶内连同送检单一并派专人送检。

（二）血液

根据检验需要选择采取部位，采血的部位应剃毛、清洗和消毒，根据动物大小静脉或心脏采取 5~10mL 血液或分离血清供血清学检测抗体，或直接将血液接种培养基进行培养。采血时应防止震荡、冻结，避免溶血，血清应置于冰箱保存。检查血象，可尾尖或趾垫采血涂片送检。

（三）脑脊液

在病理解剖前先消毒皮肤，穿刺取脑脊液 2~3mL，置于消毒试管内送检。也可开颅时避免锯破硬脑膜，再用烧红的调药刀烧灼消毒硬脑膜，将消毒的吸管插入蛛网膜下腔吸取脑脊液送检。

（四）肠管和气管内容物

用酒精棉火焰消毒管腔局部，剪一小孔，将灭菌棉球插入吸取内容物，或用无菌药勺将内容物取出，置于灭菌容器内，低温存放、送检。

（五）肠管

在病变部肠管两端结扎，剪断结扎远端，放入灭菌容器或塑料袋中，低温保存送检。

（六）骨管

将骨外表的肉、韧带剔除，表面洒上食盐，然后用浸有 5% 石炭酸溶液或 0.1% 升汞溶液的纱布包扎，装入塑料袋或木箱内，低温存放送检。

（七）骨髓

在消毒情况下，用骨髓穿刺针从胸骨抽取 1mL 骨髓送检。

（八）脓液与渗出液

用灭菌注射器在无菌操作条件下直接抽取未破溃脓肿中的浓液，胸腹水或膀胱尿液，置于灭菌试管内。对鼻液、阴道分泌物等可用灭菌棉球棒浸蘸后放于灭菌试管中存放送检。

（九）胸腹水、心包积液、关节腔积液及各种脓肿

在消毒情况下，用灭菌针筒吸取 1~2mL 液体送检。

（十）流产胎儿

将整个胎儿装入塑料袋内包扎后置于木箱或桶内，低温存放运送。

三、病毒学检验病料的采取、保藏及运送

一般病毒检验病料应在病早期采取，以避免受免疫反应影响。病料应保证不受污染，低温存放，专人送检。

（一）血液

急性感染病例应在高热期采取血液，供微生物学检验用。于病早期和恢复期各采集血液，分离血清，供抗体效价检测用。

（二）分泌物和渗出物

呼吸道感染病例，用灭菌棉球棒采取上部呼吸道深部分泌物，置于灭菌试管低温保存送检。皮肤、黏膜感染病例，用灭菌注射器抽取水疱液，或采取水疱皮，置于灭菌容器低温保存送检。

（三）实质脏器

无菌操作采取脏器组织，置于灭菌的50%甘油磷酸盐缓冲液内送检，并保存于-30℃以下冻结备用。

四、病理组织学检验病料的采取、保藏及运送

病理组织学检验病料的采取、保藏和运送应注意下列几点。

一是应采取流行中期、急性或亚急性经过病例的病料，应是濒死期或刚死亡的病例，冻存病尸或病料不可取。

二是除非依据初步诊断可偏重采取病料，否则应全面采取。采取时应避免压、拉、挤等人为损害因素，因此使用器械应锐利。心、肝、脾、脑、肾、肺等实质脏器以1~1.5cm大小为宜。肠、胃、膀胱、子宫、气管等中空器官，采取后应在清水中漂洗除去内容物，然后平铺在硬纸上投入固定液内。

三是常用的固定液为10%甲醛溶液或95%酒精，病料与固定液的比例为1：10，如用10%甲醛溶液固定，应在24h后换液1次。脑及脊髓组织需10%中性甲醛溶液固定（在10%甲醛溶液中加入5%~10%碳酸镁）。保存和运送中防止冻结。

四是理病料采取时应将典型病变部与相邻正常部一起采取，若是大病变区，

应先采病变部与正常部交接部位，然后再采病变中心区。

当类似组织块较多易造成混淆时，可分别固定于不同的小瓶，并附上标记；或将组织切成不同的形状；也可将用铅笔标明的小纸片和组织块同用纱布包裹，再进行固定。将固定好的病理组织块，用浸透固定液的脱脂棉包好，放置于广口瓶内，并将瓶口封固，用干棉花包好装入木盒包装，即可寄送。同时，应将整理好的尸检记录及有关材料一同寄出。

五、检验技术

特种经济动物疾病甚多，各种病料的实验室检查重点也不一样。无疑，快速而又正确的检验方法乃是最理想的，但也应根据设备条件、技术条件选取合适的检验方法。近代微生物学检验技术进展迅速，这里仅就细菌学、病毒学、血清学和病理组织学中的一般检验技术做一简要的介绍。

将病料和培养物的涂片、抹片、触片干燥、固定，经染色后在普通显微镜下观察其形态、结构；或者将活菌压滴或悬滴标本在暗视野显微镜下观察形态、活动等，均可获得对疫病诊断的依据。

检查细菌的染色方法很多，各种改良法和新染色法也不断增加，如革兰氏染色法与抗酸性染色法等有 10 多种。以下介绍常用的一些染色法。染色液通常都配成乙醇或水的饱和贮存液，用时按需要稀释。

（一）碱性亚甲蓝染色法

取亚甲蓝乙醇饱和液 30mL，加水 100mL 及 10%氢氧化钠水溶液 0.1mL 混合即成。结果：菌体呈蓝色，且可见到内部构造。如无亚甲蓝液，也可用蓝墨水染色 7~10min，效果也很满意。

（二）革兰氏染色法

1. 染色液

（1）第一液（结晶紫液）。将 4g 结晶紫溶于 20mL 95%的酒精中，同时将 0.8g 草酸铵溶于 80mL 蒸馏水中，将结晶紫溶液用蒸馏水 1∶10 稀释。取稀释的结晶紫乙醇饱和液 1 份，加 1%草酸铵水溶液 4 份混合。

（2）第二液（碘液）。取碘 1g、碘化钾 2g 加蒸馏水少许，充分振摇溶解后加蒸馏水至 300mL。

（3）第三液。95%乙醇、丙酮（7∶3）混合液。

（4）第四液。沙黄液（2.5%沙黄乙醇液 10mL，加水 90mL），或稀释石炭酸复红液（碱性复红乙醇饱和液 10mL，加 5%石炭酸水溶液 90mL 混合制成石炭酸复红液，取此液 10mL 加水 90mL 即成）。

2. 染色法

制备一涂片，空气中干燥，再在酒精灯上缓慢固定。玻片冷却后，滴加第一液染色 1min，水洗；再用第二液染色 1.5～2min，水洗。用第二液处理至少 1min，水洗，再经第三液媒染至无明显紫色，水洗。用第四液复染 0.5～1min，水洗。干燥后在油镜下镜检。

3. 结果

由于革兰氏阳性菌的细胞壁含有多量高分子核糖核酸镁盐，在碘液媒染下与结晶紫等碱性染料结合，生成稳定、不被脱色剂脱色的紫色化合物，当用复红复染时不再着色，水洗后仍呈紫色。革兰氏阴性菌无此物质，故在脱色后复染时染成红色。据此将细菌分成革兰氏阳性和阴性两类。

（三）抗酸性染色法

1. 染色液

（1）第一液。稀释石炭酸复红液。

（2）第二液（酸乙醇）。95%乙醇 97mL，加浓盐酸 3mL 混合。

（3）第三液（碱性亚甲蓝液）。10%氢氧化钾溶液 0.1mL，亚甲蓝饱和酒精溶液 30mL（将 1.5g 亚甲蓝粉溶于 100mL 95%酒精中），蒸馏水 100mL，用滤纸过滤，临用前用蒸馏水 1∶20 稀释。

2. 染色法

将可疑材料制作徐片，干燥，加热固定；涂片滴加第一液，火焰缓慢加温染色 5min，流水冲洗；用第二液脱色 1min，至玻片无色脱出或稍呈粉红色为止，水洗；再滴加第三液复染 5～30s，视涂片的厚薄而定，水洗，干燥后镜检。

3. 结果

抗酸性菌呈红色，背景及其他菌呈蓝色。

（四）异染颗粒染色法

1. 染色液

（1）第一液。甲苯胺蓝 0.15g，孔雀绿 0.2g，95%乙醇 2mL，冰醋酸 1mL，水 100mL，将甲苯胺蓝和孔雀绿于乳钵内加入少许水和冰醋酸研磨使其溶解。继续加水混合后，贮于棕色瓶，过夜滤过。

（2）第二液。碘 2g，碘化钾 3g，加入少许水溶解，加水至 300mL。

2. 染色法

固定细菌涂片，滴加第一液染色 3~5min，水洗；再用第二液染色 1min，水洗，干后镜检。

3. 结果

菌体呈绿色，异染颗粒为蓝黑色。

第三章　养殖场的生物安全措施

生物安全是一项综合兽医微生物学、环境学、建筑学、设备工艺生态和微生态学、营养科学的系统工程。总目标是保持动物群体的高生产性能，发挥最大的经济效益。为达到此目标，必须保持洁净的环境，控制可能存在的病原媒介。加强饲养管理，尽可能减少动物与外来病原微生物的接触，为保持繁育和生产动物群无特定病原体创造良好的生态环境，提高和保证动物的健康，使其在生产中最大限度地表现其遗传潜力。

第一节　加强饲养管理

为确保养殖场的生物安全，必须加强饲养管理，提高抗病能力。具体措施如下。

一、根据营养需要，合理配制日粮

为了合理地饲喂动物，使其正常生长发育，维持机体的健康，充分发挥其生产性能的遗传潜力，减少饲料的浪费，做到用最少、最经济的饲料消耗生产最多的产品，科学家经过一系列的研究试验，确定各种动物在不同生长发育阶段对各种营养物质的需要量，最终对各种营养物质的需要量规定出一个行之有效的大致标准，供生产人员在使用时遵循。

在配制饲料时，应严格按照不同动物、不同生长发育阶段的营养需要，采用不同的饲养标准配制不同的饲料进行饲喂，以使动物获得充足的营养，保证其生产性能的发挥和拥有较强的抗病能力。在配制饲料时，应注意由于各地土壤结构不同，所生产的饲草、饲料含有的营养成分有较大的差别性，在遵循一般原则的基础上应根据当地的实际情况进行灵活掌握。同时，要保证饲料的安全性，不能发生霉败变质、不能混有毒物以及可能对动物有害的其他成分，更不能受到病原体的污染。动物的营养需求包括以下成分。

（一）水的营养

1. 水是动物机体主要的组成成分

水是动物机体细胞的一种主要结构物质。早期发育胎儿含水量高达90%以上，初生动物为80%左右，成年动物为50%～60%。动物机体含水量一般随年龄和体重的增加而减少。

2. 水是一种理想的溶剂

水有很高的电解常数，很多化合物容易在水中电离，以离子形式存在，动物体内水的代谢与电解质的代谢紧密联系。多数细胞质是胶体和晶体的混合物，这使得水溶解性特别重要。此外，水在胃肠道作为转运半固态食糜的中间媒体以及作为血液、组织液、细胞及分泌物、排泄物等的载体。所以，体内各种营养物质的吸收、转运和代谢废物的排出必须溶于水后才能进行。

3. 水是一切化学反应的介质

水的离解较弱，属于惰性物质。但是，由于动物体内酶的作用，使水参与生物体内水解、水合、氧化还原、生物大分子合成等许多生物化学反应过程。

4. 调节体温

水的比热容大、导热性好、蒸发热高，所以水能储蓄热能，迅速传递热能和蒸发散热，有利于恒温动物的体温调节。血液的快速流动、喘气和出汗、应激时流经体表血液减少等，都有助于动物保持体温恒定。同时，水还有助于机体深层部位热量散失。如果动物肌肉连续活动20min，无水散热，其体温可使肌肉蛋白质凝固，生物学功能丧失。

5. 润滑作用

动物体关节囊内、体腔内和各器官间的组织液中的水，可以减少关节之间、器官之间的摩擦力，起润滑作用。此外，水对神经系统如脑脊髓液的保护性缓冲作用也是非常重要的。

（二）蛋白质营养

1. 蛋白质及其分类

蛋白质是由不同种类、不同数量的氨基酸按一定顺序排列而成的具有一定空间构象的多肽链，其主要组成元素有碳、氢、氧、氮，大多数蛋白质还含有硫，少数蛋白质含有磷、铁、铜等金属元素。因此，动物的蛋白质营养实质上是氨基酸营养。氨基酸有 L 型和 D 型 2 种构型。除蛋氨酸外，L 型氨基酸生物学效价比 D 型氨基酸高，且大多数 D 型氨基酸不能被动物利用或利用率很低。天然饲料中仅含有易被动物利用的 L 型氨基酸。微生物能合成 L 型和 D 型两种构型的氨基酸。工业化学合成的氨基酸多为 D 型氨基酸和 L 型氨基酸的混合物。

通常按照其结构、形态和物理特性对蛋白质进行分类。一般可将蛋白质分为纤维蛋白、球状蛋白和结合蛋白 3 类。

（1）纤维蛋白。包括胶原蛋白、弹性蛋白和角蛋白。

胶原蛋白：胶原蛋白是软骨和结缔组织的主要蛋白质，一般占哺乳动物体内蛋白质总量的 30% 左右。胶原蛋白不溶于水，对动物消化酶有抗性，但在水或稀酸、稀碱中煮沸易变成可溶的、易消化的白明胶。胶原蛋白含有大量的羟脯氨酸和少量的羟赖氨酸，缺乏半胱氨酸、胱氨酸和色氨酸。

弹性蛋白：弹性蛋白是弹性组织，如肌腱和动脉中的蛋白质，弹性蛋白不能转变成白明胶。

角蛋白：角蛋白是羽毛、毛发、爪、喙、蹄、角及脑灰质等组织中的蛋白质。它们不易溶解和消化，含较多的胱氨酸。粉碎的羽毛和猪毛，在高温（120℃）高压下处理 1h，其蛋白质消化率可提高到 70%~80%，胱氨酸含量则减少 5%~6%。

（2）球状蛋白。包括清蛋白、球蛋白、谷蛋白、醇溶蛋白、组蛋白和鱼精蛋白。

清蛋白：溶于水，加热凝固。这种蛋白质主要存在于蛋、乳、血液及许多植物细胞组织中。

球蛋白：球蛋白可用 5%~10% 氢氧化钠溶液从动植物组织中提取，不溶或微溶于水，可溶于中性盐的稀溶液中，加热凝固。血清球蛋白、血浆纤维蛋白原、肌浆蛋白、豌豆的豆球蛋白等都属于此类蛋白质。

谷蛋白：麦谷蛋白、玉米谷蛋白、大米米精蛋白属此类蛋白质。不溶于水或中性溶液，溶于稀酸或稀碱。

醇溶蛋白：玉米醇溶蛋白、小麦和黑麦的麦醇蛋白、大麦的大麦醇溶蛋白属此类蛋白质。不溶于水、无水乙醇或中性溶液，溶于70%～80%的乙醇。

组蛋白：属碱性蛋白，溶于水。组蛋白含碱性氨基酸特别多。大多数组蛋白在活细胞中与核酸结合，如血红蛋白的组蛋白。

鱼精蛋白：鱼精蛋白属低分子蛋白质，含碱性氨基酸较多，溶于水。鱼精蛋白在鱼的精子细胞中与核酸结合。

（3）结合蛋白。结合蛋白是由蛋白质与非蛋白物质结合而成，如核蛋白（脱氧核糖核蛋白、核糖体）、磷蛋白（酪蛋白、胃蛋白酶）、金属蛋白（细胞色素氧化酶、铜蓝蛋白、黄嘌呤氧化酶）、脂蛋白（卵黄球蛋白）、色蛋白（血红蛋白、黄素蛋白、细胞色素C）及糖蛋白（半乳糖蛋白、甘露糖蛋白、氨基糖蛋白）。

2. 蛋白质的营养生理作用

（1）蛋白质是构成机体组织细胞的主要原料。动物的肌肉、神经、结缔组织、腺体、精液、皮肤、血液、毛发、角、喙等都以蛋白质为主要成分，具有传导、运输、支持、保护、连接、运动等多种功能。肌肉、肝、脾等组织器官的组成物质含蛋白质80%以上，蛋白质也是乳、蛋、毛的主要组成成分。除反刍动物外，饲料蛋白质几乎是唯一可用于形成动物体蛋白的氮来源。

（2）蛋白质是机体内功能物质的主要成分。在动物的生命和代谢过程中起催化作用的酶、某些起调节作用的激素、具有免疫功能的抗体都是以蛋白质为主要成分。另外，蛋白质对维持体内的渗透压和水分的正常分布，也起着重要作用。

（3）蛋白质是组织更新、修补的主要原料。在动物的新陈代谢过程中，组织和器官的蛋白质的更新、损伤组织修补都需要蛋白质。全身蛋白质6～7个月可更新一半。

（4）蛋白质可供作能源物质。在动物体内能量供应不足时，蛋白质也可分解供能，维持机体的代谢活动。当摄入蛋白质过多或氨基酸不平衡时多余氨基酸可转化为糖、脂肪或分解产热。

（三）碳水化合物营养

1. 碳水化合物及其分类

碳水化合物是多羟基的醛、酮及其衍生物以及能产生以上物质的化合物的总称。按其单糖的组成可分为单糖、寡糖、多糖3类。这类营养素在饲料常规分析中包括粗纤维和无氮浸出物。粗纤维主要为纤维素、半纤维素、木质素等，无氮浸出物主要包括淀粉、单糖、双糖等可溶性碳水化合物。此外，从植物营养生理的角度将多糖分为结构性多糖和营养性多糖。淀粉、糖原、葡萄糖等属于营养性多糖，纤维素、半纤维素等属于结构性多糖。

2. 碳水化合物的营养生理功能

（1）碳水化合物有供能和贮能作用。碳水化合物，特别是葡萄糖，是供给动物代谢活动所需能量的最有效营养素。葡萄糖是大脑神经系统、肌肉及脂肪组织、胎儿生长发育、乳腺等代谢活动的主要能源物质。葡萄糖供给不足，动物会出现各种疾病（如低血糖），严重时会导致死亡。体内代谢活动所需要的葡萄糖来源有2种：一是从胃肠道吸收，二是由体内生糖物质转化。非反刍动物主要依靠前者，反刍动物主要依靠后者。其中，肝脏是主要生糖器官，其生糖量约占总生糖量的85%；其次是肾脏，生糖量约占总生糖量的15%。在所有生糖物质中，最有效的是丙酸和生糖氨基酸，其次是乙酸、丁酸。柠檬酸、核糖等生糖化合物转变成葡萄糖的量较小。另一方面，碳水化合物还可转化为糖原和脂肪贮存。胎儿在雌畜妊娠后期贮积大量糖原和脂肪供出生后做能源利用。

（2）碳水化合物在动物产品形成中的作用。非反刍动物可将吸收的葡萄糖在乳腺合成乳糖。反刍动物产奶期将体内50%~80%的葡萄糖用于合成乳糖，葡萄糖还参与反刍动物奶中蛋白质非必需氨基酸的形成。碳水化合物进入非反刍动物乳腺中主要用于合成奶中必需脂肪酸和部分非必需氨基酸。

（3）粗纤维在反刍动物中的作用。饲料中的粗纤维（纤维素、半纤维素）可被瘤胃微生物分解产生挥发性脂肪酸供反刍动物作为能量物质利用。同时，为瘤胃微生物蛋白质的合成提供碳架。此外，微生物降解粗纤维速度慢，降解淀粉等无氮浸出物速度快，饲料中保证适量的粗纤维有利于碳、氮同步释放，保证微生物蛋白质平稳合成，避免淀粉等无氮浸出物快速降解，产生大量有机酸，降低瘤胃内容物 pH 值，抑制瘤胃微生物生长，严重时可引起瘤胃酸中毒。因此，反刍动物饲料中必须保证一定量的粗纤维。

（4）粗纤维在非反刍动物中的作用。维持胃肠正常蠕动，促进胃肠道生长发育，从而提高动物对饲料的消化力。同时，饲料粗纤维也为后段消化道中微生物生长提供基质，促进有益微生物生长繁殖，维系正常消化道内的微生物区系。

（四）脂类营养

1. 脂类的组成及分类

脂类的化学本质是脂肪酸与醇所形成的酯类及其衍生物。脂肪酸是含有羧基的饱和或不饱和烃链。这类营养素在饲料常规分析中被称为乙醚浸出物或粗脂肪。脂类按其皂化程度可分为可皂化脂类和非皂化脂类 2 种。其中，在动物营养中最常涉及的脂类仍为甘油三酯。另外，脂类营养实质是脂肪酸营养，按其饱和程度可分为饱和脂肪酸和不饱和脂肪酸。

2. 脂类的营养生理功能

（1）脂类的供能、贮能作用。脂类是含能量最高的营养素，生理条件下脂类所含能量是蛋白质和碳水化合物的 2.25 倍左右。直接来自饲料和体内代谢产生的游离脂肪酸和甘油是动物维持生命和生长所需的重要的能量来源。饲料中脂类经消化吸收后转变为脂肪酸，参与脂肪酸氧化，直接为机体代谢活动提供能量。另外，消化吸收的多余脂肪或脂肪酸可直接在肝脏和皮下脂肪组织中沉积以作为能量储备，用于在饥饿和寒冷条件下脂肪动员产热以维持体温。

（2）脂类是机体结构物质和功能物质的组成成分。动物体内各种组织、器官和细胞中均包含一定量脂肪。磷脂和糖脂是组成细胞膜的重要组成成分。固醇类脂是体内合成性激素、皮质酮等固醇类激素的重要物质。

（3）提供必需脂肪酸。凡是体内不能合成、必须由日粮提供且对机体正常生理功能和健康具有重要保护作用的脂肪酸称为必需脂肪酸。必需脂肪酸多是不饱和脂肪酸，但并非所有不饱和脂肪酸都是必需脂肪酸。目前认为，亚油酸、亚麻酸和花生四烯酸为动物的必需脂肪酸。必需脂肪酸是生物膜脂质的主要组成成分，对维持生物膜的稳定性和完整性起重要作用。必需脂肪酸缺乏往往会导致皮肤损伤，出现角质鳞片，毛细血管脆性增大，动物免疫力下降，生长受阻，繁殖力下降，甚至死亡。在饲料中，脂肪尤其是植物性脂肪是必需脂肪酸的最丰富来源，在玉米中亚油酸含量较为丰富，因此在饲料配制中，添加足量玉米一方面可保证动物对能量的需要，另一方面可满足动物对必需氨基酸的需要。

（4）促进脂溶性维生素的吸收。脂类作为溶剂对维生素 A、维生素 D、维生素 E、维生素 K 等脂溶性维生素的消化吸收极为重要。

（5）脂类的额外能量效应。在动物饲料中添加定量的油脂替代等能值的碳水化合物或蛋白质，其替代后饲料代谢能高于先前饲料代谢能。这种由于油脂的等能量替代导致饲料中代谢能提高的现象，被称为脂类的额外能量效应。本效应通过减少动物的热增耗从而减少动物用于维持基本生理需要的能量，而将更多能量应用于动物肉、蛋、奶的生产。油脂的额外能量效应可能与脂类适当延长食糜在消化道中的停留时间有关。

（五）矿物质营养

矿物质是一类无机营养物质。存在于动物体的各种元素中，除碳、氢、氧和氮主要以有机化合物的形式出现外，其余各种元素无论其含量多少，统称为矿物质或矿物元素。矿物质在动物的营养中具有调节渗透压、保持酸碱平衡等作用，同时也是骨骼、血红蛋白、甲状腺激素的重要组成成分，因而是动物正常生活、生产所不可缺少的重要物质。但任何成分喂量过多，都会引起营养成分间的不平衡，甚至发生中毒，因此必须合理搭配饲喂。

（六）维生素营养

对维生素所表现的营养作用的认识，往往先于其化学结构和性质。不少维生素的生物学功能目前还没有彻底搞清，而且也还没有一个满意的为大家所接受的维生素定义。目前已确定的维生素有 14 种，按其溶解性可分为脂溶性维生素和水溶性维生素两大类。维生素不是形成机体各种组织器官的原料，也不是能源物质，它们主要以辅酶和催化剂的形式广泛参与体内代谢的多种化学反应，从而保证机体组织器官的细胞结构和功能正常，以维持动物的健康和各种生产活动。维生素缺乏可引起机体代谢紊乱，产生一系列缺乏症，影响动物健康和生产性能，严重时可导致动物死亡。维生素的需要受其来源、饲料结构与成分、饲料加工方式、贮藏时间、饲养方式（如集约化饲养）等多种因素的影响。为保证动物产品的质量和延长贮藏时间，增强机体免疫力和抗应激能力，都倾向于增加某些维生素在饲粮中的添加量。

二、提供适宜的饲养环境

动物的饲养环境是指动物所处的一定范围的小气候环境。动物的健康与生产性能无时无刻不受环境条件的影响，特别是现代化的养殖生产，在全舍饲、高密度条件下，环境问题变得更加突出。如果饲养环境不良，将对动物的生长、发育、繁殖、生产等产生明显影响。所以，应为动物提供良好的饲养环境，使其健康得以维护，经济性状的遗传潜力得以充分发挥。在动物所处的小气候中，产生影响的主要环境因素有温度、相对湿度、气流速度、空气成分等。

（一）温度

动物舍内的空气温度由于受动物舍外围护结构和舍内动物散热的影响，不仅与舍外气温有较大的差异，而且也有其自身的特点。一般来讲，它随外围保温隔热性能的高低，而表现出受外界气温和太阳直接辐射影响的不同。它的变化也没有外界那么迅速，舍内空气受动物散热的影响，加热的空气因比重下降而上升，只要房顶隔热性能好，舍内气温呈下低上高分布，与动物舍外正好相反。在正常情况下，天棚附近和地面附近温度之差以不超过 $2.5 \sim 3\,℃$ 为宜，或者每升高 $1\,m$，温差不超过 $0.5 \sim 1\,℃$，但房顶保温不良的动物舍，冬季也可能倒置。就水平方向而言，气温是从舍中心向四周递降，靠近门窗和墙等散热部位温度较低。动物舍的跨度越大，这种差异越显著。实际差异的大小，决定于墙、门和窗的保温性能，通风管的位置，以及舍内外的温差大小。故动物舍的空气温度依赖于外界空气的可感觉热、舍内产生的可感觉热、通风和舍建筑的热导系数。所以，寒冷季节，要求墙内表面温度与舍内平均温度相差不超过 $3 \sim 5\,℃$，墙壁附近与舍中心温度相差不超过 $3\,℃$。

（二）湿度

空气湿度对动物热平衡影响极大，在冬季，较高的相对湿度可使动物散热提高，在窗、墙壁和顶上形成水汽。此外，舍内空气中的水蒸气沾染了大量病原微生物，以此形成气源性扩散，首先导致呼吸道感染。舍内空气的相对湿度在理想气温时应该保持在 50%～90%，不应低于 40%（否则会使黏膜干燥，尘埃形成增多）。

动物舍的水蒸气来自动物（皮肤和呼吸道黏膜）和湿地面。舍内空气中水蒸气量（绝对湿度）依赖于舍内水蒸气的产量、气温、外界空气水蒸气量和通风率；湿地面蒸发的水蒸气量等于总水蒸气减去动物潜在热释放的部分。湿地面水蒸气的蒸发，一部分使舍内存在的可感觉热转化为潜在热，由此舍内气温下降，但在舍中形成的总热量保持不变。来源于湿地面的水蒸气量占动物产生的15%～100%。不同的饲养管理方式（如喂干料或湿料，是否在舍内饲喂，清粪是否及时，水冲式清粪还是机械性清粪等）、动物舍所在地地下水位高低、地面和墙壁的隔潮程度等对舍内水汽的产生影响都很大。平硬地板产生的水蒸气要比全裂缝地板多，动物不拴着的舍栏比拴着的舍栏产生的水蒸气要多。

（三）空气运动

要使动物舍内达到理想的气温范围，应该将气流速度控制在 0.1～0.3m/s。如果气流速度升高，使热中性区的界限上移，气流速度由 0.1m/s 增加到0.76m/s 时，相当于舍温降低 0.63℃。在动物附近不应有风扇和正对着动物的气流。特别对于拴着的动物，穿堂风有较大的影响，穿堂风往往导致胃病，就是说降低抵抗力，特别是黏膜的抵抗力，从而引起感染性疾病。

（四）空气成分

大气的各种气体组成成分相当稳定，其主要成分是氮，占容积的 78.09%，氧为 20.95%，二氧化碳 0.03%，氨为 0.001 2%。动物舍内由于动物的呼吸、排泄以及粪便、饲料等有机物的分解，使这种成分比例有所变化。同时，还增加了一些气体，如氨、硫化氢、甲烷、硫醇、粪臭素等。在舍内由于生产工作的进行也使空气中的灰尘、微生物等比舍外大气中的浓度大大增加。若动物舍通风不良，舍内卫生状况不佳，有害气体浓度超过标准，将损害动物的健康，影响生产力。动物圈舍内的有害气体主要包括以下 5 种。

1. 氨（NH_3）

氨是无色、有刺激性的气体，比空气轻（在空气中密度为 1.3kg/m³），易溶于水，是由分解尿素的需氧菌，将含有蛋白质的有机化合物（粪便、尿液、垫料）腐败分解生成，是动物舍中主要的有害气体，在弱碱性和夏季高温时其产量尤高。在动物舍中，因环境不清洁和通风不良（微生物活跃）、粪浆运动（破坏了液面）以及在高温时，均可使氨含量升高。防控措施是提高通风率、有规律地清洗消毒以及尽可能不搅动粪浆使其保持稳定。当氨浓度急剧升高时，可以用水喷洒动物舍。氨的损害作用是刺激和腐蚀呼吸道黏膜，使肺清除异物的能力降低，病原体容易进入破坏的组织中，使支气管、肺泡水肿、充血、出血和肺气肿，肺泡壁增厚，脂质保护层形成。导致肺内气体交换障碍，影响动物的健康和生产性能。舍内空气中含氨气的标准值为 0.002%。

2. 硫化氢（H_2S）

是一种呈臭鸡蛋味、有强毒性的无色气体，是在厌氧条件下，粪浆中蛋白质丰富的有机物质在微生物作用下产生的，且高温可加速蛋白质的分解。当粪浆运动时可使大量的硫化氢释放。在排空了的粪浆池中，硫化氢的含量仍然很高，为了避免中毒必须注意不要损坏粪池盖。当排空粪池时，要将盖盖好，可通过有规律的清洗和消毒措施抑制腐败过程，并适当通风，减少硫化氢的产生。维修人员必须确认在没有中毒危险的情况下进行维修操作。舍内空气中硫化氢标准值为 0.000 5%，最高允许含量不得超过 0.001%。在 0.002% 浓度时动物就会出现慢性呼吸道黏膜刺激炎症、食欲不振。此外，硫化氢还有神经毒性作用，在 0.02% 就出现嗅神经的损坏，重者将失去嗅觉，不能再闻到任何气味。在 0.05% 时由于呼吸中枢麻痹而死亡。硫化氢产自动物舍地面，而且比重大（比重 1.19），所以越接近地面，浓度越高。

3. 二氧化碳（CO_2）

二氧化碳是一种无色无味的气体，比空气重，不可燃烧，不是有害气体。二氧化碳在大气中的正常浓度是 0.03%，其极限值是 0.15%；而在动物舍中二氧化碳浓度大大高于此值，常为 0.3% 左右，其中 80% 的二氧化碳来源于动物代谢产物，通过呼吸道呼出，少量通过腐败过程产生。在二氧化碳和热产生之间存在着紧密关系。动物舍中二氧化碳的量可用于通风率计算，以及控制空气交换指数的计算，极高的二氧化碳浓度对动物有损害作用，舍内空气中二氧化碳浓度达 3%

时，动物表现呼吸中枢兴奋、采食量减少和生产性能下降；达到 4%时，开始出现嗜睡和生产性能下降；达到 8%时，出现意识丧失。因为在一般情况下，动物舍不太封闭，通风情况良好，这种危害动物的二氧化碳浓度在动物舍内基本上达不到。

4. 一氧化碳（CO）

动物舍空气中一般不含一氧化碳，一氧化碳是在物质燃料不完全燃烧时产生的。由于它具有比氧气更强的对血红蛋白的亲和力（亲和力比氧气大 $200 \sim 300$ 倍），因而形成相当稳固的碳氧血红蛋白（HbCO）。碳氧血红蛋白不易分离，且阻碍氧合血红蛋白的解离，使血液运输氧气的功能严重受阻，造成机体急性缺氧，出现呼吸、循环和神经系统病变，严重者可导致死亡。并且碳氧血红蛋白离解比氧合血红蛋白慢 3 600 倍，故中毒后有持久毒害作用。据有关规定，一氧化碳的日均最高容许浓度为 $1mg/m^3$，一次最高容许浓度为 $3mg/m^3$。动物舍空气中一氧化碳含量超标主要见于冬季增温时烟道封闭不好。

5. 甲烷（CH_4）

甲烷是一种无色、无味的气体，比空气轻，可燃烧。甲烷一般出现在粪浆、粪道、粪池中，是由厌氧菌分解有机物，特别是纤维素（瘤胃气内含量较大）生成，在 pH 值 5.7 和 $32 \sim 43℃$ 气温时，甲烷产生量最多。甲烷对动物健康的损害作用还不清楚，但有报道在封闭的粪池能引起爆炸，通常动物饲养舍不存在甲烷-空气混合物爆炸危险，主要原因与通风情况有关。

（五）尘埃和微生物

尘埃是在空气中有悬浮能力的固体微粒，呈弥散分布。尘埃来源于动物体表（如皮屑、毛发、羽毛），也来源于土壤、剩余饲料、垫草和干燥的粪便。动物舍内尘埃的产生及含量与动物种类、动物年龄、饲养方式、季节和每日时辰有关。沉降时间依尘埃颗粒大小而不同，一般在 $15 \sim 45min$，沉降在动物舍地板上的尘埃，还会在强风和气流作用下进入舍内空气，并在其中悬浮，舍空气中的尘埃含量不应超过 $6mg/m^3$，其含量可指示尘埃产生和排除（出）的效果。尘埃是微生物的良好载体，所以尘埃中含有大量的微生物（细菌、病毒、真菌）和内毒素（革兰氏阴性菌的脂多糖）。动物许多重大传染病的病原通过呼吸道感染，病原微生物从患病动物或带菌带毒动物的粪便、尿液以及从口、鼻、眼、生殖道的分泌物排出，在复杂的理化因素作用下，变为气溶胶，进入悬浮状态，随气流传播，引起气源性感染。例如，口蹄疫、新城疫、禽流感、传染性非典型肺炎、巴氏杆菌病、结核病等的病原体都能够借助空气传播。

（六）光照

光照对动物的生产性能和抗感染免疫系统影响很大，动物可利用光照来提高繁殖力，特别是亮—暗的变换更有特殊意义。动物舍的光照根据光源分为自然光照和人工光照。自然光照节约能源，但光照强度和光照时间有明显的季节性，一天当中也在不断变化，难以控制，舍内照度也不均匀，特别是跨度较大的动物舍，中央地带光照更差。为了补充自然光照时数及照度的不足，自然采光动物舍也应有人工照明设备。密闭式动物舍则必须设置人工照明，其光照强度和时间可根据动物的生理要求或工作需要加以严格控制。自然光照取决于通过动物舍开露部分或窗户透入的太阳直射和散射光的量，而进入舍内的量与动物舍朝向、舍外情况、窗户的面积、入射角和透光角、玻璃的透光性、舍内反光面、舍内设置与布局等因素有关。适当的光照（亮和暗控制在最适度）能够促进动物健康，太亮和太暗的光照强度对动物都有直接损害。同时，不断变化亮暗强度提高了动物的应激性。较小强度的变化，间接地导致动物活动的变化，或减少了对一定刺激的反应。动物舍内良好的光照对动物的保健是必需的。窗户与动物舍面积比例最低应保持在 $1:20$。人工光源一般采用白炽灯和荧光灯，这不仅用于密闭式动物舍，也用于自然采光舍作补充光照。但是，当照明设备保持清洁时才能达到希望的光照强度。因为动物周围常常发生潮湿和尘土飞扬，所以应采用保护装置如安装灯罩、定期清洁等，并注意日光灯管和灯泡的选择，保持合适的光色（如动物舍内热色光，动物舍外冷色光）和光射入方向及均匀的强度。安装在屋顶上的灯应注意不影响空气进入。

（七）噪声

噪声依赖于声波（Hz）频率和声强度或辐射压。人能听到的声音一般频率在 $6\sim20\,000\,Hz$，有的能听到频率 $10\sim40\,000\,Hz$ 的声音。噪声能引起人和动物的烦躁，持续大强度噪声会导致器官损害。动物生产中声强度一般在 $60\sim80\,Hz$。在家鼠、犬和猪，当超过 100Hz 时，常导致糖皮质激素分泌升高。在测定噪声对动物的影响时，需要测量声强度和频率。平时，人们很少认识到噪声对动物的不良影响，但在实际生产中，确实存在着严重干扰，特别是对心血管循环及消化系统影响最大，并使动物生产性能降低。

（八）密度

动物饲养要有适当的密度，密度过低，动物舍不能充分利用，造成资源浪费；密度过大，每只动物拥有的空间过小，会导致运动不足、空气污浊、环境污染、拥挤应激、精神紧张等，从而引起动物抵抗能力下降、异嗜癖以及疾病的发生，从而导致动物生产能力下降，甚至导致死亡现象的发生，带来经济损失。饲养密度的大小取决于饲养的动物种类、个体大小以及驯化的程度。

第二节　建立健全卫生防疫制度

防疫措施是针对传染病采取的预防、控制和消灭其发生与流行的方法。它不单包括在未发生传染病时的预防办法，还包括发生传染病时的一系列扑灭措施。

按照各种经济动物的特点及传染病发生流行的规律，从我国经济动物生产的实际状况出发，在贯彻预防为主、养防结合的方针，加强饲养管理、注意兽医卫生监督的基础上，切实做好经济动物的检疫、免疫预防接种与药物群体预防、封锁、隔离、消毒、杀虫灭鼠等常规性工作，采取综合性防治措施，以达到防制传染病发生、流行的目的。

一、养殖场卫生防疫的一般原则

（一）场址的选择

养殖场应建在地势高燥、排水方便、水源充足、水质良好、交通和供电方便（电源必须可靠，必要时可自备发电机），距公路、河道、村镇、工厂 500m 以外的上风口处，尤其应远离其他养殖场、屠宰场、畜产品加工厂。场周围应筑围墙，外设防疫沟（宽 8m、深 2m），在养殖场沟外种植防疫林带 10m。

（二）场内的分区及各区在卫生防疫上的要求

养殖场主要分为生产区、饲料加工区、行政管理区和生活区。各区既要相互联系又要严格划分。生产区要建在上风头，生活区在最前面，与生产区应有200~250m 的距离。

病畜禽隔离舍、兽医诊断室、解剖室、病死畜禽无害化处理和粪便处理场都应建在下风口，相距 200~500m。粪便须送到围墙外，在处理池内发酵处理。

养殖场周围不准饲养犬、猫、鸟等。本场职工、家属一律不准私自养猪、鸡或其他畜禽。场内食堂肉或蛋、禽自给，职工家属用肉、蛋及其制品也应由本场供给，不准外购，已出场的畜禽及其产品不准回流。

（三）切断外来传染源

养殖场大门和生产区入口要建宽于门口、长于汽车轮一周半的水泥消毒池（加入适当消毒液），畜禽舍入口建消毒池，生产区门口必须建更衣室、消毒池和消毒室，以便车辆和人员更换作业衣、鞋后进行消毒。养殖场谢绝参观，外来人员不得进场。场外运输车辆和工具不准入场，场内车辆不准外出。外来人员需要进场的，必须在沐浴更换本场新工作服后方可进场。

养殖场要严格执行"全进全出"的饲养制度。原有的畜禽转出后，要对栏舍、饲养用具等进行彻底消毒，空闲 1~2 周后方可再进动物。

经常保持舍内通风良好，光线充足，每天打扫卫生保持清洁；注意通风换气，饲槽、饮水器每天洗刷，做好定期消毒。场区的环境应保持清洁，每年春、秋季节各进行一次消毒；经常开展灭鼠、灭蚊蝇工作。

饲养人员不能随意到本职以外的动物舍，并禁止串换、借用饲养用具。

运料车不应进入生产区，生产区的料车工具不出场外。

水质要清洁，没有自来水水源条件的养殖场，最好打井取水，地下水位应在2m 以下，不能用场外的井水或河水。

（四）场内卫生制度

保持舍内清洁卫生，温度、湿度、通风、光照适当，避免各种逆境因素。

料槽、水槽定期洗刷消毒，及时清理垫料和粪便，减少氨气的产生，防止通过垫料和粪便传播病原微生物及寄生虫。

防止疫病传染，有条件的养殖场应实行全场全进全出，至少每栋养殖舍全进全出。

出售、转群后，动物舍及用具要进行消毒、药物喷洒、熏蒸或火焰喷射彻底消毒，空闲 7~14d 后启用。

制定切合本场实际情况的畜禽疫病免疫程序和驱虫程序。疫苗可采用注射、饮水（口服）和气雾等方法进行免疫接种。

做好免疫接种前后的免疫监测工作，以确定免疫时机和免疫效果；做好驱虫前后的虫卵和虫体监测，以确保驱虫时机和驱虫效果。

在养殖场内发现患病畜禽时，应立即送隔离室，进行严格的临床检查和病理检查，病死畜禽尸体直接送解剖室剖检，必要时进行血清学、微生物学、寄生虫病学检查，以便及早确诊、及时治疗。

经常注意杀虫、灭鼠，控制飞鸟，消灭疫病的传播媒介。

二、检疫

检疫是指采取各种诊断方法，对经济动物及其产品进行疫病检查，揭发动物群的疫情，监测动物免疫状态，以求采取相应措施达到防止疫病发生与传播目的的重要步骤。检疫是整个防疫措施中的内容之一。

依照检疫的性质、种类和范围，经济动物检疫主要包括生产性、贸易性和观赏性等 3 种检疫种类，依据检疫地点又分为产地检疫（集市检疫、收购检疫）、运输检疫、口岸检疫等。经济动物的传染病种类比较多，但根据我国国情仅以口蹄疫、蓝舌病、鹿流行性出血热、伪狂犬病、狂犬病、流行性乙型脑炎、细小病毒感染（犬、猫、貂）、犬瘟热、貂阿留申病、炭疽、结核病、巴氏杆菌病、钩端螺旋体病、布鲁氏菌病等作为重点检疫对象。实践证明，经济动物饲养中的引种和串种检疫仍是防止侵袭性疾病的关键，应特别重视。在检疫过程中，尤其要严格执行兽医法规，上报疫情，严肃处理，否则后患无穷。

三、封锁

当发生烈性、传播迅速、危害严重的传染病（如炭疽、口蹄疫等）时，为将疫情控制在最小范围，应划定疫区采取封锁措施，以保证疫区以外受威胁地区的动物不被侵袭。我国的实践表明，在发生烈性传染病时，必须实施早、快、严、小的原则进行封锁，然后对传染源、传播途径和易感动物 3 个环节采取相应的措施，可取得良好的效果。对封锁应设立醒目的标志，严禁易感动物出入，对进出封锁区的非易感动物、人、车、物进行严格消毒。封锁区内的动物专人管理，并根据实际情况进行紧急接种、治疗或扑杀处理。一切排泄物和污染物均按兽医卫生法规定处置，至于病死、扑杀毛皮动物的皮张应经消毒无害后方准运出。关于解除封锁，通常应在最后一个病例痊愈或死亡、扑杀后经过本病的最长潜伏期，并再无新病例发生，经过终末消毒后通过有关部门批示并公布。当然，在封锁解除后，一些处于康复期的经济动物特别是毛皮动物是不允许外运或出售的，因为有些疾病的带毒期较长，易于扩散传播。

四、隔离

当动物群发生疫病时，根据诊断、检疫结果分为患病群、疑似感染群和假定健康群类，并分别进行隔离饲养观察，以便于就地控制、消灭传染源蔓延扩散。隔离是传染病综合性防治措施中的重要组成部分。所谓患病动物是指有明显临床症状的动物或其他诊断检疫方法查出的阳性动物。患病动物应隔离到偏僻处或场内的一角，限制活动，专人饲养、治疗，出入必须严格消毒，加强兽医监督。疑似感染动物是指曾与患病动物在同舍或同笼内饲养接触的动物，可能处于感染后的潜伏期阶段。这类动物应经消毒后集中到场内的一角或一室，限制其活动，专人饲养观察，视情况可采取紧急接种或治疗措施。在规定时间内如不出现发病者，可视为假定健康群。假定健康动物是指与患病动物未接触的或虽在同舍但并非同室或同笼的动物，这类动物一般就地饲养于经彻底消毒后的原动物舍或原场内，也可迁移到新舍饲养，专人管理，进行全群紧急预防接种。

五、消毒

消毒是消除或杀灭传染源排放于外环境中病原体的一种措施，是切断传染病传播途径、阻止侵袭性疫病蔓延的重要手段，是综合性防治措施中的组成部分。

（一）消毒的种类

按消毒的目的与时间分为如下几种。

1. 预防消毒

平时未发生传染病时以预防为目的进行的定期消毒，包括圈舍、地面、饲饮用具、加工器具、笼箱等的消毒，以消除可能污染或存在的病原体。

2. 疫源地消毒

对现存或过去曾存在病原体的场所进行的消毒，其目的是防止病原蔓延扩散，控制疾病的发生与流行。疫源地消毒还包括牧地和牧道消毒。

3. 临时消毒

在监测或发现或怀疑存在病原体时所采取的紧急消毒，其目的是及时消灭传染源。这种消毒应反复多次进行。

4. 终末消毒

在疫区解除封锁前进行的一次全面彻底的消毒，通常包括对圈舍、场地、水源地、用具、笼具、物品等的消毒，目的在于消灭一切可能残留的病原体以达到净化的要求。

（二）消毒方法

1. 物理消毒法

主要依靠机械、热、光、电、声和放射能等物理方法杀灭病原体或使其丧失感染性的消毒。

（1）机械消毒法。包括清扫、洗刷、通风和滤过等方法以清除病原体和排泄物、分泌物、脱落物等污染物。虽然机械清除法并不能杀灭病原体，但可增强其他消毒法的效果。

（2）热消毒法。通过各种高热使病原体变性凝固，达到灭活目的的一种消毒法。常用的有火焰消毒、煮沸消毒、干热消毒、湿热蒸汽消毒和高压消毒方法等，是一种经济实用的消毒方法。

（3）光消毒法。包括自然光消毒和紫外光消毒2种。自然光消毒，由于光通过大气层散射和吸收而使紫外光减弱或损失，所以需要照射较长时间，通过促使病原体水分蒸发干燥和紫外光双重作用而达到杀灭目的。紫外光的杀菌作用早已肯定，人工紫外光灯常用于圈舍、实验室、工作室、衣物、器具和水的消毒，效果十分显著，但紫外光对动物和人有危害，在使用过程中应多加注意。

2. 生物消毒法

生物消毒法指利用一些生物进行杀灭或清除病原体的方法。自然界中有些生物在生命活动中可形成不利于病原微生物的环境，从而间接地杀灭病原体。如粪便堆放发酵中，利用嗜热细菌繁殖产生的热将病原体灭活。粪便生物消毒法经济实用，且有利于充分利用肥效，故被广泛采用。

3. 化学消毒法

化学消毒法是指用化学药物把病原微生物杀死或使其失去活性，能够用于这种目的的化学药物称为消毒剂。理想的消毒剂应对病原微生物的杀灭作用强大而对人、动物的毒性很小或没有，不损伤被消毒的物品，易溶于水。消毒能力不因有机物存在而减弱，价廉易得。化学消毒剂包括碱类、重金属、氧化剂、酚类、醇类、卤素类、挥发性烷化剂等。它们各有特点，在生产中应根据具体情况加以选用，下面介绍几种动物生产中常用的消毒剂。

（1）常用化学消毒剂及其使用方法。

一是碱类：用于消毒的碱类制剂有氢氧化钠、氢氧化钾、生石灰、草木灰、碳酸钠等。碱类消毒剂的作用强度决定于碱溶液中氢氧根离子的浓度，浓度越高，杀菌力越强。

碱类消毒剂的作用机制是：高浓度的氢氧根离子能水解蛋白质和核酸，使细菌酶系统和细胞结构受到损害。碱还能抑制细菌的正常代谢功能，分解菌体中的糖类，使菌体死亡。碱对病毒有强大的杀灭作用，可用于许多病毒性传染病的消毒；也有较强的杀菌作用，对革兰氏阴性菌比阳性菌有效，高浓度碱液也可杀灭芽孢。

由于碱能腐蚀有机组织，操作时要注意不要用手接触，佩戴防护眼镜、手套、穿工作服，如不慎溅到皮肤上或眼睛里，应迅速用大量清水冲洗。

氢氧化钠：也称苛性钠或火碱，是很有效的消毒剂，2%~4%的溶液可杀死病毒和繁殖体，常用于动物舍及用具的消毒。本品对金属物品有腐蚀作用，消毒完毕必须及时用水冲洗干净，对皮肤和黏膜有刺激性，应避免直接接触人和动物。用氢氧化钠消毒时常将溶液加热，热并不增加氢氧化钠的消毒力，但可增强去污能力，而且热本身就是消毒因素。

生石灰：生石灰是价廉易得的良好消毒药，使用时应加水使其生成具有杀菌作用的氢氧化钙。生石灰的消毒作用不强，1%生石灰水在数小时内可杀死普通繁殖型细菌，3%生石灰水经1h可杀死沙门氏菌。实际工作中，一般用20份生石灰加水100份配成20%的生石灰乳，涂刷墙壁、地面，或直接加生石灰于被消毒的液体中，撒在潮湿地面、粪池周围及污水沟等处进行消毒，消毒粪便可加等量2%生石灰乳，使接触至少2h。生石灰必须在有水分的情况下才会游离出氢氧根离子发挥消毒作用。在养殖场、舍门口放生石灰干粉并不能起消毒鞋底的作用。相反，由于人的走动，使生石灰粉尘飞扬，当生石灰粉吸入动物呼吸道或溅入眼内后，遇水生成氢氧化钙而腐蚀组织黏膜，结果引起动物气喘和红眼病。较为合理的应用是在门口放浸透20%生石灰乳的湿草包，饲养管理人员进入动物舍时，从草包上通过。生石灰可以从空气中吸收二氧化碳，生成碳酸钙，所以不宜久存，石灰乳也应现用现配。

氨水：氨水不但价廉易得，且对球虫卵囊及多种微生物有杀灭作用。常用5%溶液喷洒地面、房舍、用具等进行消毒。氨水有强烈的刺激性，喷洒时应戴用2%硼酸湿润的口罩及风镜。

二是氧化剂：氧化剂是使其他物质失去电子而自身得到电子，或供氧而使其他物质氧化的物质。氧化剂可通过氧化反应达到杀菌目的。

氧化剂直接与菌体或酶蛋白中的氨基、羧基等发生反应而损伤细胞结构，或使病原体酪蛋白中的巯基氧化变为二硫键而抑制代谢功能，病原体因而死亡。或通过氧化作用破坏细菌代谢所必需的成分，使代谢失去平衡而使细菌死亡。也可通过氧化反应，加速代谢过程，损害细菌的生长过程而使细菌死亡。常用的氧化剂类消毒剂有高锰酸钾、过氧乙酸等。

高锰酸钾：高锰酸钾遇有机物、加热、加酸或碱均能放出原子氧，具有杀菌、除臭、解毒作用。其抗菌作用较强，但在有机物存在时作用显著减弱。在发生氧化反应时，本身还原成棕色的二氧化锰，并可与蛋白质结合成蛋白盐类复合物，因此在低浓度时有收敛作用，高浓度时有刺激和腐蚀作用。各种微生物对高锰酸钾的敏感性差异较大，一般来说0.1%的浓度能杀死多数细菌的繁殖体，2%~5%溶液在24h内能杀灭芽孢，在酸性溶液中，它的杀菌作用更强。如含1%高锰酸钾和 1.1%盐酸的水溶液能在 30s 内杀灭芽孢，它的主要缺点是易被有机物所分解，还原成无杀菌能力的二氧化锰。

过氧乙酸：又名过醋酸，是强氧化剂，纯品为无色澄明的液体，易溶于水，性质不稳定。其高浓度溶液遇热（60℃以上）即强烈分解，能引起爆炸，20%以下的低浓度溶液无此危险。市售成品浓度一般为 20%，盛装在塑料瓶中，须密闭避光贮放在低温处（3~4℃），有效期为半年，过期浓度降低。它的稀释液只能保持药效数天，应现用现配，配制溶液时应以实际含量计算，如配 0.1%的消毒液，可在 995mL 水中加 20%的过氧乙酸 5mL 即成。

过氧乙酸是广谱高效杀菌剂，作用快而强，能杀死细菌、真菌、芽孢及病毒，0.05%的溶液 2~5min 可杀死金黄色葡萄球菌、沙门氏菌、大肠杆菌等一般细菌，1%的溶液 10min 可杀死芽孢，在低温下它仍有杀菌和杀芽孢的能力。过氧乙酸原液对动物皮肤和金属有腐蚀性，稀溶液对呼吸道、眼结膜有刺激性，对有色纺织品有漂白作用。在生产中，可用 0.1%~0.2%溶液浸泡耐腐蚀的玻璃、塑料白色工作服，浸泡时间 2~120min。或用 0.1%~0.5%的溶液以喷雾器喷雾，覆盖消毒物品表面，喷雾时消毒人员应戴防护眼镜、手套和口罩；喷后密闭门窗 1~2h。也可用 3%~5%溶液加热熏蒸，用量为每立方米 1~3g，熏蒸后密闭门窗 1~2h，熏蒸和喷雾的效果与空气的相对湿度有关，相对湿度以 60%~80%为好，若湿度不够可喷水增加湿度。

三是卤素类：卤素和易放出卤素的化合物均具有强大的杀菌能力。卤素的化学性质很活泼，对菌体细胞原生质及其他某些物质有高度亲和力，易渗入细胞与原浆蛋白的氨基或其他基团相结合，或氧化其活性基团，而使有机体分解或丧失功能，呈现杀菌能力。在卤素中氟、氯的杀菌力最强，依次为溴、碘、氯与含氯化合物。氯是气体，有强大的杀菌作用，这种作用是由于氯化作用引起菌体破坏或膜的通透性改变，或由于氧化作用抑制各种含巯基的酶类或其他对氧化作用敏感的酶类，引起细菌死亡。它还能抑制醇醛缩合酶，阻止菌体葡萄糖的氧化。水中含 0.000 02%这样低浓度的氯即能杀死大肠杆菌。

由于氯是气体，其溶液不稳定，杀菌作用不持久，应用很不方便，因此在实际应用中均使用能释放出游离氯的含氯化合物，其中最重要的是含氯石灰及二氯异氰尿酸盐。

漂白粉：含氯石灰，为消毒工作中应用最广的含氯化合物，化学成分较复杂，主要是次氯酸钙。新鲜漂白粉含有效氯25%~36%，但漂白粉有亲水性，易从空气中吸湿而成盐，使有效氯散失，所以保存时应装于密闭、干燥的容器中，即使在妥善保存的情况下，有效氯每月也要散失1%~2%。由于杀菌作用与有效氯含量密切相关，当有效氯低于16%时不宜用于消毒，因此在使用漂白粉之前，应测定其有效氯含量。

漂白粉杀菌作用快而强，0.5%~1%溶液在5min内可杀死多数细菌、病毒、真菌，主要用于动物舍、水槽、料槽、粪便的消毒。0.5%的澄清溶液可浸泡无色衣物。漂白粉对金属有腐蚀作用，不能用作金属笼具的消毒。

此类制剂除漂白粉外，还有漂白精及次氯酸钠溶液。

漂白精：以氯通入石灰浆而制得，含有效氯60%~70%，一般以次氯酸钙来表示其成分，性质较稳定，使用时应按有效氯比例减量，1片约可消毒饮水60kg；0.2%的溶液喷雾，可作空气消毒。对病毒均有效，消毒作用能维持半小时，甚至2h后仍有作用。

次氯酸钠溶液：用漂白粉、碳酸钠加水配制而成，为澄清微黄的水溶液，含5%的次氯酸钠，性质不稳定，见光易分解，有强大的杀菌作用，常用于水、动物舍、水槽、料槽的消毒，也可用于冷藏加工厂家禽胴体的消毒。

二氯异氰尿酸钠：亦称优氯净，为白色晶粉，有氯臭，含有效氯60%~64%，性质稳定，室内保存半年后仅降低有效氯含量0.16%。易溶于水，水溶液显酸性，稳定性较差。二氯异氰尿酸钠的杀菌力强，对细菌繁殖体、芽孢、病毒、真菌孢子均有较强的杀灭作用。可用于水槽、料槽、笼具及动物舍的消毒，也可用于常规消毒。0.5%~1%的溶液可用作杀灭细菌和病毒，5%~10%的溶液可用作杀灭芽孢，可采用喷洒、浸泡、擦拭等方法消毒。干粉可用作消毒动物粪便，用量为粪便的20%；消毒场地，每平方米用10~20mg；消毒饮水，每毫升水用4mg，作用30min。

氯胺：氯胺为含氯的有机化合物，为白色或微黄色结晶，含有效氯12%，易溶于水，氯胺的杀菌作用主要是由于产生次氯酸，放出活性氯和初生态氧，同时氯胺也有直接杀菌作用，氯胺放出次氯酸较缓慢，因此杀菌力较小，但作用时间较长，受有机物影响较小，刺激性也较弱。

0.5%氯胺作用1min可杀死大肠杆菌，作用30min可杀死金黄色葡萄球菌。主要用于饮水、动物舍、用具、笼具的消毒，也可用于带动物喷雾消毒。各种铵盐，如氯化铵、硫酸铵，因能增强氯胺的化学反应，减少用量，所以可作为氯胺消毒剂的促进剂。铵盐与氯胺通常按1：1使用。

稳定二氧化氯：稳定二氧化氯无色、性质稳定。目前，它的杀菌消毒机制尚无定论，一般认为强氧化性是它杀菌消毒的主要因素。由于二氧化氯的强氧化作用通过微生物的外膜氧化其蛋白质活性基团，使蛋白质中的氨基酸氧化分解而达到杀灭病菌、病毒的作用，稳定二氧化氯杀菌效率高、杀菌谱广、作用速度快、持续时间长、剂量小、反应产物无残留、无致癌性，对高等动物无毒，被世界卫生组织（WHO）列为A级安全消毒剂，可广泛用于动物舍消毒、水质净化、除臭、防霉等方面。

碘与碘化物：碘有强大的杀菌作用，抗菌谱广，不仅能杀灭各种细菌，而且也能杀灭真菌、病毒和原虫。其0.005%浓度的溶液在1min内能杀死大部分致病菌，杀死芽孢约需15min，杀死金黄色葡萄球菌的作用比氯强。碘难溶于水，在水中不易水解形成次碘酸，而主要以分子碘（I_2）的形式发挥作用。

碘在水中的溶解度很小且有挥发性，但在有碘化物存在时，溶解度增高数百倍，又能降低其挥发性。其原因是形成可溶性的三碘化物。因此，在配制碘溶液时常加适量的碘化钾。在碘水溶液中含碘（I_2）、三碘化合物离子（I_3^-）、次碘酸（HIO）、次碘酸离子（IO^-），它们的相对浓度因pH值、溶液配制时间及其他因素而不同。次碘酸杀菌作用最强，分子碘次之，离解的碘仅有极微弱的杀菌能力。

碘可作饮水消毒，0.000 05%～0.000 1%的浓度在1min内可杀死各种致病菌、原虫及其他生物，它的优点是杀菌作用不取决于pH值、温度和接触时间，也不受有机物的影响。

在碘制剂中，目前消毒效果较好的为一氯化碘，一氯化碘有穿透细菌细胞膜（壁）并在胞壁和原生质中积聚的能力。进入细胞后导致细菌酶系统功能失调和蛋白质凝固。此种消毒剂为一种淡黄色液体，气味轻微，无刺激性，低腐蚀性，具有消毒效果好、保存稳定、不受温度及有机物影响、毒性低、使用安全等特点，是一种理想的消毒剂。

四是酚类：酚类是以羟基取代苯环上的氢而生成的一类化合物，包括苯酚、煤酚、六氯酚等。

酚类化合物的抗菌作用是通过它在细胞膜油水界面定位的表在性作用而损害细菌细胞膜，使胞质物质损失和菌体溶解。酚类也是蛋白质变性剂，可使菌体蛋白质凝固而呈现杀菌作用。此外，酚类还能抑制细菌脱氢酶和氧化酶的活性而呈现杀菌作用。

酚类化合物的特点为：在适当浓度下，几乎对所有不产生芽孢的繁殖型细菌均有杀灭作用，但对病毒作用不强，对芽孢基本没有杀灭作用。对蛋白质的亲和力较小，它的抗菌活性不易受环境中有机物和细菌数目的影响，因此在生产中常用来消毒粪便、动物舍和消毒池。化学性质稳定，不会因贮存时间过久或遇热改变药效。它的缺点是对芽孢无效，对病毒作用较差，不易杀灭排泄物深层的病原体。

酚类化合物常用肥皂作乳化剂配成皂溶液使用，可增强消毒活性。其原因是肥皂可增加酚类的溶解度，促进穿透力，而且由于酚类分子聚集在乳化剂表面可增加与细菌接触的机会。但是，所加肥皂的比例不能太高，过高反而会降低活性，因为所产生的高浓度会减少药物在菌体上的吸附量。新配的乳剂消毒性最好，贮存一定时间后，消毒活性逐渐下降。

苯酚：为无色或淡红色针状结晶，有芳香臭，易潮解，溶于水及有机溶剂，见光色渐变深。

苯酚的羟基带有极性，氢离子易离解，呈微弱的酸性，故又称石炭酸。0.2%的浓度可抑制一般细菌的生长，杀死细菌需1%以上的浓度，芽孢和病毒对它的耐受性很强。生产中多用3%~5%的浓度消毒动物舍及笼具。由于苯酚对组织有刺激性，所以苯酚不能用于动物消毒。

煤酚：为无色液体，接触光和空气后变为粉红色，逐渐加深，最后呈深褐色，在水中约溶解2%。

煤酚为对位、邻位、间位3种甲酚的混合物，抗菌作用比苯酚大3倍，毒性大致相等，由于消毒时用的浓度较低，相对来说比苯酚安全，而且煤酚的价格低廉，因此用于消毒远比苯酚广泛。煤酚的水溶性较差，通常用肥皂来乳化，50%的肥皂液称煤酚皂溶液即来苏儿溶液，它是酚类中最常用的消毒药。煤酚皂溶液是一般繁殖型病原菌良好的消毒液，对芽孢和病毒的消毒并不可靠。常用3%~5%的溶液消毒动物舍、笼具、地面等，也用于环境及粪便消毒。由于酚类消毒剂对组织、黏膜都有刺激性，所以煤酚也不能用来动物消毒。

复合酚：亦称农乐、菌毒敌。含酚41%~49%、醋酸22%~26%，为深红色、褐色黏稠液，有特臭，是国内生产的新型、广谱、高效消毒剂。可杀灭细菌、真菌和病毒，对多种寄生虫虫卵也有杀灭作用。0.35%~1%的溶液可用于动物舍、笼具、饲养场地、粪便的消毒。喷药1次，药效维持7d。对严重污染的环境，可适当增加浓度与喷洒次数。

五是挥发性烷化剂：挥发性烷化剂在常温常压下易挥发成气体，化学性质活泼，其烷基能取代细菌细胞的氨基、巯基、羟基和羧基的不稳定氢原子，发生烷化作用，使细胞的蛋白质、酶、核酸等变性或功能改变而呈现杀菌作用。烷化反应可以与一个基团发生反应，挥发性烷化剂有强大的杀菌作用，能杀死繁殖型细菌、真菌、病毒和芽孢。而且与其他消毒药不同的是，对芽孢的杀灭效力与对繁殖型细菌相似。此外，对寄生虫虫卵及卵囊也有毒杀作用，它们主要作为气体消毒，消毒那些不适于液体消毒的物品，如不能受热、不能受潮、多孔隙、易受溶质污染的物品。常用的挥发性烷化剂有甲醛和环氧乙烷，其次是戊二醛和β-丙内酯。从杀菌力的强度来看，排列顺序为β-丙内酯>戊二醛>甲醛>环氧乙烷。

甲醛：甲醛为无色气体，易溶于水，在水中以水合物的形式存在。其40%水溶液称为福尔马林，是常用的制剂。甲醛是最简单的脂族醛，有极强的化学活性，能使蛋白质变性，呈现强大的杀菌作用。不仅能杀死繁殖型细菌，而且能杀死芽孢、病毒和真菌。广泛用于各种物品的熏蒸消毒，也可用于浸泡消毒或喷洒消毒。甲醛对人、动物的毒性小，不损害消毒物品及场所，在有机物存在的情况下仍有高度杀灭力。缺点是容易挥发，对黏膜有刺激性。常用浓度：浸泡消毒为2%~5%；喷洒消毒为5%~12%；熏蒸消毒时，视消毒场所的密闭程度及污染微生物的种类而异，对密闭程度较好、很少有芽孢污染的场所每立方米空间用40%

甲醛溶液 15～20mL。密闭程度较差的场所，例如禽类孵化机、孵化室、出雏室等，每立方米空间用 40% 甲醛溶液 40～50mL。为了使甲醛气迅速逸出，短时间内达到所需要的浓度，熏蒸时可在甲醛溶液中加入高锰酸钾（比例是每 2mL 40% 甲醛溶液中加 1g 高锰酸钾），也可以把甲醛溶液加热。采用加高锰酸钾的方法时，容器应该大些，一般应为两种药物体积总和的 5 倍，以防高锰酸钾加入后发生大量泡沫，使液体溢出。采用加热蒸发时，容器也应相对较大，以防沸腾时溢出。而且甲醛气体在高温下易燃，因此加热时最好不用明火。甲醛的杀菌能力与温度、湿度有密切关系，温度高、湿度大，则杀菌力强。据检测，在温度为 20℃、相对湿度为 60%～80% 时消毒效果最好。为增加湿度，熏蒸时可在甲醛溶液中加等量的清水。熏蒸所需要的时间视消毒对象而定，种蛋熏蒸时间最少 2～4h，延长至 8h 效果更好，动物舍消毒以 12～24h 为好。熏蒸前应把门窗关好，并用纸条将缝隙密封。消毒后迅速打开门窗排除剩余的甲醛，或者用与甲醛溶液等量的 18% 氨水进行喷洒中和，使之变成无刺激性的六甲烯胺。

甲醛溶液长期贮存或水分蒸发，会出现白色的多聚甲醛沉淀，多聚甲醛无消毒作用，需加热才能解聚。动物舍熏蒸消毒时也可用多聚甲醛，每立方米用 3～5g，加热后蒸发为甲醛气体，密闭 10h。

戊二醛：戊二醛是酸性油状液体，易溶于水，常用其 2% 溶液。如加 0.3% 碳酸氢钠作缓冲剂，使 pH 值调整至 7.5～8.5，杀菌作用显著增强，但溶液的稳定性也因此变差，常温下存放 2 周后即失效。2% 碱性戊二醛溶液在 10min 内可杀死腺病毒、呼肠孤病毒及痘病毒，3～4h 内杀死芽孢，且不受有机物的影响，刺激性也较弱。可用于动物舍、笼具、粪便的消毒，也可用于浸泡消毒。

环氧乙烷：环氧乙烷又名氧化乙烯，沸点为 10.3℃，在常温常压下为无色气体，比空气重，密度为 15.2，温度低于沸点即成无色透明液体。其气体在空气中达 3% 以上时，遇明火极易引起燃烧和爆炸。如以液态二氧化碳和氟氯烷等作稳定稀释剂，9 份与其 1 份制成混合气体，不具有爆炸性。环氧乙烷是高效广谱杀菌剂，对细菌、芽孢、真菌和病毒，甚至昆虫和虫卵都有杀灭作用。它有极强的穿透力。本品用于熏蒸消毒效果比甲醛好，它的最大优点是对物品的损坏很轻微，不腐蚀金属。不足之处是易燃烧，消毒时间长，对人、动物有一定毒性。环氧乙烷主要用于空舍消毒，也可用于饲料消毒。用于空舍熏蒸消毒时动物舍应密闭。消毒时湿度和时间与消毒效果有密切关系，最适相对湿度为30%~50%，过高或过低均可降低杀菌作用。最适温度是38~54℃，不能低于18℃。用环氧乙烷消毒时间越长，效果越好，一般为6~24h。

β-丙内酯：为无色黏稠的液体，是一种高效广谱杀菌剂，对细菌、芽孢、真菌、病毒都有效。它的杀伤力比甲醛强，穿透力不如环氧乙烷，对金属有轻微腐蚀性。适用于动物舍、笼具的消毒。消毒时可加热用其蒸汽或与分散剂混合喷雾，用量是$1~2g/m^2$，消毒时相对湿度需高于70%，温度高于25℃，消毒时间为2~6h。

六是季胺表面活性剂：季胺表面活性剂又称除污剂或清洁剂。这类药物能改变两种液体之间的表面张力，有利于乳化除油污，起清洁作用。此外，这类药物能吸附于细菌表面，改变细菌细胞膜的通透性，使菌体内的酶、辅酶和代谢中产物逸出，妨碍细菌的呼吸及糖酵解过程，并使菌体蛋白质变性，因而呈现杀菌作用。这类消毒剂又分为阳离子表面活性剂和阴离子表面活性剂。常用的为阳离子表面活性剂，它们无腐蚀性、无色透明、无味、含阳离子，对皮肤无刺激性，是较好的去臭剂，并有明显的去污作用。它们不含酚类、卤素或重金属，稳定性高，相对无毒性。这类消毒剂抗菌谱广、显效快，能杀死多种革兰氏阳性菌和革兰氏阴性菌，对多种真菌和病毒也有作用。大部分季胺化合物不能在肥皂溶液中使用，需要消毒的表面要用水冲洗，以清除残留的肥皂或阴离子去污剂，然后再用季胺表面活性剂。

新洁尔灭：又称苯扎溴铵，无色或淡黄色胶状液体，易溶于水，水溶液为碱性，性质稳定，可保存较长时间效力不变，对金属、橡胶、塑料制品无腐蚀作用。新洁尔灭有较强的消毒作用，与多数革兰氏阳性菌和阴性菌接触数分钟即能将其杀死，对病毒和真菌的效力差。可用0.1%的溶液洗涤饲槽、饮水器、场地、鞋及禽类种蛋，消毒孵化室的表面、孵化器、出雏盘等。浸泡消毒时，如为金属器可加入0.5%的亚硝酸钠，以防金属生锈。本品不适于消毒粪便、污水等。

消毒净：为广谱消毒药，呈白色结晶性粉末，无臭，味苦，微有刺激性。易受潮，易溶于水，水溶液易起泡。对革兰氏阳性菌及阴性菌均有较强的杀灭作用，0.05%~0.1%的溶液可用于消毒动物舍、用具、孵化室等，也可用来消毒种蛋。

百毒杀：为双链季铵盐类消毒剂，本品无色、无臭味、无刺激性、无腐蚀性，安全高效。对大肠杆菌、葡萄球菌等多种革兰氏阳性菌和阴性菌有较强的杀灭作用，对病毒的杀灭效果也较好。可用于动物舍、笼具、用具及空气消毒。可在 1t 水中加 50% 的百毒杀 100mL，进行喷雾消毒或饮水消毒。

球杀灵：球杀灵为双链季铵盐类消毒剂，该消毒剂由主药和活化剂组成。主药由铵盐、表面活化剂及显色剂组成。为白色无臭细粉，悬浮于水中呈白色云雾状，干燥状态下十分稳定，可长期保存。活化剂是氢氧化钠及有机杀虫剂，为白色无臭粗颗粒，悬于水中呈云雾状。球杀灵是一种杀灭球虫卵囊兼可杀灭病毒、细菌等微生物的消毒药。对新城疫病毒、传染性法氏囊病毒、沙门氏菌、大肠杆菌、葡萄球菌、真菌等有显著的杀灭作用，对球虫卵囊的杀灭作用最强。本药在使用过程中，在卵囊外壁处生成低分子量的气体，这种气体不被卵囊外壁的电子致密外层所阻挡，达到卵囊的内层，裂解二硫键，从而杀死卵囊。球杀灵可用于空舍时地面、墙壁等的消毒。本品有腐蚀性，不能带动物消毒，操作时应戴上手套和护罩。使用时，可按 1∶20 稀释，每平方米喷洒 300mL。

（2）影响化学消毒剂作用的因素。

一是浓度：任何一种消毒药的抗菌活性都取决于其与微生物接触的浓度。消毒药的应用必须用其有效浓度，有些消毒药如酚类在用低于有效浓度时不但无效，有时还有利于微生物生长，消毒药的浓度对杀菌作用的影响常是一种指数函数，因此浓度只要稍微变动，比如稀释，就会引起抗菌效能大大下降。一般说来，消毒药浓度越高抗菌作用越强，但由于剂量效应曲线常呈抛物线的形式，达到一定程度后效应不再增加。因此，为了取得良好的灭菌效果，应选择合适的浓度。

二是作用时间：消毒药与微生物接触时间越长，灭菌效果越好，接触时间太短往往达不到杀菌效果。被消毒物品上微生物数量越多，完全灭菌所需时间越长。各种消毒药灭菌所需时间并不相同，如氧化剂作用很快，所需灭菌时间很短，环氧乙烷灭菌时间则需很长。因此，为充分发挥灭菌效果，应用消毒剂时必须按各种消毒剂的特性，达到规定的作用时间。

三是温度：温度与消毒剂的抗菌效果成正比，也就是温度越高杀菌力越强。一般温度每增加10℃，消毒效果增加1~2倍。但以氯碘为主要成分的消毒药，在高温条件下有效成分即消失。

四是有机物的存在：基本上所有的消毒药与任何蛋白质都有同等程度的亲和力。当消毒环境中存在有机物时，后者必然与消毒剂结合成不溶性的化合物，中和或吸附掉一部分消毒剂而减弱作用，而且有机物本身还能对细菌起机械性保护作用，使药物难以与细菌接触，阻碍抗菌作用的发挥。

酚类和表面活性剂在消毒剂中是受有机物影响最小的药物。为了使消毒剂与微生物直接接触，充分发挥药效，在消毒时应先把消毒场所的外界垃圾、脏物清扫干净。此外，还必须根据消毒的对象选用适当的消毒剂。

五是微生物的特点：不同种的微生物对消毒剂的易感性有很大差异，不同消毒剂对同类的微生物也表现出很大的选择性。芽孢和繁殖微生物之间、革兰氏阳性菌和阴性菌之间，病毒和细菌之间，所呈现的易感性均不相同。因此，在消毒时，应考虑致病菌的易感性和耐药性。例如，病毒对酚类有耐药性，但是对碱很敏感，结核杆菌对酸的抵抗力较大。

六是相互拮抗：生产中常遇到2种消毒剂合用时会降低消毒效果的现象，这是由于物理性或化学性的配伍禁忌而产生的相互拮抗现象。因此，在重复消毒时，如使用2种化学性质不同的消毒剂，一定要在第一次使用的消毒剂完全干燥后，经水洗干燥后再使用另一种消毒药，严禁把2种化学性质不同的消毒剂混合使用。

六、杀虫、灭鼠及疫病防制

虻、蚊、蝇、蜱等节肢动物和鼠等啮齿类动物均是经济动物多种疫病和人畜共患病的传播媒介或自然宿主，所以杀虫、灭鼠必然成为防制多种疫病的重要手段。

（一）杀虫方法

1. 物理杀虫法

物理杀虫法包括火烧、沸水、蒸汽、拍打、捕捉等杀虫方法，目前这在我国仍然有一定的实用价值。

2. 生物杀虫法

生物杀虫法指以天敌、微生物或雄性绝育技术等方法控制或杀灭昆虫的措施。实践表明，根据昆虫的生物学与生态学特性清除其滋生繁殖条件（排除污积水，清理粪尿池，消灭死水塘和垃圾等），也是控制和杀灭昆虫的有效方法。

3. 药物杀虫法

利用化学药物杀虫效果十分明显，但也应重视其污染副作用。常用的有接触毒药剂、熏蒸毒药剂、口服毒药剂等。其中尤以有机磷杀虫剂最常用，具有剂量小、作用快和毒性低等优点。

（1）敌百虫。白色结晶粉末，能溶于水和有机溶剂，具有接触毒和熏蒸毒作用。常用1%浓度作毒饵，若用烟雾剂则每立方厘米空间需0.1~0.3g。

（2）敌敌畏。药理作用与敌百虫相似，但杀虫效果比敌百虫高10倍。

（3）倍硫磷。一种低毒、高效的有机磷杀虫剂。对杀灭蚊幼虫和成虫有较好的效果，乳剂喷洒时每平方米用0.5~1g。

（4）马拉硫磷。黄色油状液体，可溶于水和有机溶剂。常用0.1%~1%浓度的溶液喷洒，对蚊、蝇杀灭力特强。

（二）灭鼠

鼠类的危害人人皆知，对经济动物饲养场的危害是损坏物品、污染饲料、啃咬新生仔和传播土拉菌病、布鲁氏菌病、钩端螺旋体病等多种传染病，是重要的传播媒介和自然宿主。据此，灭鼠乃是疫病防制措施中的重要内容。预防和控制鼠害的重要措施之一是破坏其生活环境，使其不能正常觅食、栖息和繁育。

（三）敌害防制

多种经济动物如蛤蚧、蜈蚣、蚯蚓等的养殖过程中，常易受到天敌的伤害，在饲养过程中，要密切检查，防止天敌对经济动物的伤害。

1. 蛤蚧的敌害

蛤蚧的敌害主要有蚂蚁、蛇、鼠类和猫等，蚂蚁会咬伤蛤蚧，影响其蜕皮，以致伤口腐烂；猫会扰乱饲养环境，捕食蛤蚧，致使蛤蚧逃跑等。应经常检查巡视防止敌害进入蛤蚧饲养场内。

2. 蝎子的敌害

能捕食蝎子的天敌很多，主要有老鼠、蚂蚁、壁虎、多种禽类和两栖动物等。但在人工养殖时，一般多采用室内饲养方式，所以禽类和两栖类动物的危害性不大，最主要的防范对象是老鼠、蚂蚁和壁虎等。

（1）鼠害及其防治。鼠类是危害蝎子非常严重的啮齿动物。老鼠不仅残食蝎子，而且还将大批蝎子咬死，造成整个蝎群的崩溃。老鼠天生有打洞本领，能用锐利的牙、爪掘开干硬的墙壁、地面，进入蝎室，对蝎子造成危害。

鼠类危害蝎子的方式是先将蝎子的尾部咬断，然后再咬死或取食整个蝎体。对老鼠的进攻，蝎子毫无反抗能力，尾刺也失去了作用，只有通过加强人为防范，以减少损失。室内养蝎的害鼠主要是家鼠，室外养蝎的害鼠则是家鼠、田鼠和黄鼠狼等。

防治鼠害的方法很多，操作起来也不困难。一是修建蝎房、蝎场时，四壁砖缝用水泥抹好，将地面夯实，以杜绝老鼠打洞侵入蝎窝。二是一旦发现鼠害，可安放捕鼠器、电子驱鼠器防范，必要时还可在蝎房、蝎池的四周角落里布放毒饵毒杀，并定期检查和清除死鼠，但必须注意蝎子的安全。

（2）蚁害及其防治。蚂蚁是一类社会性、群集性、杂食性昆虫，因其个体小，可以无孔不入，很容易侵入蝎室、蝎窝，然后聚集起来，向蝎子发起集团进攻。蚂蚁攻击的主要对象是防卫能力较弱的幼蝎和暂时失去防御能力正在蜕皮的各龄蝎，也经常攻击处于繁殖期的雌蝎。当蚂蚁的群体数量很大时，还能够群集围攻健壮的成蝎，将其吃掉。蚂蚁侵入蝎群后，蝎子受到惊扰而四处奔逃，尽量躲避。如果未能及时避开而与之相遇，一般会发生冲突，互相争斗。当蚂蚁数量较多时，则蝎子（即使是成年雄蝎）也难敌蚁群，最终被咬死、吃掉。如果蚂蚁数量少，仅是零星几只，蝎子则能用强大的触肢将其一只只钳往口中吃掉，从而摆脱危机。

并非所有的蚁种都能攻击蝎群，一般只有小黑蚁和小白蚁最具攻击性，而某些体型较大的蚁种反而威胁较小，有时还往往成为蝎子的天然食料。

无论是何种养殖方式，蚂蚁都是蝎子的主要敌害，应重点加以防范。其具体方法如下。

一是投放蝎种前清除蚁害：在投放蝎种之前，如果养殖区内发现蚁穴、蚁窝，即可在窝穴口用敌百虫等杀虫剂处理，并将窝穴口周围夯实，还可用肉类、骨头、油、糖等食饵将蚂蚁诱惑后用火烧死。

二是防止蚂蚁侵入养区：把鸡蛋壳烧焦捣碎撒在养区隔墙外四周，或把西红柿秧蔓切碎，撒在养区隔墙外四周，都可阻拦蚂蚁侵入养区。

三是毒饵防治：将毒蚁药饵撒在养区、饲养室的隔墙外四周，即可阻挡蚂蚁，并将其毒死。毒蚁药饵的配制方法如下：萘（樟脑丸）50g，植物油50g，锯末250g混合拌匀即成。装入玻璃瓶备用，使用时将药饵粉撒成一圈药线即可。

（3）其他敌害及其防治。危害蝎子的还有其他几种天敌，但数量少，个体较大，一般不会形成群集攻击，相对容易防范。多数情况下，也不会造成大的损失，如螳螂、麻雀、蜥蜴、青蛙、蟾蜍等均可捕食整只蝎体。在采取山养法或室外池养方式时，由于蝎场开放度高，这类天敌危害较大，对其防治也比较困难，只能随时发现随时消灭。对麻雀还可设置彩色摇旗将其吓跑。在选择室外养殖场地时应考虑周围环境，以减少天敌危害的可能性。在采取室内养殖方式时，上述天敌一般难以侵入蝎群，只要用网盖等盖好蝎窝，即可杜绝这类天敌的危害。

3. 蜈蚣的敌害

建造蜈蚣房、蜈蚣室时，应选好场址，首防蚂蚁，消除蚁穴。门窗安装要严紧，为确保通风、透光、换气，窗上可设活动窗纱。蜈蚣房四周设防御沟，严防敌害入侵。

（1）蚂蚁。对蜈蚣的危害较大，要注意预防。

一是建养蜈蚣池以前，地面土层夯实，防止蚂蚁进入。检查蜈蚣池培养土无蚂蚁和蚁卵。

二是把鸡蛋壳炒焦捣碎撒在养殖区四周，可阻止蚂蚁进入养殖区内。

三是硼砂加白糖撒在养殖区四周，可毒死蚂蚁。

四是对于没有放养过种蜈蚣的蜈蚣房，可用磷化铝片封闭熏蒸，几个小时后，再开门通风。

（2）粉螨。粉螨体长不到1cm，容易寄生在蜈蚣的腹部及足上。饲养土用热开水泡，然后在阳光下曝晒，可杀灭粉螨和螨卵。

（3）铁丝虫。铁丝虫是蜈蚣体内的寄生虫。防治首先要保证饮水清洁，也可用 0.2g 驱虫净加入 5g 全脂奶粉中，然后溶于 100mL 水中，让蜈蚣吸吮。

4. 蚯蚓的敌害

危害蚯蚓的敌害较多，主要有田鼠、黄鼠狼、鼹鼠、青蛙、蟾蜍、蚂蚁、蜈蚣、蜘蛛、蚂蟥、蝼蛄、蟑螂、蛇、鸟等。对天敌进行捕杀，鸟类可在清晨用声音驱赶，蚂蚁可在养殖床四周挖沟放水或喷洒农药杀灭，但要注意农药对蚯蚓的影响；可用百虫灵喷杀蚂蚁、蟑螂、蝼蛄等。

七、减少应激反应

（一）应激反应的阶段

导致动物产生应激反应的因子是多种多样的，但引起的机体生理生化过程是基本相同的，该过程可分 3 个阶段。

1. 动员期

开始时，机体受到应激因子的作用，来不及适应而呈现神经系统抑制，血压及体温下降，肌肉紧张性下降，血糖降低，血细胞减少，血凝加快，胃肠道出血、坏死，局部组织发生变性、萎缩。但同时刺激机体产生适应反应，表现为交感神经兴奋性增高，血液中儿茶酚胺增多，血糖升高，抗利尿激素、醛固酮、糖皮质激素等均升高，嗜中性粒细胞增多，体温升高等。如果此阶段的应激反应超过有机体的适应能力，动物便死亡，如果仍然生存，就过渡进入第二阶段。

2. 抵抗适应期

机体经过动员期，产生防卫反应，肾上腺皮质肥大，血液增加，血压上升呈高血压症，产生抵抗性。如果应激因子的强度在机体耐受范围内，则产生适应能力，动物机体处于相对稳定状态，这时提高了机体对应激因子的抵抗力。

3. 衰竭期

如果应激作用持续时间很长，强度大，或又有新的应激产生超过机体的适应能力，使之抵抗力下降，即进入衰竭期，产生应激反应症，称之为"失应"。在"失应"状态下动物的体温和血压下降，肾上腺皮质变性，功能低下，抵抗力降低，严重者出现死亡。

（二）应激的防止

在动物生产的全过程，每个环节都伴随着应激，所以动物的生产过程也是防止和克服这些应激的过程。因此，防止应激必须紧密联系动物生产这一系统工程的实际，以防为主。先从追踪应激源入手，在改善环境条件、管理条件、营养条件上下功夫，尽可能减少、减轻，以至避免应激因子的影响，并将其分散开来，避免几个因子的共同作用，最大限度地防止和克服应激因子的干扰破坏，并结合药物的应用，进行综合治理，才能收到良好的效果。

1. 改善饲养环境

（1）改善小气候条件。对开放式动物舍，在高温季节要采取防暑降温措施，加强舍内通风。冬季除采取防寒保温措施外，也要适当通风换气，排除有害气体的危害。刮风及雨雪天气要关闭门窗，以防止动物受凉和动物舍潮湿引发呼吸道疾病。

（2）改善外环境条件。动物舍是动物的生活场所和栖息地，要最大限度地减少环境应激，首先要建造先进的动物舍，为动物创造良好的环境条件。动物舍的卫生和通风换气条件是环境问题的关键环节，两者相辅相成，缺一不可，同时结合调整饲养密度等措施，最大限度地减少有害气体的危害。

（3）改善内环境条件。为避免传染病的危害，首先要做好卫生消毒工作，消灭传染源，杜绝传染途径，根除病原体的入侵。同时，要搞好防疫注射，防止传染病的发生。不喂霉变及劣质饲料，不盲目用药，避免饲料及药物中毒等，以保证动物的抗应激能力。

2. 改善管理条件

根据不同情况和条件选择动物的饲养方式。通过饲养方式的改进和设备的不断更新，尽量避免不利因素的影响。为避免运输对动物的应激，应改进运输工具及设备，加强责任心，对运输动物精心照料。转群、整群、预防接种、断喙、断趾等工作最好在晚上进行，操作准确，动作要轻、要稳，不可粗暴。要尽量避免转群、整群，尤其要避免多次选择、换位和转移。转群时不要轻易改变原饲养管理条件，如必须改变，应逐渐进行。动物发病期间及接种时，不要转群和断喙。

饲喂制度及饲料不要轻易变动，如需改变，也要逐渐进行。限饲和强制换羽按要求进行，体质差的动物要挑出，限食量和时间要适当，管理要跟上。动物舍及其周围应避免大声喊叫、吵闹、放鞭炮、车辆声响等不良刺激，饲养人员的服装及颜色不要经常更换。

3. 改善营养条件

营养是动物生存的基础，要根据动物的不同品种、年龄、生长期等合理配制日粮，最大限度地满足动物的需要。动物的日粮种类不可轻易变动，调整饲料要逐渐进行；否则，会影响饲料的适口性，降低采食量。

4. 改善群居条件

为减少群居形成的动物序列的改变，不能经常进行组群，应尽量实行全进全出。

5. 药物应用

药物在动物抗应激方面的应用尚在进一步研究之中。近年来，在一些动物饲养场中使用药物取得较好效果。

（1）镇静和降压药。目前普遍应用的镇静剂为氯丙嗪和利血平，可降低对外界刺激的反应，对减弱动物惊慌并使之安静有良好效果。如为减轻转群、整群的应激，在进行前 1.5h 喂给每千克含 600mg 氯丙嗪或 12mg 利血平的饲料可减轻应激反应。应用氯丙嗪同时加入抗应激维生素（如维生素 C、维生素 D 等），可有效预防免疫接种、迁移运输造成的复杂应激反应。

（2）维生素类。应激会使碳水化合物、矿物质和维生素的代谢加强，导致过多消耗，使动物对维生素的需要量增加。为满足这一需要，维生素的需要量增加 0.5~1 倍。每千克饲料加入 100~200mg 维生素 C，对缓和各种应激、维持动物正常生产性能有良好效果，故维生素 C 又称"抗应激因子"。其他维生素，如B 族维生素等都有抗应激作用，应联合使用。对于暴力捕捉、突然强烈的声音及光线刺激引起的高度惊恐性应激，需增加多维素用量 1~2 倍方可达到减缓惊慌的效果。

（3）抗应激制剂。琥珀酸是一种效果较好的抗应激制剂，按 50mg/kg 喂 10~20d 能使处于应激状态下的动物较好地恢复正常。

八、饲料卫生

各类经济动物的饲养类型及饲料种类有一定差异，这些差异主要来源于经济动物在从野生到家养的驯化过程中所保留下来的固有本性。草食兽、肉食兽和杂食兽分别以植物性饲料、动物性饲料或混合性饲料为主，但均存在着饲料兽医卫生管理和监督问题。

（一）动物性饲料的兽医卫生检查

食肉类经济动物的动物性饲料多种多样，其中非食用的畜禽副产品、鱼类、"痘猪肉"、蚕蛹等是最常用的饲料。实践表明，这类饲料在运进饲养场前多数均未经分类、检疫和净化，如不加强兽医卫生管理与监督，必然导致各种疫病的暴发，造成巨大的经济损失。因此，动物性饲料原则上应符合下列标准和要求：饲料不得来源于传染病疫区，特别要注意对炭疽、布鲁氏菌病、土拉菌病、李氏杆菌病、钩端螺旋体病和犬瘟热等进行检查，对每批饲料都应进行全面检查，在做出兽医卫生评定后方可使用。每批饲料都应剔除有毒的、腐败的部分，并在饲喂、加工前清洗干净，除新鲜肉类和新鲜的无毒海鱼可以生喂外，其他动物性饲料都要煮熟后喂，加工后剩余的饲料应冷藏保存，并在当天或隔日用完，而食盆中的剩料应弃而不用。在诸多动物副产品中，猪的下脚料危险性最大，几乎都应熟喂。脂肪含量高的动物性饲料，应做酸度过氧化物值、醛含量等检查，以防毛皮动物发生黄脂病。

实践证明，牛、羊、猪胚胎不能生喂，以防布鲁氏菌感染。鱼的头、骨架和内脏等都可用作饲料，如无细菌学和寄生虫等检查条件，则应煮熟后喂。蚕蛹含有丰富的蛋白质，在日粮中可添加15%，可是蚕蛹在生产、运输和保存中易污染变形杆菌、绿脓杆菌、大肠杆菌和真菌等，所以必须熟喂；此外，蚕蛹尚含有蜡质，在常温下贮存易氧化分解，故需在低温下存放，而且在加热处理脱蜡后才可饲喂。乳和乳制品是蛋白质丰富的饲料，对配种期、妊娠期和哺乳期毛皮动物更适宜，但同样需要进行兽医卫生监督检验。近年来，一些饲养场常在日粮中补加进口鱼粉以替代部分动物性饲料，但很多事例证明，对鱼粉必须进行沙门氏菌、真菌和氯化钠含量等的检验。

（二）植物性饲料的兽医卫生检查

除少数经济动物外，一般在日粮中都加有植物性饲料。据报道，日粮中植物性饲料占总热量的 40%，多以禾本科、豆科植物的产品（玉米、麦子、豆类）和块根、茎、叶（胡萝卜、菜类、土豆）为主。这类植物性饲料同样需要进行兽医卫生检查和监督，剔除冰冻的、霉烂的部分，清除芒刺和杂质、异物，挑出霉变子粒，以防引起中毒和损伤。青绿饲料都要经清洗后生喂，如需煮熟时则不可焖锅，以防发生亚硝酸盐中毒。

九、饮水卫生

饮用水与饲料对经济动物特别是毛皮动物是同等重要的物质。实践证明，往往由于兽医卫生监督不善或缺乏，而导致饲养场水源污染，甚至发生中毒或疫病。水在自然界循环过程中常因自然或人为因素而污染，特别是近年来受到工业废水、生活污水、灌溉污水及有害、有毒废物等污染更为突出，其中江河、湖泊水污染严重，地下水污染较轻。

江河、湖泊水中常见的有害污染物主要是病原微生物、农药和铅、汞、砷、镉、铬等有毒元素及放射性物质，因此对饮用水必须进行检测，以确定其污染性质、污染程度和污染时间，并采取相应的净化措施和进行严格的兽医卫生管理与监督。所谓污染水净化，即采取物理的、化学的或生物的方法使有毒物质除去、有机物变成无机物、病原微生物死亡或丧失致病力、寄生虫（卵）减少或杀灭，使污染水变成卫生学上无害水的过程。

十、用具卫生

经济动物饲养用具包括饲料粉碎机具和蒸煮器具、笼箱、饲槽、水槽、料桶等，这些器具的卫生状况直接或间接与动物健康相关，故同样需要加强兽医卫生管理和监督。例如，按时进行清洗消毒，存放环境清洁干燥，铁制笼具常用火焰消毒。

十一、环境卫生

外环境对经济动物的生命和健康息息相关。所谓外环境，包括大气、土壤、建筑物等非生物因素和动物、植物、微生物等生物因素。经济动物生活在外环境中必然会受到它的影响；反之，动物也会影响着环境，由此而出现相互依存、影响和制约，以求保持一种动态平衡，促使各种因素不断更新与净化。

近年来，工业生产过程中排放的废水、废气、废渣，农业生产过程中使用的农药、化肥残留物以及畜牧业生产中的排出物、废物等严重地污染了外环境。据此，更迫切需要对包括动物小环境（房舍、笼箱、运动场等）在内的整个外环境不断更新与净化，以维持动物的正常繁育和生产。

第三节　制定科学的免疫程序

动物的免疫接种就是用人工的方法把有效的生物制剂引入动物体内，从而激发动物产生特异性抵抗力，使对某一病原微生物易感的动物转化为对该病原微生物具有抵抗力的非易感状态，避免疫病的发生和流行。简单说，动物免疫接种的目的就是提高动物对传染性疾病的抵抗力，预防疾病的发生，保护动物健康。对种用动物来说，免疫接种除了可以预防种用动物本身发病外，还可减少经胎盘传递疾病的发生，以使后代具有高度的雌源抗体水平，提高幼畜的免疫力。

动物的一生中要接种多种疫苗，由于各种传染病的易感日龄不同，且各种疫苗间又存在着相互干扰作用，每一种疫苗接种后其抗体消长规律又不同，这就要求在不同的日龄接种不同的疫苗。究竟何时接种哪种疫苗，需要在实践中不断探索，制定出适合本场情况的免疫程序。

一、免疫程序的制定

由于不同地区疫病流行情况不同，动物的健康状态不同，所以没有任何一个免疫程序可以千篇一律地适用于所有地区及不同类型的养殖场。因此，每一个养殖场都应从本场的实际情况出发，不断摸索，制定出适合本场特点的免疫程序。只有这样，才能真正有效地预防传染病的发生。制定免疫程序时至少应考虑下述几个方面的因素。

一是当地疫病的流行情况及严重程度。

二是雌源抗体的水平。

三是动物的健康状态和对生产能力的影响。

四是疫苗的种类及各种疫苗间的相互干扰作用。

五是免疫接种的方法和途径。

六是上次免疫接种至本次免疫的间隔时间。

上述各因素是互相联系、互相制约的，必须全面考虑。一般来说，首次免疫的时间应由雌源抗体的水平来确定。由于新生动物含有免疫抗体，早期机体内有一定数量的免疫抗体会干扰疫苗的免疫效果。首次免疫时间过早，由于体内雌源抗体过高中和疫苗的免疫原性，起不到免疫效果。免疫时间过晚造成体内抗体过低，会出现体内免疫抗体浓度低于最低保护浓度，形成"免疫空白期"，当有病原感染时，容易发病。首次免疫以后体内的免疫抗体会逐渐升高，然后慢慢回落。必须经过多次免疫才能维持抗体水平。再次免疫的时间必须根据疫苗在体内维持时间的长短确定。免疫过早，疫苗起不到免疫作用，反而会减少体内抗体数量，容易发病；免疫过晚，体内抗体低于最低保护有效浓度，会形成"免疫空白期"，当有病原感染时，容易发病。

二、免疫接种的途径和方法

对动物进行免疫接种常用的方法有点眼、滴鼻、刺种、羽毛囊涂擦、擦肛、皮下或肌内注射、饮水、气雾、拌料等。在生产中采用哪一种方法，应根据疫苗的种类、性质及本场的具体情况决定，既要考虑工作方便，又要考虑免疫效果。

（一）点眼、滴鼻

这通常是使疫苗通过呼吸道或眼结膜进入体内的一种接种方法，适用于新城疫Ⅱ系、Ⅲ系、Ⅳ系疫苗以及传染性支气管炎疫苗和传染性喉气管炎弱毒疫苗的接种。它可以避免疫苗病毒被雌源抗体中和，应激小，对动物影响较小，从而有比较好的免疫效果。点眼、滴鼻法是逐只进行，能保证每只动物都能得到剂量一致的免疫，免疫效果确实，抗体水平整齐。因此，一般认为点眼、滴鼻是弱毒疫苗接种的最佳方法。

进行点眼、滴鼻接种时，可把1 000头（羽）份的疫苗用50mL生理盐水稀释，充分摇匀，然后用滴管于每只动物的鼻孔或眼结膜上滴 1 滴（0.05mL），也可以把 1 000 头（羽）份的疫苗加入 100mL 生理盐水中稀释，然后于每只动物的鼻孔及眼结膜上各滴 1 滴。

（二）肌内注射

此法作用迅速，动物免疫多采用此方法，尤其是种用动物最好采用此法。灭活疫苗必须采用肌内注射法，不能口服，也不能用于点眼、滴鼻。

（三）皮下注射

将疫苗注入动物的皮下组织，如犬温热疫苗、禽类马立克氏病疫苗多采用颈背部皮下注射。皮下注射时，疫苗通过毛细血管和淋巴系统吸收，疫苗吸收缓慢而均匀，维持时间长，但灭活疫苗不易在皮下吸收。

（四）刺种

此法适用于动物痘疫苗、新城疫Ⅰ系疫苗的接种。接种时，将 1 000 头份的疫苗用 25mL 生理盐水稀释，充分摇匀，然后用接种针蘸取疫苗，刺种于动物皮肤无血管处。

（五）羽毛囊涂擦

此法可用于鸽痘疫苗的接种。接种时把 1 000 羽份的疫苗加 30mL 生理盐水稀释，在腿部内侧拔去 3~5 根羽毛后，用棉签蘸取疫苗逆向涂擦。

（六）擦肛

此法仅用于禽类传染性喉气管炎强毒型疫苗的接种。方法是把 1 000 羽份的疫苗稀释于 30mL 生理盐水中，然后把禽倒提使肛门向上，将肛门黏膜翻出，用接种刷蘸取疫苗刷肛门黏膜，至黏膜发红为止。

（七）气雾法

此法是用压缩空气通过气雾发生器，使稀释疫苗形成直径 1~10mm 的雾化粒子，均匀地浮游于空气之中，随呼吸而进入动物体内，以达到免疫的目的。气雾免疫不但省时省力，而且对于某些对呼吸道有亲嗜性的疫苗特别有效。例如，新城疫Ⅱ系、Ⅲ系、Ⅳ系弱毒疫苗以及传染性支气管炎弱毒疫苗等。但是，气雾免疫对动物的应激作用较大，尤其会加重慢性呼吸道病及导致大肠杆菌性气囊炎。所以，必要时可在气雾免疫前后在饲料中加入抗菌药物。进行气雾免疫时应注意以下几点。

一是用于气雾免疫的疫苗必须是高效的，通常采用加倍剂量。

二是稀释疫苗最好用去离子水或蒸馏水，水中可加入 0.1% 的脱脂奶粉及明胶，水中不能含任何盐类，以免雾粒喷出后迅速干燥引起盐类浓度提高，从而影响疫苗病毒的活力。

三是雾粒大小要适中，一般以喷出的雾粒中有 70% 以上直径在 1~11mm 为宜，雾粒过大，停留于空气中的时间短，也易被黏膜阻止，不能进入呼吸道；雾粒过小，则易被呼气排出。

四是喷雾时房舍应密闭，减少空气流动，还应避免阳光直射。喷毕 20min 后打开门窗。

（八）饮水法

对于大型养殖场，动物数量多，逐只免疫费时费力，对动物群影响较大且不能在短时间内达到整群免疫。因此，在生产实践中可用饮水免疫，饮水免疫目前主要用于鸡新城疫 Ⅱ 系、Ⅳ 系疫苗以及传染性支气管炎 H_{120} 和传染性支气管炎 H_{52} 疫苗、传染性法氏囊病疫苗等的免疫。饮水免疫虽然省时省力，但由于种种原因会造成动物饮入疫苗的量不均一，抗体效价参差不齐。而且许多研究者证实，饮水免疫引起的免疫反应最小，往往不能产生足够的免疫力，不能抵御强毒株的感染。为使饮水免疫达到预期效果，必须注意如下几个问题。

一是用于稀释疫苗的水必须十分洁净，不得含有重金属离子，必要时可用蒸馏水。

二是饮水器具要十分洁净，不得残留消毒剂、铁锈、有机污染物。

三是饮水器具要充足，必须保证所有禽类在短时间内饮到足够量的含疫苗的水。

四是用于饮水免疫的疫苗必须是高效价的，且剂量加倍，为保证疫苗不被重金属离子破坏，可在水中加入 0.1% 的脱脂奶粉。

五是禽群应有适当的断水时间。

（九）拌料法

澳大利亚国际农业研究中心研究开发了一种新型、简单、廉价而有效的新城疫疫苗。这种疫苗是无毒的澳大利亚 V_4 新城疫毒株的耐热变种，称为 V_{4-upm}，制备方法是将 V_{4-upm} 疫苗病毒包裹于饲料颗粒之上，1 个标准剂量的疫苗是 10g 饲料颗粒含 10^6 个 50% 禽蛋感染剂量的疫苗病毒。饲料免疫主要用于乡村鸡群新城疫的免疫接种。

三、疫苗的选择及使用

疫苗是用于预防传染病的一类生物制品，是用活的或者死的微生物本身制成的，有些也可用微生物的产物制成。由病毒或细菌制成的用于预防接种的生物制品，称为疫苗；用细菌产生的毒素制成的生物制品，称为类毒素。为了称呼上的方便，一般把预防接种用的生物制品统称为疫苗。

用于预防动物传染病的疫苗可分为 2 类：一类是活毒疫苗或弱毒疫苗，是用毒力较弱一般不会引起发病的活的病毒或细菌制成的；弱毒疫苗按生产过程不同，又分为湿苗及冻干苗 2 种。一般来说，湿苗的生产及使用简便，但不能长时间保存；而冻干苗则相反，制造过程较复杂，但保存期长。

（一）疫苗的选择

目前，从世界范围看，许多传染病已有商品化的疫苗，如犬瘟热、新城疫、马立克氏病、鸽痘、传染性喉气管炎、传染性法氏囊病、传染性支气管炎、病毒性关节炎、股骨头坏死、传染性脑脊髓炎、出血性肠炎、小鹅瘟、鸭病毒性肝炎、慢性呼吸道病、禽霍乱、传染性鼻炎、大肠杆菌病等。在生产中，选择哪种疫苗进行免疫接种，要根据动物的种类、日龄、当地疫病流行情况等多方面因素进行考虑，慎重选择。

1. 动物的种类

同一种疾病，不同种类动物其发病规律不同。另外，其病原的血清型又有不同，导致发病规律不同。

2. 日龄

日龄不同应选择不同的疫苗，在幼龄阶段一般应选择弱毒疫苗，育成阶段可选择中等毒力的疫苗。另外，不同日龄的动物，其发病规律也不一样，因此日龄不同应选择不同的疫苗。

3. 当地疫病流行情况

当地有某种疾病流行或威胁才进行该种疾病疫苗的接种，对当地没有威胁的疾病可以不接种，尤其是毒力强的活毒疫苗更不应该轻率地引入到从未有该病发生的地区进行接种。例如，未经确诊有传染性喉气管炎发生的地区进行接种传染性喉气管炎疫苗，接种后会排毒污染场地，使未经接种或来不及接种的禽只感染发病。没有发生某病的地区，不但不应引入该病的强毒疫苗进行接种，即使是弱毒疫苗，也应慎用，因为疫苗接种后，会使疾病的血清学诊断复杂化。

(二) 疫苗的使用

疫苗必须根据其性质妥善保存。死疫苗、致弱疫苗、类毒素、血清及诊断液要保存在低温、干燥、阴暗的地方，温度维持在 2~8℃，防止冻结、高温和阳光直射。弱毒疫苗最好在-15℃或更低的温度下保存，才能更好地保持其效力。各种疫苗在规定温度下，保存的期限不得超过该制品的有效保存期。疫苗在使用之前，要逐瓶检查，发现破瓶或安瓿破损、瓶塞松动、没有标签或标签不清、过期失效、制品的色泽和性状与该制品说明书不符或没有按规定的方法保存的，都不能使用。

使用疫苗时应该于临用前才由冰箱中取出，稀释后尽快使用。活毒疫苗尤其是稀释后，于高温条件下容易死亡，时间越长，死亡越多。一般来说，疫苗应于稀释后 2h 内用完，最迟 4h 内用完，当天未用完的疫苗应废弃，不能再用。稀释疫苗时必须使用合乎要求的稀释剂，除个别疫苗要用特殊的稀释剂外，一般用于点眼、滴鼻及注射的疫苗稀释剂是灭菌生理盐水或灭菌蒸馏水。用于饮水的稀释剂，最好是用蒸馏水或去离子水，也可用洁净的深井水。但不能用含消毒剂的自来水，因为自来水中的消毒剂会把疫苗病毒杀死。稀释疫苗的一切用具，包括注射器、针头及容器，使用前必须洗涤干净并经高压灭菌或煮沸消毒。不干净的和未经灭菌的用具，会把疫苗病毒或细菌杀死，或者造成疫苗的污染。

稀释疫苗时，应该用玻璃注射器把少量的稀释剂先加入疫苗瓶中，充分振摇使疫苗均匀溶解后，再加入其余的稀释剂。如果疫苗瓶太小，不能装入全量的稀释剂，需要把疫苗吸出放入另一容器时，应该用稀释剂把原疫苗瓶冲洗几次，使全部疫苗中的病毒或细菌都被洗下来。

接种时，吸取疫苗的针头要固定，注射时做到一只一针，以避免通过针头传播病原体。疫苗的用法、用量按该制品的说明书进行，使用前充分摇匀。

四、免疫接种时的注意事项

第一，免疫接种应于动物健康状态良好时进行，在发病的动物群使用疫苗时，除了那些已证明紧急预防接种有效的疫苗外，其他疫苗不应进行免疫接种。

第二，免疫接种时应注意接种器械的消毒，注射器、针头、滴管等在使用前应进行彻底清洗和消毒。接种工作结束后，应把接触过活毒疫苗的器具及剩余的疫苗浸入消毒液中以防散毒。

第三，接种弱毒活疫苗前后各 5d，动物应停止使用对疫苗敏感的药物，接种弱毒疫苗前后各 5d，应避免用消毒剂饮水。

第四，同时接种一种以上的弱毒疫苗时，应注意疫苗间的相互干扰，若有干扰，轻者疫苗功效降低，重者导致免疫失败。

第五，做好免疫接种的详细记录，记录内容至少应包括接种日期，动物的品种、日龄、数量，所用疫苗的名称、厂家、生产批号、有效期、使用方法，操作人员等，以备日后查询。

第六，为降低接种疫苗时对动物的应激反应，可在接种前一天用 0.0025% 的维生素 C 拌料或饮水。

第七，疫苗接种后应注意动物的反应，有的疫苗接种后会引起相应疾病的症状，应及时进行对症处理。

五、免疫接种引起的反应

（一）免疫反应的主要表现

局部反应，主要表现接种部位炎症，如红、肿、热、痛，有的引起局部化脓；全身反应，表现食欲减退、体温升高、蛋禽产蛋量下降、奶畜产奶量降低，严重者有不同程度的呼吸困难、流产、休克，甚至死亡。

（二）导致免疫反应的原因分析

免疫反应是随着动物种的进化而复杂化、精密化、完善化的，不同品种和品系的动物免疫反应有很大差异，因此在免疫学研究中选择动物时要特别注意动物遗传因素的影响，还要注意动物的年龄、感染、营养、药物、雌源、应激、免疫抑制剂等因素对动物免疫反应的影响。

1. 动物的遗传因素

研究表明，小鼠、豚鼠、家兔等动物对特异性抗原的免疫反应受遗传控制。动物体内免疫反应的基因决定着动物对各种疾病的易感性，决定着自身免疫病和体液免疫反应。这种免疫反应的基因紧密连接在这些动物体内的主要组织相容系统上。由于遗传因素的影响，不同品系动物的免疫反应是有明显差异的。此外，不同种类的动物免疫反应也有差异，如研究第Ⅳ型变态反应（Arthus 反应），家兔是一种好的实验动物，而豚鼠和大鼠不能采用，豚鼠通常产生少量的 IgM。

脊椎动物免疫系统的发生与种系化密切有关，原始脊椎动物的淋巴器官发育还不完善，如圆口类动物沿其消化道有散在的淋巴结和淋巴细胞，并出现了胸腺，随着进化有了原始的肾脏，在鱼类还出现了肝脏。这些器官和组织开始时也多分布在消化道附近，这是由于原始脊椎动物（圆口类）及鱼类摄食时吸进大量水，并通过鳃孔将水排出，因此咽头部最先遭受病原微生物的侵袭，为此在消化道附近产生了相应的防御体系。而到了高等脊椎动物，由于种系的进化，这些器官的分布就多样化了。但从高等动物胸腺个体发生来看，它也是从第三、第四咽囊腹侧上皮演化发育而来，说明这跟种系发生有关。各种动物进化的程度不同，因此具有不同的免疫反应和免疫特点。

2. 动物的年龄因素

一般来说，动物的免疫功能在青年期达到高峰，以后随着年龄增大而逐渐减弱，主要表现有血清中免疫蛋白含量低，细胞免疫功能下降，恶性肿瘤和自身免疫性疾病发病率增高等。据研究，小鼠、大鼠和豚鼠随年龄增加免疫反应的活性也减弱，老龄鼠产生 IgG 和 IgM 的能力仅为年青成年鼠的 10% 左右，细胞免疫同样也减弱。因此，老龄鼠对诱发肿瘤极敏感。

实验证明，给胚胎期或新生期的动物注射异基因型细胞时很容易造成对该细胞的免疫无反应性，而对成年动物注射异基因型细胞时通常可引起免疫反应。据此认为，这种免疫耐受性与免疫系统（包括中枢淋巴样器官如骨髓、胸腺和外周淋巴样器官如脾脏、淋巴结、肠管相关淋巴样组织及循环的淋巴样细胞）的发育未臻成熟有关。

通常认为动物越是趋于老年，免疫反应的自隐机制被破坏的机会就越多，因而发生自身免疫疾病的机会也越多。这种自隐对动物的正常生命活动乃至生存具有重要意义。在正常情况下，健康机体对自己的细胞、非细胞成分如蛋白质、多糖等是不发生"明显的"免疫反应的，而对非自己的抗原则发生免疫反应，机体通过免疫系统能识别"自己"和"非自己"，这种自我识别能力称之为自稳机制。

3. 动物的雌源因素

各种哺乳类动物的胎儿和初生仔畜免疫的获得不同。在初乳中主要为 IgA，初生动物血清中的雌源抗体大部分为 IgG，对仔畜预防病毒和细菌感染起着一定的保护性免疫作用。大部分 IgA 对黏膜表面起着局部保护作用，而 IgG 起着总的保护作用。但是雌源抗体还有有害作用，它能诱发新生动物溶血病（如驹）和抑制出生动物的主动免疫。

雌性动物将雌源抗体转移给胎儿或仔畜的途径和特异性不同，这与动物胎盘的结构和类型有关。一般来说，有 3 种主要的转移途径，随动物种类不同，有的经绒毛膜尿囊胎盘转移；有的经卵黄囊上皮和卵黄循环转移；还有的是初乳经肠道吸收。前两者被认为是胎儿期获得抗体的途径，后者为出生后转移抗体的途径。

免疫球蛋白的转送是有选择性的，有些种类的抗体易转移，同种（系）抗体转移比异种抗体快。胎盘对各种雌源抗体也有选择性，如灵长目中 IgG 易通过胎盘屏障，IgM、IgA 和 IgE 则不能。家兔的 IgG 和 IgM 易通过胎盘到达胎儿。关于雌源抗体选择性的转移机制还不清楚，一般认为，这种选择性的转移是由于组织能选择性地识别抗体的 F 端造成的。

4. 动物的感染因素

病毒、细菌、真菌或寄生虫的感染都能多方面地改变动物机体的生理功能，这种改变无疑影响到动物的免疫系统。动物感染可引起继发性营养不良，从而影响免疫反应。一般实验动物常发生病毒的隐性感染，在抗体产生的方式、免疫球蛋白的数量、免疫耐受性的产生、植皮排斥、植皮对宿主的反应、迟发型变态反应、淋巴细胞转化和吞噬作用等几个方面影响免疫功能。

动物病毒感染引起的免疫抑制表现为干扰正常免疫系统的功能，改变抗原的吸收和处理，破坏抗体形成细胞和浆细胞（如白血病病毒）。病毒感染后也可引起免疫增强的表现，如乳酸脱氢酶病毒（LDH）、委内瑞拉马脑脊髓炎病毒（VEE）等，能增加产生抗体细胞数量。感染病毒的细胞能产生微量核苷酸，起着佐剂的作用；病毒还能促进免疫细胞对抗原的处理。

动物感染呼吸道病毒、腺病毒、流行性脊髓灰质炎病毒、痘苗病毒、仙台病毒、新城疫病毒、单纯疱疹病毒等病毒时，能够抑制淋巴细胞的转化，导致肝炎、肢骨发育不全、淋巴细胞性脉络丛脑膜炎（LCM）。乳酸脱氢酶病毒能抑制网状内皮系统的功能。而 Friend 白血病病毒、Moloney 白血病病毒和委内瑞拉马脑脊髓炎病毒能增强吞噬细胞的吞噬作用。

六、免疫失败的原因

对动物按免疫程序进行免疫注射是预防动物传染病的关键。成功的免疫取决于有效的生物制品、规范的操作技术、健康的畜禽及免疫后的饲养管理等多方面因素。近几年来，随着畜牧业生产的快速发展，由于各方面原因的存在，动物疫情又有上升趋势，究其原因，主要是易感动物没有获得坚强的免疫力，抗体没有达到应有的水平，抗御病原体的侵袭能力大大降低。免疫失败的原因概括起来主要有以下几点。

（一）宿主方面的因素

1. 个体差异

机体的免疫应答主要受遗传因素影响。在一个畜禽群体中，不同遗传背景的动物对同一抗原产生的免疫应答有明显差异。究其原因是因为调控特异性免疫应答的基因即主要组织相容性复合物（MHC）不同，即不同宿主带有不同的主要组织相容性复合物等位基因。主要组织相容性复合物基因编码主要组织相容性复合物分子，参与抗原递呈，主要组织相容性复合物-Ⅰ类分子递呈内源性抗原，主要组织相容性复合物-Ⅱ类分子递呈外源性抗原，主要组织相容性复合物分子递呈的抗原肽可激活不同的细胞克隆，由于 T 细胞的激活很关键，因此不同免疫应答水平参差不齐。一般情况下，大多数畜禽对免疫原性好的疫苗可产生免疫反应，有一小部分则反应很差，如果这个比例过高，往往不能获得抗感染的足够保护力，对于高度传染性疾病，即使未免疫动物占少数，一旦遇到病原感染，仍可能引起疾病的传播和防疫计划的失败。

2. 免疫力低下

免疫力是机体对抗原做出应答的能力，它直接影响疫苗的免疫效力。免疫应答是在中枢神经的调节下由免疫器官所产生的，只有发育成熟的免疫器官和健康状态下才能产生良好的免疫应答。对免疫器官发育不全或不健康的动物，不宜免疫接种；否则，会达不到预期免疫效果。许多先天性或后天性因素都会影响机体免疫力。先天免疫系统缺陷包括脾、法氏囊、胸腺发育不全，缺乏 T 淋巴细胞、B 淋巴细胞和巨噬细胞。后天因素主要与营养和疾病有关，营养不良特别是缺乏蛋白质会降低机体的免疫应答水平。

3. 雌源抗体

近年来，由于种用动物广泛使用各种疫苗，使幼龄动物的雌源抗体水平显著提高，高水平雌源抗体可以保护其后代免受感染。雌源抗体有一个消长过程，如在雌源抗体处于高水平期间进行接种，雌源抗体会中和疫苗成分并抑制其在动物体内的增殖，从而无法获得预期的免疫效果，甚至导致免疫失败。

4. 免疫抑制

有些疾病如传染性法氏囊病或马立克氏病等会损害免疫系统，导致免疫抑制。机体受到免疫抑制性病原的感染，会使机体的免疫系统受到不同程度的侵害，从而抑制了对疫苗的免疫应答能力，使疫苗保护力下降。先天发育不良、营养不良等引起抵抗力下降，在免疫接种后都有可能引起严重反应或导致免疫失效。处于患病状态或潜伏期时接种，会加重病情，引起死亡，甚至引发流行。在疫区进行紧急预防接种，有一部分动物在接种时已处于潜伏期或在免疫隐性期感染强毒，在接种后往往会诱发病情，造成死亡。

5. 应激反应

恶劣的环境如圈舍酷热、寒冷、拥挤、潮湿、不通风、气候骤变，机体会处于应激状态，导致免疫力降低，造成疫苗免疫效力下降。饥渴、转群、突然更换饲料等不良因素的刺激也会引起应激反应，也能降低机体的免疫反应。

6. 饲料中毒

饲料中的真菌毒素：高温高湿条件下，谷类食物中常生长真菌并释放真菌毒素。黄曲霉毒素和赭曲霉毒素具有淋巴细胞毒，即使数量很少也可引起淋巴细胞毒性并抑制体液免疫和细胞免疫。

饲料中农药残留：农作物喷洒农药后，农药可能会残留在谷物上，残留农药将会产生淋巴细胞毒性而降低免疫力，导致疫苗免疫失败和传染病的暴发。

重金属污染：汞、铜、镉、铅等重金属污染饲料后会影响机体的免疫力。重金属污染来源于工业排放物、废水、化肥、杀虫剂、除草剂或灭鼠药，被汽车尾气和油漆涂料污染的空气和水，通过饲料进入体内，导致免疫器官功能障碍，产生免疫抑制。最近的研究表明，镉、铅和汞对淋巴细胞具有毒性。

（二）疫苗本身的因素

1. 病原特殊性

对于有些传染病，以目前的知识和技术水平尚无法研制出有效的疫苗，如疯牛病，即便推出应急性疫苗，其保护水平也相当有限。有的疾病因其病原的特殊性，即便在实验室疫苗保护水平也只能达到 60%~70%，出现免疫失败是可以理解的，不能寄予过高期望。有些病原保护性免疫主要依赖于体液免疫，有的病原主要以细胞免疫为主，因此疫苗的设计应当具有针对性。

2. 血清型

有的病原微生物有多种血清型和亚型，有些能提供交叉保护，有些则不能产生交叉免疫，故选用疫苗毒株的血清型应与本地区和本场流行毒株的血清型相一致，否则免疫后达不到理想的免疫效果。

近年来，有些病毒因变异出现了所谓的"超强毒株"，如马立克氏病超强毒、传染性法氏囊病超强毒，动物接种基于普通毒株制作的疫苗是不能抵抗这些超强毒株的攻击的。

3. 疫苗质量

目前生物制品生产厂家众多，设备水平不一，产品品种繁多。从产品分类看，有国家定点的生物制品厂的产品，有科研、教学单位生产的产品，有省、市、县级畜牧兽医制剂室生产的产品等。有的是国家主管部门正式批准生产的产品，有的产品是省、市、区主管部门批准生产的产品，有的是中试产品。还有的产品根本没有试验数据，销售人员满天飞，以低廉的价格推销到县、市、区畜牧部门，深入到乡、镇、村乃至养殖户。有的生物制品是饲料经销商在销售饲料时搭送给养殖户的，但这些生物制品是在什么条件下运输的、在什么条件下保管的，养殖户并不清楚，因贪便宜、图方便就拿来使用。还有同一厂家生产的同一产品不同批号的产品所引起的免疫反应不一样，说明产品质量并不稳定。

4. 疫苗相互干扰

有些病原的复制会影响其他病原的增殖。不同疫苗同时或以相同的途径接种，疫苗在体内会相互干扰，影响彼此复制和免疫应答，结果导致免疫失败。

5. 佐剂的应用

佐剂虽不能改变抗原的免疫原性，但可以提高机体的应答水平，降低抗原用量，增强机体对抗原的免疫应答，适用于抗原量偏少而又需要多次接种的情形。不适当的佐剂起不到应有的作用，甚至会起到相反的作用。有资料报道，黄芪多糖对新城疫免疫有增强作用，驱虫药左旋咪唑等也有增强作用，接种时辅助药物治疗可起到增强免疫作用。

6. 运输和保存

不同的疫苗株和剂型，其保存温度和有效期有区别，最好按说明书在指定的温度下运输和保存，稀释液和疫苗也要根据说明书分开或混合储存。弱毒疫苗对温度变化非常敏感，因此在运输和贮藏过程中一定要在0℃以下冷藏保存，保持温度的稳定，尽量避免温度忽高忽低，切忌反复冻融，否则，会引起活力或效价降低。油乳剂灭活疫苗不能冷冻，不可置于0℃以下保存。

运输过程中疫苗必须使用冷藏设备，大量疫苗的长途运输应配备专用的冷藏车，无条件的应使用冷藏箱并放置足量冰块，保持低温状态，避免在日光直接照射下运输。

疫苗有一定的保存期限，超过有效期的疫苗毒价降低，不能产生足够的免疫水平。包装破损，丧失真空度，瓶盖松弛、疫苗变色的疫苗质量无法保证，不得使用。

（三）免疫程序的因素

根据以往的疫情和当地的流行病学特点，结合疫苗的类型和动物的免疫状况来制订合理的免疫程序。

1. 疫苗稀释

疫苗稀释是一个容易忽视的因素。未经消毒或被污染的稀释液会影响疫苗质量，稀释疫苗必须使用专用稀释液，不能用水或其他溶液代替。稀释用水的水质不良或含有化学消毒物质，可能会降低疫苗的效价和抗原性，造成免疫失败。疫苗稀释液选择错误、稀释浓度不当、稀释后放置时间太长也是导致免疫失败的常见原因之一。在细菌性活疫苗免疫的同时，如使用抗菌药物或在饲料中添加抗菌添加剂，则会杀灭细菌，影响免疫效果。据报道，一些药物如地塞米松、庆大霉素、金霉素等对免疫具有抑制作用。

2. 接种途径

每种疫苗都有其特定的接种途径，免疫接种途径一般模拟疾病病原体的性质及入侵途径。不同的免疫途径激发的免疫应答类型不同，如滴鼻或点眼可诱导局部黏膜免疫。接种途径不当可能不能产生适当的免疫力。

3. 接种剂量

最好按厂家的推荐剂量进行接种。疫苗接种量低于常规剂量将达不到所需要的免疫水平。滴鼻或点眼免疫时的速度过快，未吸入足量疫苗；气雾免疫时雾滴太大、下沉太快以及密封不严，导致疫苗未被吸入；饮水免疫时疫苗的浓度配制不当，疫苗的稀释和分布不均，免疫前未停水而造成一时饮不完，用水量和水槽过少致使有些动物未饮到足够的水，都有可能使免疫剂量不足，影响疫苗的效果。但也不能片面追求免疫剂量，剂量过大可引起免疫无反应或免疫麻痹，过量的疫苗基质还可能引起过敏反应。

4. 接种时机

不同疫苗产生的免疫期和免疫持续期不同，如果不严格按免疫程序接种，将影响免疫力的产生。例如，鸡出生后 3~4d 接种新城疫灭活疫苗，6~8 周龄接种冻干疫苗，16 周龄再加强免疫 1 次。间隔一段时间接种多次比一次性注射效果好，因为有些疫苗一次接种不能获得终身免疫力，需要多次免疫，加强免疫可激活不同的细胞克隆，特别是免疫记忆细胞。同时，要考虑上一次免疫接种产生的抗体的半衰期，过早接种可能被抗体中和，接种过迟则会错过激发二次免疫应答的最佳时机。对疫区或尚未暴露疫情的畜禽免疫接种，常有一部分动物在接种时已感染病原，处于潜伏期，此时接种可能促发疾病，在免疫接种后至机体产生足够抵抗力之前的免疫空白期内感染病。

5. 免疫注射技术

（1）没有认真对生物制品进行检查。对生物制品的外包装、标签、批准文号、生产批号、出厂日期、是否有破损等没有进行认真检查，没有详细阅读生物制品使用说明书。

（2）免疫注射前不按要求进行健康检查。不了解动物的免疫史及病史等，被注射的动物由于本身处于病态或瘦弱、待产、吮乳期等，致使发生不良反应。因此，做好对易感动物免疫前的健康检查，也是保证有效免疫的关键环节之一。

（3）注射器械及注射局部消毒不严。在动物防疫工作实践中，有许多防疫人员不能很好地按照规范操作，对防疫器械、注射部位极少进行消毒，更不规范的是某些防疫人员一支注射器不做认真处理就用于多种生物制品的注射。有的不是一畜一针头，而是一个针头用于多只动物，而且剩余的生物制品随手乱扔。

（4）注射后不进行认真观察，也不做任何记录。生物制品注射对动物是一种应激性刺激，根据机体个体状况，可能出现应激反应，如果加强观察，及时应用肾上腺素等药物急救治疗，完全可以减少损失。由于注射后不观察，待畜主发现动物发生反应找到防疫员时，已丧失了宝贵的救治时间。近年开展的大面积口蹄疫预防注射，有的地方注射疫苗后反应死亡很多，有的县、市则很少，这与注射后不认真记录、观察有很大关系。另外，不做记录常造成漏注或重复注射，并对以后的补防补注造成困难。

（5）免疫注射剂量不准。在免疫过程中，有的防疫人员随意加大注射剂量，有的怕产生疫苗反应而随意减少剂量，如注射口蹄疫生物制品，许多防疫人员就没有根据动物的大小和说明书要求注射相应的剂量。有的防疫人员自以为技术熟练，没有将生物制品注射到说明书要求的部位，而是采取"飞针"的方法，在很大程度上影响了注射剂量和注射的准确性。

第四节　药物预防

对于细菌性传染病、寄生虫性疾病，除加强消毒、用疫苗免疫预防外，还应注重平时的药物预防。在一定条件下采用药物预防和治疗是预防和控制动物疫病的有效措施之一。

一、药物的选择

用于治疗动物疾病的药物有很多，一种疾病有多种药物可供选择，在实际工作中究竟采用哪一种最为恰当，可根据以下几个方面进行考虑。

（一）敏感性好

药物对治疗动物疾病发挥着巨大的作用，但又常常导致耐药菌株的产生，使药物对治疗动物疾病无效。所以，在选择药物时首先应通过药敏试验，选择敏感性好的药物，以减少无效药物的使用。

（二）副作用小

有的药物疗效虽好，但毒副作用严重，选择时应予以放弃，而选择疗效好、毒副作用小的药物，如产蛋鸡发生慢性呼吸道病后，可选用环丙沙星及北里霉素，而不要选用红霉素和链霉素。因为前两者对产蛋影响较小，而后两者对产蛋影响较大。

（三）残留少

药物的应用会在动物的体内残留，人若长期食用这类肉制品或禽蛋，会对人体产生各种各样的危害，这些危害包括产生过敏反应，导致耐药菌株的产生和引起菌群失调。所以在选择药物时，应选择药效高、残留少的药物。例如，预防和治疗禽类球虫病可选用残留少的马杜拉霉素，而少用或禁用残留高的克球粉。

（四）经济易得

集约化饲养时动物的数量较多，发病后用药量大，所以必须精打细算，尽量选择那些疗效确实又价廉易得的药物，以减少药费开支，增加总体效益。

二、动物用药的注意事项

（一）药物浓度要计算准确

混于饲料或溶于饮水的药物浓度常以 g/t 表示，即每吨饲料中所含药物的克数。饮水时，若药物为液体，则以体积/体积计算。在将药物加入饲料或饮水之前，应根据药物的规定使用浓度，根据饲料量或饮水量，计算出所使用药物的准确量。然后加入饲料或饮水中搅拌均匀，切不可随意加大剂量。

（二）首次应用的药物应先进行小群试验

养殖场以前从未使用过的药物，首次应用时应先进行小群试验，证明确实有效、安全、无害后，再大群应用。以免浪费药物，或导致动物药物中毒，造成不可挽回的经济损失。

（三）先确诊后用药，切忌滥用药

根据疾病的性质，选用敏感的药物，不应盲目使用抗菌药物。抗菌药物主要用于预防和治疗细菌性和一些原虫所引起的疾病。某种抗菌药物只能对某些致病菌起作用，使用时应作为首选药物使用，而不可将抗菌药物视为万能，盲目滥用。滥用抗菌药物的危害极大，除增加成本外，还会增加耐药菌株，给治疗带来困难。另外，滥用抗菌药物还会破坏动物体内正常的菌群平衡，敏感菌株被抑制，耐药菌株大量繁殖，导致严重的二重感染，在临上出现长期腹泻，久治不愈，生长发育受阻。

（四）注意合理配伍用药

动物发生疾病后要正确诊断，合理用药，能用一种药就不用多种。如果是急性传染病并且是混合感染或继发感染时，应合理地联合选用 2 种，最多不超过 3 种抗菌药物，这些药物的作用应该是相互协调或相互增强，而不应该产生拮抗作用或发生毒性反应。

（五）切忌使用过期变质的药物

药品贮藏过久会变质，过期的药品用于预防和治疗疾病是无效的。有些药品过期失效后毒性增加，轻者引起不良反应，严重者会引起动物中毒死亡。所以药物在应用以前应看清有效期，过期的药物不能应用。

（六）用药时间不可过长

用药物预防和治疗动物疾病时，应按疗程用药，一般性药物 5~7d，毒性较大的药物 3~4d，如需继续用药，须间隔 1~2d 再用，切不可长时间用药，以防药物在体内积累而引起蓄积中毒。

（七）交替用药

多数病原微生物和原虫易形成耐药性，所以用药时间不可过长，且应与其他药物交替使用，以防病原产生耐药性。

第四章　特种经济动物疾病

第一节　鹿常见疾病

一、鹿（麝）口蹄疫

鹿（麝）口蹄疫是由口蹄疫病毒引起的一种急性、热性、高度接触性传染病，人也可以被传染。本病的临床特征为高热、肌肉震颤、流涎和口腔黏膜、舌、唇的表面及蹄部最初形成水疱，随后发生溃烂。自 20 世纪 60 年代以来，国内外已陆续报道本病，本病一旦发生，常给养殖场带来巨大损失，是鹿、麝养殖业中的一个重大疾病。

【病原】

口蹄疫病毒又称口疱病毒，属小 RNA 病毒科、口蹄疫病毒属。病毒颗粒呈圆形，聚丙酰胺凝胶电泳可将病料中的病毒分出大小不同的 4 种颗粒：第一种最大，颗粒直径为（23±2）nm，为完全病毒；第二种颗粒直径 21nm，为不含核糖核酸的空壳体，只有抗原性和血清学反应，具有型特异性而无致病性；第三种颗粒直径为 7~8nm，是不含核糖核酸的衣壳裂解后形成的壳粒，无致病性，但有抗原性和血清学反应；第四种颗粒是病毒感染伴随抗原（VIA）。各型病毒的感染伴随抗原相同，只要在动物体内检测出对感染伴随的特异抗体，即可确认曾感染了口蹄疫病毒，故可定为本病的一种监测手段。

口蹄疫病毒具有多型性和变异性的特点，因而有多种血清型。目前已知全世界有 7 个主型，即 A 型、O 型、C 型、南非 1 型、南非 2 型、南非 3 型（SAT-1、SAT-2、SAT-3）和亚洲 I 型（Asia-D），这 7 个主型至少已分出 65 个亚型。各型之间抗原性不同，彼此不能相互免疫，虽然病毒型可用交叉保护试验、中和试验和补体结合试验等方法进行鉴定，但各型的临床症状无差别。由于本病毒的易变性，新的亚型不断出现，诸如病毒突变、病毒重组或异型病毒入侵等，往往会出现口蹄疫流行后又有口蹄疫发生的现象。

本病毒可在胎牛肾、胎猪肾原代细胞及传代细胞上繁殖，也能在胎牛甲状腺细胞上生长，形成细胞病变和蚀斑。近年来广泛利用 BHK_{21} 和 $IBRS_2$ 传代细胞增殖病毒生产疫苗。口蹄疫病毒对外界抵抗力很强，耐干燥，在粪便中可存活 29~33d，可越冬，在 50% 甘油盐水中可保存 1 年以上。对高温、日光和酸碱敏感。因此，肉类在一定的温度下放置可以杀死肉内的病毒。

【流行病学】

本病多种动物均能感染，但以偶蹄动物最易感。野生动物中鹿、麝口蹄疫曾有广泛流行，仔鹿和仔麝尤为敏感。患病和带毒动物是本病的主要传染源，特别是发病初期最危险，因为在症状出现初期排毒量最多、毒力最强。病毒主要随水疱皮、水疱液、唾液、乳汁、粪便、尿液、精液和阴道分泌物排出，从而污染环境。污染的空气、饲草、水源、垫料、皮毛产品等均可传播疾病，病毒也可由活的媒介物（鸟类、鼠类、昆虫等）迅速地远距离扩散。

鹿、麝口蹄疫一年四季均可发生，但多流行于春、夏雨季，由于此时鹿体况下降，抗病力降低，容易感染，且多呈恶性型，病死率极高，仔幼兽在感染后几乎都经 10~12d 死亡。感染多数始于咽喉部，感染初期在咽部增殖排毒，从而成为疫源。

【临床症状】

鹿、麝感染后经 2~8d 潜伏期突然发病。初期体温升高至 40.5℃ 以上，精神沉郁，肌肉震颤，食欲废绝，流涎，反刍停止。1~2d 后，在舌背、齿龈、嘴唇、口黏膜和鼻镜出现大小不同的水疱，水疱通常在 24h 内破溃，水疱液中含有大量病毒。随后出现水疱上皮脱落，大量流涎，线状黏稠的唾液悬挂于嘴边。水疱破溃后呈边缘整齐的红色糜烂面。舌背面坏死面可达 2/3，有的全舌都有坏死灶。

舌和颌部的坏死灶可进一步导致齿脱落和骨坏疽。与此同时，蹄部也发生水疱，常见于蹄的趾间和蹄冠，水疱破溃出现糜烂甚至蹄匣脱落，表现剧烈疼痛与跛行。病在春末流行时，可见到雌鹿（麝）大量流产和胎衣滞留，多伴发子宫炎与子宫内膜炎。有的还发生皮下、腕关节和跗关节蜂窝织炎症，四肢肿胀，沿血管和淋巴管径路的皮肤发生瘘管与化脓性坏死性溃疡。或并发产后瘫痪、褥疮，最后转归多死亡。

【病理变化】

其病变特点为除口腔黏膜、蹄部和皮肤的变化外，可见心肌纤维变性、坏死，如同虎斑样而被称为虎斑心。肝和肾也有颗粒变性，瘤胃有无数小溃疡灶，在网胃蜂窝间见有细小的黄褐色痂块，肠黏膜有溃疡灶。在有并发症的病例可见脓性或纤维素性肺炎、化脓性胸膜炎或心包炎等病变。

典型水疱组织学变化称为"水疱变性"，由上皮棘状层感染细胞肿胀开始，感染细胞形成空泡、分离和坏死而成小水疱，最终融合成肉眼可见病变。

【诊断】

本病主要根据流行病学特点，口、唇、舌及皮肤和蹄的变化等临床特征等做出初步诊断。必要时利用病料悬液接种动物、病毒中和试验与补体结合试验等实验室方法可以进行确诊。

为了确定当地流行的口蹄疫病毒型，可无菌采取病鹿舌面或蹄部水疱皮或水疱液，置于50%甘油盐水中保存检查，也可采取恢复期血清检查。常用的检查方法有补体结合试验以鉴定病毒型，采取血清做中和试验或琼脂扩散试验，也可利用放射免疫分析、免疫荧光试验或间接血凝试验以鉴定病毒亚型。

在类症鉴别上，主要与水疱性口炎相区别，水疱性口炎除感染牛、猪、鹿外，还可感染马和骡，流行面小，发病率低，极少发生死亡。

【治疗】

本病治疗可静脉注射鲁格氏液（又称复方碘溶液，碘5g、碘化钾10g，加蒸馏水100mL），成鹿50mL，仔鹿20～30mL；也可给病鹿皮下注射10%杨树叶酒精浸剂15～20mL，每日1次，连用3d，幼鹿酌减，有一定效果。

口腔、唇和舌面溃疡可用0.1%高锰酸钾溶液冲洗，并涂以1%～2%明矾或碘甘油，也可撒布冰硼散。皮肤和蹄部可用 3%~5% 克辽林或来苏儿溶液洗涤，擦干后涂以松馏油或鱼石脂软膏，最好包扎绷带或穿上蹄鞋。

为防止并发症，可用青霉素 80 万 IU 肌内注射，每日 2 次，以控制感染。同时使用 10% 氯化钙或葡萄糖酸钙等制剂静脉注射，成鹿 50~100mL，仔鹿 20~30mL，每日 1 次。可用康复鹿血液治疗以防止蔓延，选择病愈 40~50d 的鹿采血，每 100mL 加入 10% 枸橼酸钠溶液 10mL，同时加入青霉素 50 万 IU，每头鹿皮下注射 10~20mL，每日 1 次，连续 2~3d。

【预防】

平时对引进的种鹿（麝）、鹿（麝）产品和饲料等要严格检疫，以杜绝传染源。

对可疑发病鹿（麝）场，除及时进行诊断外应上报疫情，同时实施封锁、隔离病鹿（麝）、紧急消毒等防疫措施。对假定健康鹿（麝）可用口蹄疫多价灭活疫苗作紧急接种，以增加特异性抵抗力，4~12 月龄鹿（麝）0.5mL（4 月龄以下的鹿、麝不注射），12 月龄以上的鹿（麝）1mL，肌内注射或皮下注射，免疫期 4~6 个月。通常在最后 1 头病鹿（麝）死亡、扑杀或痊愈后，鹿（麝）群仍需限制自由活动 3 个月。另外，本病为人兽共患病，要注意个人的防护。

二、鹿流行性出血热

流行性出血热是一种以广泛性出血病变为特征的野生反刍动物急性致死性传染病。本病于 1955 年在美国首次报道，曾给白尾鹿养殖造成巨大危害。此后相继在加拿大、尼日利亚等国流行。在我国尚未发现。

【病原】

本病病原为鹿流行性出血热病毒，属于呼肠孤病毒科，环状病毒属，有 7 个血清型。病毒颗粒呈圆形或六角形，直径 59~62nm，双股 RNA。病毒在 -70℃ 条件下可保存 30 个月，-20℃ 条件下保存 24 个月后仍可引起鹿的典型发病，56℃ 作用 4~5h 可灭活。病毒可在鹿胎和胎肾细胞中繁殖，也可在 HeLa 细胞 BHK$_{21}$ 和 Vero 细胞上增殖，并形成细胞病变。病毒大脑内接种乳小鼠可使之 100% 发病死亡，经连续传代 4 代以上后对鹿的致病力明显降低，呈隐性感染状态。

【流行病学】

野生反刍动物中白尾鹿最易感，静脉或肌内接种感染后可在5～6d内发病死亡。黑尾鹿、驼鹿、麋、麂和羚羊人工感染并不发病，但可出现短暂的低滴度的病毒血症，血清抗体转阳。其他反刍兽和家畜、野兽不感染，实验动物中仅乳小鼠脑内感染后发病致死。

本病不能直接接触传染，而是以库蠓为媒介传播的，库蠓叮咬病鹿后将血液内的病毒间接传递给健康鹿。实验证明，给库蠓接种病毒或饲喂含毒血液，病毒可在其体内大量增殖，将带毒库蠓放养于鹿群中，可成功地导致鹿流行性出血热的流行，并可自库蠓再次分离到病毒。本病多发生于晚夏及早秋，常流行于潮湿、低洼地区。

【临床症状】

自然感染潜伏期6～8d，人工感染为5～10d，在白尾鹿，以突然发病为特征。病初体温升高至41℃，逐渐失去食欲和对外界的反应，还可能发生头和颈部水肿，病鹿逐渐转为脱水和进行性虚弱，呼吸和心跳增加，并常出现过度流涎。眼和口腔黏膜充血呈蔷薇色或蓝色。在迁延病例，能发生齿龈、上腭和舌的溃疡，伴有严重坏死性舌炎，出现带血粪便和尿液。在重症病例，发生出血性下痢。病鹿表现畏光及对阳光过敏。为了降低体温，病鹿常处于水中或靠近水边。在出现明显症状后8～36h内，感染鹿的死亡率达90%左右。

虽然本病在白尾鹿中能引起死亡，但据报道，黑尾鹿、赤鹿、麝和黄麂除发热反应之外，仍然无其他明显临床症状。

【病理变化】

剖检和镜检变化以广泛性出血病变为特征。虽然出血的大小和程度有所不同，但能发生于肠管、心、肝、脾、肾、肺等任何器官，而最常被侵害者为肠管。出血也可发生于横纹肌，特别是舌肌。肝、脾和淋巴结可能出现肿大和充血。水肿通常遍布整个身躯。可见到唇、舌和颊表皮部分的糜烂，随之可能出现肠炎和阑尾炎。白尾鹿、黑尾鹿、叉角羚羊和巨角野羊都曾报道有不同程度的上述病变。

【诊断】

根据临床症状和病理变化可做出初步诊断，确诊需进行病毒分离和血清学诊断。

采取濒死期扑杀或刚死病鹿的脾脏做成10%的乳剂，接种健康白尾鹿，可在5~6d内发生典型的流行性出血热症状和死亡。也可将上述乳剂离心沉淀处理，并根据需要加入适量抗生素后接种于组织培养的鹿胎细胞，以分离病毒。流行性出血热病毒在这种组织培养细胞上产生明显的细胞病变。也可在病鹿发热期采取血液进行病毒分离。如将含毒血液先分离血细胞，然后取血细胞冻融溶血，再接种细胞作细胞培养，则可提高病毒分离率。

在分离获得病毒以后，即可应用标准阳性血清或荧光抗体法进行鉴定。荧光抗体技术和补体结合试验具有群特异性，可做初步鉴定用，但应注意与蓝舌病病毒的交叉反应，特别是在补体结合试验中。随后再用中和试验进行血清型的鉴定。此外，本病还应注意与鹿恶性卡他热、黏膜病相区别。

【防治】

对病鹿要精心护理。严格避免烈日暴晒和暴风雨袭击，给予易消化和营养丰富的饲料，每天用弱消毒药冲洗病变部位。一般药物对本病毒无作用，故本病有效疗法是不存在的，但对症治疗仍有必要。使用抗生素或磺胺类药物可预防继发性感染。

为防止本病的传入，应实行严格的检疫制度，严禁从有病地区和国家引进种鹿，特别是在库蠓活动季节更应如此。夏季选择干燥地放牧，定期驱虫及排除积水。白尾鹿可实行有计划的感染前疫苗接种，以增强免疫力，减少发病机会。

三、鹿恶性卡他热

恶性卡他热是由恶性卡他热病毒所引起的一种急性、热性、致死性传染病。其特征为口、鼻、眼结膜严重的急性卡他性炎症；当脑和脑膜受侵害时，出现神经症状，病死率极高。

【病原】

本病病原为恶性卡他热病毒，为疱疹病毒科、猴病毒属。在血液中本病毒附着在白细胞上，不易通过滤过器。病毒能在甲状腺、肾上腺、睾丸、肾细胞和鸡胚绒毛尿囊膜上生长。也可以适应于家兔。病毒对外界环境抵抗力不强，不能抵抗冷冻及干燥。血液中的病毒于室温下24h即可失去毒力，0℃以下可以使病毒失去活力。

【流行病学】

在自然条件下牛最易感，绵羊和角马感染后很少出现症状，鹿、麝和山羊也可感染。绵羊是自然宿主和传播媒介，多数认为病鹿与健康鹿之间不能直接传染，而和带毒绵羊、牛有关。本病多呈散发，以秋末至早春多见。

【临床症状】

一般动物本病的潜伏期为3~8周，人工感染者潜伏期16d至10个月不等。病鹿突然发病，体温升高，鼻镜干燥，呼吸、心跳加快，明显衰竭，迅速失重。病鹿离群独立，急性型多于出现明显症状后数小时即告死亡。

亚急性型和慢性型病例多出现结膜炎，甚至整个角膜混浊。还可出现口腔黏膜炎症，黏膜充血、水肿，呈广泛性糜烂坏死。常发生脓性鼻漏，伴有口、鼻部皮肤硬固和坏死。皮肤呈干涸性坏死，尤其发生在雌鹿会阴部。经常发生腹泻，进而发展为腐臭型痢疾。体温升高，血液检查白细胞减少，中性粒细胞相对增加。

【病理变化】

本病的病程不同，病理变化也不同。最严重的病理变化出现在消化道。口腔有白喉样病变，皱胃及大肠水肿和弥漫性出血，大肠尤为严重。

淋巴结病变较为普遍，表现不同程度的肿胀和出血。本病可侵害肾脏，在肾脏上有直径2~4mm的多个凸起斑。膀胱有出血点和出血斑。死后呼吸道变化局限于鼻甲骨、咽和气管，出血和广泛的卡他性炎症。肾、脑、膀胱、眼角膜等器官局灶性坏死和出血，并伴有炎性细胞的病理组织学变化，对本病的诊断具有重要价值。

【诊断】

主要根据流行病学特点（散发发病和高死亡率），临床持续高温，特别是肠型和头眼型的变化及病理剖检变化做出诊断。接种易感动物后观察其病理变化，可作为重要参考。

【防治】

目前对本病尚无特异性防治方法，对发病机制的研究还不清楚。因此，在防治上要贯彻严格隔离制度，主要应与牛及绵羊相隔离，牛和绵羊在传播本病上可能起重要作用。发病后采取隔离和对症下药，要使用抗生素和磺胺类药物防止继发感染。

四、鹿（麝）流行性行性乙型脑炎

鹿流行性乙型脑炎是由流行性乙型脑炎病毒引起的，主要以脑炎症状和后躯麻痹为特征。自1970年以来，我国一些养殖场于秋末冬初时经常流行本病，经济损失较大。

【病原】

本病病原为流行性乙型脑炎病毒，为黄病毒科、黄病毒属，病毒粒子直径15～22nm，核芯为单股RNA，外包以脂蛋白膜，表面有糖蛋白突出物。病毒抵抗力不强，对常用消毒药均敏感，50℃作用30min即可灭活，但对低温和干燥有抵抗力。本病毒可在HeLa细胞、Detroit白细胞、猴肾等传代细胞，以及小鼠、牛、人等胚胎细胞中繁殖，也可在小鼠、猴、马脑内接种后人工复制发病。

【流行病学】

本病鹿最易感，麝也有易感性。自1970年以来，本病在我国东北地区鹿群中有流行，有的地区常年散发，有的地区则周期性流行，造成的经济损失极大。带毒的猪、马、牛等动物和鹿是主要的传染源，可经蚊叮咬传播，其中库蚊、伊蚊和按蚊特别是三带喙库蚊为主要的传播媒介。另外，本病的流行还与本年气温、雨水、潮湿、低洼和蚊子滋生条件及鹿群密度等密切相关，而本病的暴发流行又与易感鹿的数量多少有关，一般营养良好的育成鹿和雄梅花鹿发病较多，成年雌鹿和仔鹿则很少发生。

【临床症状】

患病鹿常突然发病，表现精神异常，尖声嘶叫或精神沉郁，两后肢有些强拘，步态不稳，呈现蹒跚状态。后肢强硬，呈现部分麻痹。一般多见狂暴、沉郁、后躯麻痹混合发生。鼻镜湿润，体温初期上升，后转为正常或下降。食欲减退或废绝，反刍停止，饮水减少。两耳下垂，头擦围墙或障碍物，甚至有时候能擦破头皮，以致皮肤脱毛出血。根据临床上的表现，大致可分为3种类型。

1. 兴奋型

病鹿离群，尖声嘶叫、不安，啃咬自体或其他鹿的躯体，或者顶擦圈墙。若强行驱赶则有攻击行为，流涎，步态蹒跚，呈四肢叉开站立或站立不稳。全身肌肉震颤，耳下垂，目光凝视、发呆。呼吸急促，鼻翼开张，偶见前肢刨地，有的舔肛门。粪便干小，排粪困难，频频努责但无粪便排出。体温升高1~2.5℃。病后期后躯麻痹，倒地后四肢呈游泳样，头颈后仰。结膜充血，角膜混浊。病鹿转归多为死亡。

2. 沉郁型

病鹿呆立，拒食，跛行，头颈震颤，磨牙空嚼，偶尔嘶叫，下痢，回头顾腹，步态蹒跚，卧地不起，流涎。此型病鹿转归也多死亡。

3. 麻痹型

病鹿离群，食欲减退或废绝，步态摇晃或似雌兽排尿样姿势。强行驱赶时拖着后肢艰难地行走。有的嘶叫、有攻击性，随后倒地不起。眼混浊、肿胀，口、鼻出血，最后死亡。

【病理变化】

死亡鹿尸僵完全，营养良好，头皮因摩擦多无毛，角膜高度充血，可视黏膜稍苍白或偶有黄染，口内有黏液，有的死鹿肛门周围沾有粪便，有的直肠积粪。皮下血管充血，血液凝固不良，额部和面部皮下出血、坏死，呈胶样浸润，有的背最长肌间或臀部半腱肌苍白。咽喉部充血、略水肿。心内外膜有出血点。有的肝浊肿，膈面有硬币大的坏死灶，切面微外翻，有多量血液流出，质脆易碎。肾脏髓、皮质分界不清，皮质充血，污秽不洁。脾一般无明显变化，有的稍肿胀，表面有点状出血，脾小梁明显，个别病例脾萎缩。

瘤胃充满中等量的食物，有的病鹿瓣胃比较干燥，皱胃幽门部黏膜有新旧不同的出血性溃疡面，特别是慢性病例更为明显。十二指肠球部亦有同样的溃疡灶，肠内充满红褐色内容物，黏膜充血，多数病例呈血肠样。空肠、回肠黏膜呈卡他性病变或局限性出血，呈血肠样，个别严重的呈红色腊肠状。有的盲肠出血，直肠有干涸的积粪。有的为黑色稀便，散发恶腥臭味。肠的集合淋巴小结肿大，切面湿润，肠系膜血管充血，膀胱充满尿液，硬脑膜下血管充血。脑脊液透明，脉络丛血管充血，皮质有出血点。小脑、延脑、脑桥、四叠体、视丘部均有显著充血、淤血，切面外翻湿润。

【诊断】

依据流行特点、临床表现和剖检特征，尤其是病理变化可做出初步诊断，确诊可进行实验室检查，主要有以下几种方法。

1. 病毒分离

采取濒死或刚死病例的脑组织，制成匀浆悬液，脑内接种小鼠后往往发病、死亡，有时需在 7~8d 剖杀取脑组织作盲传。也可取病脑悬液接种仓鼠肾细胞进行培养，根据细胞病变和血清学检测做出判定。

2. 血清学诊断

采取发病期和恢复期的双份血清分别与标准病毒作 BHK_{21} 或小鼠脑内接种中和试验，可根据中和指数确定。目前，常用的血清学方法是微量血凝抑制试验、酶联免疫吸附试验、补体结合试验和免疫荧光技术等，都具有特异、敏感和简便等优点

【防治】

鹿流行性乙型脑炎目前临床上尚无有效的治疗方法，对患病动物可采取对症治疗的方法。对于本病重在平时的预防和饲养管理工作，关键在于切实做好日常的综合性防治工作，严格执行卫生防疫制度，清除低洼和积水，灭蚊，防止猪、马、牛等动物进入饲养场等。平时不从疫源区引进动物，尤其不引进种鹿，引进后要隔离一段时间，确定无病后才可混群。为了强化鹿的特异性抵抗力，特别是提高育成鹿的免疫力，可在 5 月蚊虫活动前进行兽用流行性乙型脑炎弱毒疫苗或人用灭活疫苗的预防注射。

五、鹿布鲁氏菌病

本病是由布鲁氏菌属的细菌所致的一种急性或亚急性传染性变态反应性疾

病，是一种自然疫源性疾病或职业病，也是一种重要的人兽共患传染病。鹿的布鲁氏菌病主要由猪、牛和羊布鲁氏菌引起。主要症状是妊娠鹿流产，胎衣滞留，雄鹿发生睾丸炎和附睾炎，还有关节炎、黏液囊炎、淋巴结和乳腺肿大等症状。本病广泛分布于世界各地，造成不同程度的经济损失。

【病原】

布鲁氏菌为革兰氏阴性细菌，有 6 个种，即马耳他布鲁氏菌 (*Brucella melitensis*)、流产布鲁氏菌 (*Br. Abortus*)、猪布鲁氏菌 (*Br. Suis*)、林鼠布鲁氏菌 (*Br. neotomae*)、绵羊布鲁氏菌 (*Br. Ovis*) 和狗布鲁氏菌 (*Br. canis*)。习惯上称马耳他布鲁氏菌为羊布鲁氏菌，流产布鲁氏菌为牛布鲁氏菌。鹿的布鲁氏菌病主要由猪、牛和羊布鲁氏菌引起。各个种与生物型菌株之间形态及染色特性等方面无明显差别。

布鲁氏菌的抵抗力和其他不能产生芽孢的细菌相似，巴氏灭菌法 10~15min 即可将其杀死，0.1%升汞溶液作用 5min，1%来苏儿溶液或 2%福尔马林或 5%生石灰乳作用 15min 可将其杀死，而直射日光需要 0.5~4h。在布片上室温干燥 5d、在土壤内干燥 37d 方可死亡。

【流行病学】

几乎所有动物都可感染本病，但主要是牛、羊、猪和鹿。

发病的牛、羊和鹿是主要传染源。本病的主要传播途径是经消化道感染，因此当饲料和饮水被病鹿或其他病畜流产时排出的布鲁氏菌污染时，若被健康鹿采食即可引起发病。本病也可通过交配传染。另外，仔鹿通过吸吮患病动物的乳汁而被感染；鹿与其他感染动物使用同一牧道或牧地，或频繁接触也可引起感染。

【发病机制】

布鲁氏菌侵入机体后，几日内侵入附近淋巴结，被吞噬细胞吞噬。如吞噬细胞未能将其杀灭，则布鲁氏菌在细胞内生长繁殖，形成局部原发病灶。布鲁氏菌在吞噬细胞内大量繁殖，导致吞噬细胞破裂，随之大量进入血液形成菌血症，此时患病动物出现体温升高、出汗等症状。经过一定时间，菌血症消失，经过长短不等的间歇后，可再发生菌血症。侵入血液中的布鲁氏菌散布至各器官中，可在停留器官中引起任何病理变化，或被体内的吞噬细胞吞噬而死亡。同时，布鲁氏菌可由粪便、尿液排出。但是到达各器官的布鲁氏菌也有的不引起任何病理变化，常在48h内死亡，以后只能在淋巴结中检出。

布鲁氏菌进入绒毛膜上皮细胞内增殖，产生胎盘炎，并在绒毛膜与子宫膜之间扩散，产生子宫内膜炎。在绒毛膜上皮细胞内增殖时，使绒毛发生渐进性坏死，同时产生一层纤维性脓性分泌物，逐渐使胎儿胎盘与雌体胎盘松离。细菌还可进入胎衣中，并随羊水进入胎儿体内引起病变。由于胎儿胎盘与雌体胎盘之间松离，引起胎儿营养障碍和胎儿病变，使雌畜可发生流产。此菌侵入乳腺、关节、睾丸等也可引起病变，机体的各组织器官、网状内皮系统因布鲁氏菌的代谢产物及内毒素不断进入血流，反复刺激使敏感性增高，发生变态反应性改变。

研究表明，Ⅰ型、Ⅱ型、Ⅲ型、Ⅳ型变态反应在布鲁氏菌病的发病机制中可能都起一定作用。疾病早期机体的巨噬细胞、T细胞及体液免疫功能正常，它们联合作用将布鲁氏菌清除而使动物痊愈。如果不能将布鲁氏菌彻底消灭，则布鲁氏菌的代谢产物及内毒素反复在局部或进入血流刺激机体，致使T淋巴细胞致敏，当致敏淋巴细胞再次受抗原作用时，释放各种淋巴因子如淋巴结通透因子、趋化因子、巨噬细胞移动抑制因子、巨噬细胞活性因子等，导致以单核细胞浸润为特征的变态反应性炎症，形成肉芽肿、纤维组织增生等慢性病变。

由于赤藓醇（Erythritol，又名赤藓糖醇，一种甜味剂）是布鲁氏菌的有力生长刺激物，布鲁氏菌优先利用赤藓醇作为碳源或能量来源的特性与其在感染动物生殖系统内的偏好性定殖及毒力密切相关。赤藓醇是诱导布鲁氏菌感染动物胎盘组织和胎儿的重要原因。胎儿绒毛叶、绒毛膜等赤藓醇含量高的组织是病变最严重、含菌量最高的组织。妊娠雌畜除胎盘外，其他组织和外周血中赤藓醇含量很低，而胎儿组织中赤藓醇含量明显高于雌畜，尿囊液、绒毛叶等组织赤藓醇含量是雌畜胎盘的3~5倍。雄性动物生殖器官也含有较高浓度的赤藓醇，因此布鲁氏菌特别适宜在胎盘、胎衣、胎儿组织和睾丸、附睾、精囊中生长繁殖，其次是乳腺组织及其相应的淋巴结、骨骼、关节、腱鞘和滑液囊，可导致雌畜流产、关节炎、阴囊和睾丸肿大。

【临床症状】

病鹿多呈慢性经过，早期多无明显症状。日久食欲减退，体质消瘦，皮下淋巴结肿大。雌鹿流产，在妊娠初期感染的多在 6~8 个月流产，但在交配前已感染的妊娠鹿则较少流产。流产前后可从子宫内流出恶臭的污褐色或乳白色脓性分泌物，流产胎儿多属死胎。产后雌鹿常常发生乳腺炎、胎衣不下和不孕症等。雄鹿则多出现睾丸炎和附睾炎。睾丸一侧或两侧肿大。部分成年鹿发病时出现关节炎，常常在腕关节、跗关节及其他关节发生脓肿。

麋鹿、驼鹿和驯鹿发生本病时，主要症状是流产和产出无生命力的仔鹿，病鹿四肢部出现传染性水囊瘤和滑膜炎，传染持续期可超过几年。

【病理变化】

流产的胎衣有明显病变，呈黄色胶冻样浸润，有些部位覆有灰色或黄绿色纤维蛋白或脓液絮片，或覆有脂肪状渗出物。胎儿胃特别是皱胃中有淡黄色或白色黏液絮状物。浆膜腔有微红色液体，皮下呈出血性浆液性浸润。淋巴结、脾和肝肿胀，有的散在有炎性坏死灶。脐带常呈浆液性浸润。雄鹿生殖器官、精囊内可能有出血点和坏死灶，睾丸和附睾可能有炎性坏死灶和化脓灶。

驼鹿布鲁氏菌病与其他动物不同，常常是致死性经过和引起全身性病变，以消瘦、纤维素性肋膜炎、腹膜炎、淋巴结肿大及肝、肾和脾的灶状坏死为特征。

【诊断】

经济动物布鲁氏菌病诊断比较困难，因为在流行病学、临床症状和剖检变化上无明显的特征，多呈隐性感染。所以，确诊必须进行实验室检查并做综合性分析。

1. 涂片镜检

采取流产胎衣、绒毛膜水肿液、胎儿胃内容物或有病变的肝、脾、淋巴结等组织制成涂片，用柯兹罗夫斯基法染色、镜检，可发现红色、球杆状的布鲁氏菌。

2. 分离培养

取新鲜病料接种血清琼脂、甘油肝汤琼脂或马铃薯琼脂，为避免革兰氏阳性菌生长，可在培养基中加入杆菌肽（250IU/100mL），培养 8~15d 后可见细菌生长（牛型菌需在 5%~10%二氧化碳中培养），然后再挑选菌落做进一步鉴定。

3. 动物接种

取新鲜病料悬液，给无特异性抗体的豚鼠腹腔接种 0.3~0.8mL，在接种后 14~21d 心脏采血作凝集试验，血清凝集价为 1∶50 以上时为阳性。于接种后 20~30d 剖杀，取肝、脾和淋巴结作分离培养等鉴定。

（1）血清凝集试验。一般在感染 4~5d 后血液中即出现凝集素，主要为 IgM，随后凝集滴度逐渐增高，主要是 IgG 和 IgA，可持续 1 年以上。实践中常用平板凝集法，具有快速、检出率较高等优点。判定标准可参考家畜的标准：牛血清凝集价在 1∶100++；羊、犬等在 1∶50++ 时判定为阳性。

（2）补体结合试验。动物感染后一般在 7~14d 内出现补体结合性抗体，主要为 IgM 与 gG。补体结合反应阳性与细菌学检查阳性有密切关系，类属反应也较少，具有特异性和敏感性高等优点，很多国家把它列为净化本病的重要措施之一。

（3）乳汁环状反应。多用于乳汁的检查，以判定群体是否排菌。如与血清凝集反应并用，不仅可提高检出率，还可说明病的活动性。方法是取乳样 1mL 盛于小试管内，加布鲁氏菌乳环抗原后摇匀置于 37℃ 水浴加热 1h，乳脂上浮形成红环，乳柱由原来的红色变为白色者判为阳性。

（4）变态反应。皮肤变态反应一般在感染后 20~25h 出现，并持续很长时间，可用于大群检疫。但在毛皮动物布鲁氏菌病的诊断应用上尚缺乏系统的研究。

【治疗】

对病鹿在隔离条件下可采用土霉素、金霉霉、链霉素等抗生素进行药物治疗。主要防治措施是检疫、隔离、控制传染源、切断传播途径、提高鹿群免疫力。

1. 控制传染源

鹿场应定期检查，发现病鹿要立即淘汰或隔离。从健康鹿群培育后代，购进鹿应隔离观察 1 个月，并进行细菌学、血清学检查，无病者方可合群饲养。禁止其他家畜及无关人员进出鹿场。

2. 切断传播途径

首先，兽医及一切工作人员要严守个人防护制度。雌鹿分娩时，产圈及分泌物要彻底消毒。此外，应加强产品卫生监督，如乳汁应煮沸后再利用。屠宰健康鹿与病鹿时应分开。病鹿毛皮盐渍 60d 后方可利用。同时，要加强饲料、饮水的管理，以防污染。

3. 提高鹿群免疫力

预防接种应做到连续性（每年免疫 1 次，连续 3~5 年）和连片性（同地区同时接种），各流行地区在每年产仔季节前 2~4 个月接种。其他有关从事鹿群养殖和兽医职业人员应注意职业性感染，可在产仔旺季前 2~3 个月接种疫苗，当然接种前应做变态反应试验，阴性反应者才可接种。目前常用疫苗有 19-BA 及 104-M 2 种，前者多用于皮下注射，后者因残余毒力较强，仅适合皮肤划痕接种，免疫效果均较好。

六、鹿副结核病

副结核病是由副结核分枝杆菌引起的反刍动物的慢性消化道疾病，又称副结核性肠炎，以顽固性腹泻、渐进性消瘦，肠黏膜增厚并形成皱襞为特征。世界动物卫生组织（OIE）将其列为 B 类疫病。

【病原】

副结核分枝杆菌属于禽分枝杆菌副结核亚种，是一种细长杆菌，有的呈短棒状，有的球杆状，不形成芽孢、荚膜和鞭毛，革兰氏染色阳性。

副结核分枝杆菌对热和化学药品的抵抗力与结核分枝杆菌相同，对外界环境的抵抗力较强，在污染的牧场、厩肥中可存活数月至 1 年，在牛奶和甘油盐水中可保存 10 个月。对湿热抵抗力不大，60℃作用 30min 或 80℃作用 1~5min 可将其杀灭。

【流行病学】

本病广泛流行于世界各国，以奶牛业和肉牛业发达的国家受害最为严重。本病无明显季节性，但常发生于春、秋两季。主要呈散发，有时可呈地方性流行，潜伏期不一，由数月至数年不等（平均 3~4 年）。本病鹿多数病例是在幼年期感染发病，到表现出临床症状相隔可达数年之久，长期大量排菌，传染性强，无可靠的疫苗和治疗方法，很难净化，对畜牧业危害极大，多发生于 1~2 岁的育成仔鹿。马、驴、猪也有自然感染的病例。

患病动物是主要传染源，症状明显和隐性期内的患病动物均能向体外排菌，主要随粪便排出体外，污染周围环境。也可随乳汁和尿液排出体外。动物采食了被污染的饲料、饮水，经消化道感染。也可经乳汁感染幼兽或经胎盘垂直感染胎儿。

【临床症状】

本病为典型的慢性传染病，以体温不升高、顽固性腹泻、高度消瘦为临床特征。典型症状是下痢和消瘦。起初为间歇性下痢，随着病程的发展逐渐发展到经常性顽固性下痢。排出稀粥样粪便，常呈喷射状，粪便稀薄、恶臭，带有气泡、黏液或血液凝块。病兽食欲减退，呈贫血衰竭状态，疾病初期食欲正常，精神良好，后期食欲减退，随着病程的发展，病鹿消瘦，眼窝下陷，经常躺卧，泌乳量减少，营养高度不良，皮肤粗糙，被毛松乱，下颌及垂皮可见水肿。最后因全身衰弱而死亡。

【病理变化】

下痢主要是由肠黏膜的变态反应引起的，因为用抗组胺制剂可以暂时缓解下痢，病菌侵入后在肠黏膜和黏膜下层繁殖，并引起肠道损害。主要病变在消化道（空肠、回肠结肠前段）和肠系膜淋巴结，以肠黏膜肥厚、肠系膜淋巴结肿大为特征。空肠、回肠和结肠前段的肠系膜高度肥厚，回肠尤为明显，较正常的增厚3~30倍，黏膜形成硬而弯曲稀疏的皱褶，如大脑回纹。肠系膜淋巴结肿大变软，切面湿润，上有黄白色病灶。

【诊断】

根据典型的临床症状和病理变化可做出初步诊断，确诊需进一步做实验室诊断，对副结核病的诊断通常采用临床剖检和病理组织学检查、病原体的分离鉴定、免疫学、基因探针及聚合酶链式反应等。病原分离是诊断副结核病的一种可靠方法，目前国内外对该病的免疫学和基因探针诊断都以此来比较其符合率，以确定其应用价值。但此种方法所需时间长（4~6周），不利于临床大量检测。

免疫学诊断是动物检疫的主要手段，目前常用的方法有变态反应、补体结合反应和酶联免疫吸附试验等，其中变态反应主要用于早期的细胞免疫诊断和检测，补体结合反应只适于检出临床期病兽，且操作麻烦，费时、费力，不利于临床大批量检测。基因探针技术的特异性、灵敏性均较上述方法大大提高，但因其操作复杂，价格昂贵，限制了其推广应用。随着酶联免疫吸附试验技术的发展，应用该法检测副结核病，可使疾病诊断快速、灵敏、准确性得到统一。

【预防】

本病目前尚无有效的治疗药物，有些国家采用注射疫苗来防治。我国在感染较轻的兽群通常采用检疫、淘汰病兽、环境消毒等措施；而对感染较重的兽群则采取更复杂的综合性防治措施，其中包括检疫、淘汰或隔离病兽、定期消毒、幼兽出生后立即隔离饲养（饲喂巴氏消毒乳、7 日龄内注射副结核疫苗）。本病的人工免疫尚无满意的解决方法，我国有单位从英国引进副结核弱毒株，研制出副结核弱毒疫苗，在有副结核病（无结核病）的牛场试验，免疫期可达 48 个月。

七、鹿狂犬病

狂犬病病毒对鹿有极其敏感的致病性，且病死率极高。因此，本病的流行给养鹿业造成严重的经济损失，应引起高度重视。

本病的发生无明显季节性，冬末春初发病较多。多发于梅花鹿，不分年龄、性别均易感，常呈散发性流行，且与周围犬及其他动物的狂犬病病史密切相关。

【临床症状】

自然感染病例的潜伏期不定，短的数日，长的数月。临床表现大致有 3 种类型。

1. 兴奋型

一般突然发病，病鹿表现尖叫不安，离群，独自乱撞，或撞墙，或出现攻击行为，有时自咬或啃咬其他鹿。鼻镜干燥，结膜极度潮红。有的头部撞伤，甚至破损流血。疾病后期，病鹿角弓反张，后躯麻痹，倒地不起而死亡，病程为 1~2d。

2. 沉郁型

病鹿精神极度沉郁，两耳下垂，呆立不动，离群，行走不稳或呈排尿姿势。有的卧地不起，流涎或便血。病程为 3~5d。

3. 麻痹型

病鹿后躯无力，站立不稳，行走摇晃，常常卧地而呈犬坐姿势。病后期倒地不起，强力驱赶时拖着后肢爬动。若病程较长，多数可耐过、恢复。

【病理变化】

一般尸僵完整，营养良好。口角有黏液，角膜高度充血，有的肛门周围被污染，皮下血管充盈。

肝脏浑浊、肿胀，小叶间结缔组织增宽，膈面有硬币大的坏死灶，切面隆起外翻，血流量较多，质脆。脾脏轻度萎缩。

皱胃幽门部黏膜有新旧不同的出血性溃疡。十二指肠、空肠、回肠黏膜呈卡他性炎或局灶性出血，严重的呈红色腊肠样。直肠内粪便恶臭，肠系膜充血，淋巴结肿大。

硬脑膜下血管出血，脉络丛血管充盈，皮质有小出血点。小脑、延脑、脑桥、四叠体、丘脑均明显充血。

【诊断】

根据流行病学资料、鹿的特异性症状和病理剖检变化，可做出诊断。特别是病理组织学的变化，即出现胞质内嗜酸性包涵体，可作为诊断本病的可靠依据。

【防治】

目前尚无有效治疗药物，应以预防为主。

常用疫苗为狂犬病和魏氏梭菌病二联苗，不分大、小鹿一律肌内接种 5mL，免疫期为 1 年。发病鹿场和受威胁鹿场每年春季（3—4 月）或秋季（8—9 月）接种上述疫苗以控制和预防本病的流行。

为预防本病发生，鹿场要建立严格的兽医卫生制度。严禁随意参观，尤其要防止犬和其他动物进入鹿场，应定期进行灭鼠。

患有本病的鹿，并已出现明显症状者，应予以扑杀处理，不做治疗。刚被病鹿咬伤的，可隔离并在保定后处理局部伤口，通常使用硝酸银腐蚀剂或烧烙法，并立即进行狂犬病疫苗的注射。

八、鹿产后血红蛋白尿

鹿产后血红蛋白尿是指鹿长期饲喂缺磷饲料造成低磷酸盐血症，以及大量饲喂十字花科植物饲料导致血液中红细胞被溶解，释放出血红蛋白经肾脏排出而形成棕红色尿液，并伴有贫血、黄疸、衰弱、采食减少的一种产后代谢性疾病。

【病因】

长期饲喂低磷饲料，导致血磷降低，突然发生血管内溶血，如大量采食卷心菜、油菜、芜菁、瓢儿白菜等十字花科植物饲料，精饲料中又未添加骨粉或磷酸氢钙，容易促进本病的发生，甜菜叶和苜蓿干草都含有皂角苷，具有溶血作用，饲喂此类饲料过多，也易促进本病发生，草地贫瘠、干旱、严冬等条件都可促进发病，本病因急性溶血，最终导致心力衰竭而死亡。

【临床症状】

病鹿突然发生血红蛋白尿，尿色由淡红色至紫红色不等，排尿次数少但尿量多，并有多量泡沫。轻型经过一般全身无明显变化，严重贫血时，可使呼吸急促，心跳加快（每分钟在 100 次以上），心音亢进，并有功能性杂音，颈静脉搏动增强，黏膜苍白，后期出现黄染，消化功能减退，食欲下降，粪便干硬，有时排恶臭稀粪。疾病末期衰竭，走路不稳，体温开始时可能略高，病程末期低于正常体温，皮肤温度下降，耳尖、鼻端、四肢特冷，心率 100～150 次/min，幸存的病鹿约需 3 周才能恢复，常继发酮体征和异食现象。

【诊断】

本病特征性的症状是血红蛋白尿，结合发病原因可做出初步诊断。

【鉴别诊断】

注意和其他患有血红蛋白尿的疾病区别开，如要和溶血性梭菌引起的血红蛋白尿、钩端螺旋体病、焦虫病及菜籽饼、洋葱等中毒相鉴别。还要和肾脏等泌尿器官出血性炎、尿石症引起的血尿相鉴别。肾盂肾炎有血尿现象，有体温升高症状，而本病体温正常，甚至下降。膀胱、尿道感染也可能出现血尿，但尿液中混有黏液及鲜血凝块和脓块。排尿时弓背，有尿频、尿少、尿痛且翘尾不收等症状，而本病无此症状。双芽巴贝斯虫病、附红细胞体病、钩端螺旋体病等也有血尿，但体温升高，有腹泻、流产、黄疸等相关病状和病史，而本病无此症状。

【治疗】

20%磷酸二氢钠注射液 300mL，葡萄糖氯化钠注射液 2 000mL，维生素 C、维生素 B₁ 注射液各 50mL，复方生理盐水 1 000mL，缓慢静脉注射，每日上、下午各 1 次，一般 2 ~ 3d 即可痊愈。也可加大用药量，20%磷酸二氢钠注射液 300mL，皮下注射，每日上、下午各 1 次，以维持药量。

【预防】

根据鹿机体的需要，应保证饲料中含有足够的磷元素（包括磷、钙及合适比例），在大量饲喂十字花科植物时，要给予适当的干草，同时补磷，加强对鹿的监护，以便早期发现病鹿。此外，应注意油菜中毒。除上述的溶血性贫血、血红蛋白尿外，鹿还可能发生突然失明、肺气肿和消化功能紊乱等症状。

九、鹿铜缺乏症

铜缺乏症是由于饲料中缺铜或虽然铜供给充足但因其拮抗因子使铜利用障碍所引起的临床上以贫血、骨关节异常、被毛受损和共济失调为特征的营养代谢病。铜缺乏症是一种慢性地方性疾病，往往成群发生或呈现地方性流行。鹿铜缺乏时，机体多种含铜酶活性降低，导致种种代谢障碍，发生运动失调的进行性瘫痪，即所谓的晃腰病。

【病因】

饲料中缺乏铜元素，或饲料中的拮抗因子使铜吸收利用不良引起铜缺乏症的发生。

【临床症状】

病鹿精神沉郁，消瘦，被毛粗乱，眼睛周围形成明显的白眼圈。经常卧地，随群奔跑时落后，后躯明显运动失调，有摇摆现象。有的跌倒呈犬坐姿势，关节变形，后肢间距变小。有时向一侧摔倒，造成外伤。重者后躯瘫痪，长期卧地，形成褥疮，最终死亡。疾病后期常出现抽搐等神经症状，食欲、体温、呼吸基本正常，心跳快，心律失常。

【病理变化】

对重病鹿进行屠宰剖检，发现病鹿血液稀薄，凝固不良。尸体消瘦，皮下无脂肪沉积。大脑组织出现不同程度的水肿、软化，颅腔内有淡黄色液体。心冠脂肪有散在点状出血。倒卧侧肺脏有部分淤血。肝脏色彩不均，稍肿，较脆。脾脏肿大，肾脏被膜易剥离，切面血管扩张，肾盂内有黄色胶冻样物和少量黄色液体。肠壁变薄。跗关节面有类似"虫蚀样"痕迹，关节液黏稠。

【诊断】

根据临床症状，结合血液学检查（外周静脉血红细胞数和血红蛋白含量减少，血清铜蓝蛋白氧化酶活性降低）、血清和被毛中微量元素铜含量降低即可诊断。

【治疗】

重症成年鹿给予硫酸铜 1g，幼龄病鹿给予 0.5g，混于饲料中每周投喂 1 次，连用 4 周为 1 个疗程。1 个月后再给予 1 个疗程。经治疗，病鹿症状可明显得到改善。

【预防】

改善鹿群的饲养环境，减少应激，避免鹿群被惊扰。饲喂全价配合饲料，停喂干玉米秸秆，改喂优质青干苜蓿，加强鹿群营养，应用 10g/L 硫酸铜溶液饮水，每间隔 10~15d 给予 1 次。

十、亚硝酸盐中毒

由于过量食入或饮入含有亚硝酸盐的饲料和水，可引起化学中毒性高铁血红蛋白血症（变性血红蛋白血症）。临床上突出表现为皮肤黏膜呈蓝紫色及缺氧症状。本病可发生于鹿，貂、牛、羊等动物。

【病因】

在自然条件下，亚硝酸盐系硝酸盐在硝化细菌的作用下，还原为氨的过程的中间产物，故其发生和存在取决于硝酸盐的数量与硝化细菌的活跃程度。

在动物的饲料中，各种鲜嫩青草及叶菜类等均富含硝酸盐，特别在大量施用硝酸铵、硝酸钠等硝酸盐类的化肥或农药和用除莠剂或植物生长刺激剂 2，4-D 后，可使甜菜叶中硝酸钾含量高达其风干物的 4.5% 之多（未经喷洒 2，4-D 者则仅为 0.22%）。硝化细菌广泛分布于自然界，最适宜的生长温度为 20~40℃。

如将幼嫩青绿饲料成堆放置过久，特别是经过雨水淋湿或烈日曝晒，极易发酵腐败。或饲料采用文火焖煮，让煮熟饲料长久焖置锅中，延长其加温或冷却过程，则给硝化细菌提供了足够的适宜温度和条件，致使饲料中的硝酸盐转化为亚硝酸盐。另外，鹿等反刍动物还由于其所采食的硝酸盐，可能在瘤胃中发生此转化过程，并不需要先在体外形成亚硝酸盐，即能发生中毒。此外，在少数情况下还可能误饮含硝酸盐过多的田水，或割草沤肥的坑水而引起中毒。

【临床症状】

中毒病鹿自采食后经 1~5h 始见发病。呈不安，严重呼吸困难，脉搏极速细弱，全身发绀，体温正常或偏低，躯体末梢部位厥冷。耳尖、尾端的血管中血液量少而凝滞，在刺破或截断时仅渗出少量黑褐色血滴。此外，尚可能出现流涎、腹痛、腹泻，甚至呕吐等症状。但其中以呼吸困难、肌肉震颤、步态摇晃以及倒地而全身痉挛症状等为主。

【诊断】

结合饲料状况和血液缺氧为特征的临床症状，可作为诊断的重要依据，并可在现场作变性血红蛋白检查和亚硝酸盐简易检查。

1. 初步诊断依据

（1）病史调查。亚硝酸盐中毒潜伏期为 0.5~1h，3h 达发病高峰，之后迅速减少并不再有新病例出现。发病突然，经过短急，多群体发生。幼嫩青绿饲料或菜类饲料的保管、调制不当，可引起发病。

（2）主要临床症状。如呼吸困难、黏膜发绀、血液褐变、痉挛抽搐等。

（3）病理剖检变化。发现实质脏器充血、浆膜出血、血液颜色呈暗红色至酱油色变化等，即可做出初步诊断。

2. 确诊依据

（1）毒物分析及变性血红蛋白检查。

亚硝酸盐简易检验：取胃肠内容物或残余饲料的液汁 1 滴于滤纸上，加 10%联苯胺溶液 1~2 滴，再加上 10%冰醋酸溶液 1~2 滴，滤纸变为棕红色，为阳性，证明有亚硝酸盐存在，否则滤纸不变色。

亚硝酸盐的鉴定（Griess 试纸法）：原理为亚硝酸盐在酸性溶液（盐酸）中

与对氨基苯磺酸作用生成重氮化合物，再与 a-萘胺生成紫红色的偶氮色素。

Cries 试纸配制：

A. 对氨基苯磺酸溶液：取对氨基苯磺酸 1g，酒石酸 40g（或盐酸 10mL），加水至 100mL。

B. 盐酸 A-萘胺（甲萘胺）溶液：取无色萘胺 0.3g，酒石酸 20g（或盐酸 0.5mL），蒸馏水 100mL，使之溶解。

以对氨基苯磺酸溶液和盐酸、A-萘胺（甲萘胺）溶液等量混合，浸泡试纸，取出在避光处阴干，置于棕色瓶中备用。如保存的试纸已出现红色，就不能继续使用，须重新制备。

检测方法：取可疑的剩余饲料或胃内容物加适当蒸馏水搅拌、浸渍的滤液 1~2 滴于 Griess 试纸上，观察有无颜色反应，其颜色之深浅可反映含量的多少。

变性血红蛋白检查：方法有暴露在空气中观察色泽变化和应用分光光度法测定。

（2）治疗性诊断。用亚甲蓝等特效解毒药进行治疗性诊断，疗效显著时即可确诊。

【治疗】

现用的特效解毒剂为美蓝（亚甲蓝），鹿每千克体重 8mg，配成 1% 溶液静脉注射。亦可用甲苯胺蓝，鹿每千克体重 5mg，配成 5% 溶液静脉注射，也可用作肌内或腹腔注射。同时，配合下泻、促进胃肠蠕动和灌肠等排毒治疗措施。对重症病兽还应采用强心、补液和兴奋中枢神经等支持疗法。

【预防】

改善青绿饲料的堆放和蒸煮过程，无论生、熟青绿饲料，切忌堆积放置而造成发热变质，使亚硝酸盐含量增加，应采取青贮方法或摊开敞放以减少亚硝酸盐含量。

对青绿饲料采用摊开敞放是一个预防亚硝酸盐中毒的有效措施，接近收割的青绿饲料不能再用硝酸盐或 2,4-D 等化肥、农药，以避免增高硝酸盐或亚硝酸盐的含量。对可疑饲料、饮水，实行临用前的简易化验。

十一、霉变饲料中毒

【病因】

由于鹿采食了被真菌侵害的饲料所致。近年来，我国养鹿较多的一些地区，鹿的精饲料多由玉米、糠饼、豆饼、花生饼、米糠、麦麸及各种籽实组成。这些饲料如保管不当，常常发霉变质，侵害饲料的真菌主要是镰刀菌、白霉菌、黑霉菌、青霉菌等。这些真菌能产生毒素，如串珠镰刀菌能产生串珠镰刀菌素，茄病镰刀菌能产生新茄病镰刀菌烯醇和单端孢酶烯等使鹿中毒而发病。我国南方地区气候温暖，空气潮湿，故本病尤为多见。

【临床症状】

采食霉变饲料后中毒的主要特征为急性胃肠炎，病程经过一般短促。临床表现为拒食，反刍停止，腹部不适，严重腹痛时病鹿不安，呻吟，起卧不定，常有腹泻，少数病例可出现神经功能紊乱，初期兴奋，后转沉郁。妊娠病鹿发生流产或早产。大多数病鹿体温无明显变化，有时体温往往偏低。

【病理变化】

主要病理变化为卡他性胃肠炎或出血性胃肠炎。前胃、皱胃与小肠黏膜充血和出血，肠内有出血性内容物，其他器官黏膜与膜间有出血。肝、肺、肾等脏器淤血，有些病例并发肺水肿。脾脏通常无明显肿大。

【诊断】

首先要检查饲料、饲草有无发霉变质。根据饲料使用情况及发病经过，结合临床症状与剖检变化可做出初步诊断。确诊则应对饲料做实验室检查与动物试验。

【治疗】

立即停喂霉变饲料，给予优质易消化的饲料。静脉注射10%葡萄糖生理盐水800~1 000mL，内加维生素 C 1 000mg 和25%安钠咖注射液 10~20mL，每日 2次。还可口服5%糖盐水。病鹿兴奋时，可给予溴化物、氯丙嗪或硫酸镁等镇静剂。静脉注射40%乌洛托品注射液 20~40mL 对治疗本病亦有良好作用。恢复期的鹿，可给予龙胆酊等健胃剂。

【预防】

注意饲料的贮存，防止其发霉变质。不用发霉的饲料喂鹿。轻微发霉的饲料，可反复水洗，除去发霉的部分煮熟后再饲喂。

十二、氢氰酸中毒

氢氰酸中毒是由于动物采食富含氰苷的植物，在氰糖酶的作用下生成氢氰酸（HCN）或误食氰化物在胃酸作用下生成氢氰酸，从而抑制内呼吸酶，使组织呼吸发生障碍的一种急剧性中毒病。临床上以高度呼吸困难、黏膜鲜红、血液呈樱桃红色、肌肉震颤、全身抽搐惊厥等组织中毒性缺氧症为特征。

【病因】

采食富含氰苷的植物或饲料，是动物氢氰酸中毒的主要原因。富含氰苷的植物主要有以下几种：高粱及玉米的新鲜幼苗、亚麻籽或亚麻籽饼、木薯等。各种豆类、许多野生或种植的青草、苏丹草（苏丹高粱）、三叶草（特别是白三叶草）、约翰草、甘蔗苗等也含有氰苷。此外，蔷薇科植物如桃、李、梅、杏、枇杷、樱桃等的叶和果实中也含有氰苷。若采食过量或加工处理不当，常发生中毒。

动物接触无机氰化物（氰化钾、氰化钠、氰化钙）和有机氰化物（乙烯基腈等），如误饮冶金、电镀、化纤、染料、塑料等工业排放的废水或工艺用品（氰酸钾、铅），误食或吸入氰化物农药如钙腈酰胺等，或人为投毒等均可引起中毒病状。

【临床症状】

大多数取急性经过，有时无任何前驱症状突然死亡。初期兴奋、不安、狂暴、意识障碍和呼吸急促。随后出现极度呼吸困难，呈犬坐姿势，痉挛，腹痛，不安，呕吐，口吐白沫。行走时打晃，流涎，前胃弛缓、臌胀等。最后陷于麻痹，昏迷，阵发性抽搐，最后倒地不起，瞳孔散大，窒息死亡。剖检特征为静脉血液鲜红，凝固不良。

【诊断】

根据采食后突然死亡、临床症状和剖检变化，可做出初步诊断。确诊须检查胃内容物是否有氢氰酸存在。

【治疗】

尽快进行抢救，首先放血，注射强心剂，最好用安钠咖。然后用解毒剂抢救，先静脉注射 1%~2% 亚硝酸钠注射液 40~50mL，随后注射 5%~10% 硫代硫酸钠注射液 50~100mL。或先吸入亚硝酸异戊酯数支，然后按每千克体重 6~12mg 亚硝酸钠的剂量，配成 3% 溶液缓慢地注入静脉，再向静脉缓慢地注入 1% 硫代硫酸钠溶液 100~200mL。

亚硝酸钠的亚硝酸离子具有氧化作用，能使体内的血红蛋白氧化为高铁血红蛋白，这种蛋白能与体内的氰离子及与细胞色素氧化酶结合的氰离子形成氰化高铁血红蛋白，从而减少了氰离子与组织中细胞色素氧化酶的结合，使细胞氧化酶恢复其本身的活性，但所生成的氰化高铁血红蛋白又能逐渐解离而放出游离氰离子，此时宜再注射硫代硫酸钠，硫代硫酸钠的硫基再与氰化高铁血红蛋白的氰离子结合成硫氰化合物，变为无毒的硫氰酸盐随尿液排出体外，达到解毒的目的。

兴奋呼吸中枢可使用尼可刹米。为缓解呼吸困难，可进行氧气吸入或皮下注射，无氧气时，可静脉注射 3% 过氧化氢溶液。为增强肝脏的解毒功能，可静脉注射高渗葡萄糖溶液等。

【预防】

防止鹿采食幼嫩的高粱苗或玉米苗。木薯不能生喂，必须煮熟，煮时不要盖盖，或将生木薯用水浸泡 4~6d，每天换水 1 次，然后煮沸作饲料。

十三、棉籽饼中毒

棉籽饼的有毒成分是棉酚，对细胞、神经、血管均有毒害作用，能破坏组织细胞，引起各脏器的炎症及红细胞崩解。棉籽饼中毒是因过量饲喂棉籽饼或长期连续饲喂，致使含毒量超过规定标准而引起的动物中毒病。临床上以出血性胃肠炎、血红蛋白尿、肺水肿、视力障碍等为特征。经济动物中主要发生于鹿。

【病因】

棉籽饼未做去毒或减毒处理，尤其冷榨生产的棉籽饼其游离棉酚含量较高

（0.2%以上），最易引起中毒。

用棉籽饼长期饲喂动物，或在短时间内以大量棉籽饼作为蛋白质补饲料时，易发生棉籽饼中毒。以棉籽饼为饲料的哺乳期雌畜，其乳汁中含有多量棉酚，可引起吮乳幼兽患病。

用未经去毒处理的新鲜棉叶或棉籽作饲料，长期饲喂或过量采食亦可发生中毒。

饲料中缺乏钙、铁和维生素 A 时，可促进中毒的发生，因为棉籽饼中缺乏维生素 A、铁和钙质。日粮中缺乏蛋白质或青绿饲料不足，或过度劳役时亦可增加鹿的敏感性，其中妊娠雌畜和幼畜最敏感。

【临床症状】

棉籽饼中毒潜伏期较长，多呈慢性经过，中毒发生时间和症状与蓄积量有关。急性者在饲喂棉籽饼后第二天发病，慢性者在饲喂棉籽饼 10~30d 后发病，临床上以慢性为多见。病鹿体温不高，眼睑水肿，羞明流泪，视觉障碍。中毒严重的开始兴奋，肌肉痉挛，呻吟，磨牙。病初食欲无明显变化，饮水减少，反刍逐渐减弱，以后停止。口流黏液，舌尖干黄，有舌苔。胃蠕动减弱，肠音亦弱，先便秘，后下痢，粪便中带血，散发恶臭气味。病鹿频频作排尿姿势，但只是断续地排出少量尿液，呈红黄色，混有黏液性脓样物，并有血液或凝血块。病鹿咳嗽，呼吸促迫，流出黏液性或脓性鼻液。病初心跳稍加快，末期心脏衰弱，四肢末端水肿。触压脊柱两侧有疼痛反应，站立不稳，最后倒地，不能起立。仔鹿对棉籽饼毒性最敏感，吃了雌体含棉酚的奶，或吃入少量棉籽饼，即可引起中毒，剖检可见肝脏脂肪变性，有腹水，血凝时间缩短。

【诊断】

依据长时间大量饲用棉籽饼或棉籽的病史和具有出血性胃肠炎、肺水肿、视力障碍等临床症状可做出初步诊断。确诊可进行饲料及血液、血清中游离棉酚含量的测定。

【治疗】

目前还没有特效解毒药。主要采用消除致病因素，加速排除毒物及对症疗法，可口服盐类或油类泻剂以排泄消化道内的毒物，前胃弛缓时，应用毛果芸香碱注射液皮下注射。为维护心脏、增强肝脏解毒功能及减少出血，可静脉注射25%葡萄糖注射液、10%氯化钙液注射液、维生素 K 注射液等。

【预防】

预防本病的关键是限制棉籽饼和棉籽的饲喂量和持续饲喂时间。

在应用棉籽饼作饲料时，要加温到 80~85℃并保持 3~4h 以上，然后放冷再喂。同时，还要把上面的漂浮物去掉。也可用 1%硫酸亚铁溶液、2%熟石灰溶液或 3%碳酸氢钠溶液，将棉籽饼浸泡一昼夜，用冷水洗后再喂。

以适当进行间断饲喂为宜，如连续饲喂棉籽饼半个月后，应有半个月的停饲间歇期。仔鹿不应饲喂棉籽饼。注意日粮搭配，适当增加日粮中蛋白质、维生素、矿物质、青绿饲料的用量，可减缓本病的发生。

十四、黑斑病甘薯中毒

黑斑病甘薯中毒是因鹿采食了带有黑斑病的甘薯或甘薯叶茎所致，以极度呼吸困难、急性肺水肿及间质性肺气肿，并于后期出现皮下气肿为特征。冬、春季节多发。

【病因】

本病是由甘薯上寄生的黑斑病菌所起，这种病菌能产生一种有毒的苦味物质，称为甘薯酮，属于芳香族碳氢化合物。甘薯生长这种病菌的部位呈圆形或不规则形的黑褐色病斑，经过一定时间后病变部凹陷，密生绒毛，鹿在采食这种甘苦的腐败甘薯后即可发生中毒。

【临床症状】

由于中毒的轻重不同，症状极不一致，急性型的病鹿多无前驱症状，突然呈现高度呼吸困难，站立而不躺下，不吃不喝，常在几小时或 1~2d 内死亡。一般病例多逐渐出现症状，最初精神不振，食欲减退，体温一般正常，以后随着病势加重，食欲、反刍完全废绝，并出现本病的特征性症状，即呼吸高度困难，呼吸次数每分钟可达 80~100 次，吸气非常费力，鼻翼翕动，呼吸音强烈。胸部听诊，可听到明显的爆裂音。病初心搏动增强，病重时心跳微弱。后期出现明显的高体位皮下气肿，按压无热、无痛、出现捻发音。瘤胃触诊，内容物坚硬，蠕动减少或停止，肠音微弱，往往发生便秘，粪球小而干涸，并呈黑色，附着黏液或血液。个别病鹿出现下痢。一般病例的病程为数日或数十日。如适当治疗，大多数可以治愈。

【病理变化】

肺呈现典型的间质性肺气肿变化，并伴有轻度水肿。皮下有明显的气肿现象。

【治疗】

治疗原则主要是排毒、解毒及缓解呼吸困难。为了破坏消化道内的毒物，可口服 0.1%高锰酸钾溶液 1 000～2 000mL。为排除胃肠内的有毒物质，可先服木炭末 50g，以吸附毒物，过一定时间后，再用硫酸镁 250～300g，加温水 2 000～3 000mL 溶解后灌服。也可皮下注射 5%～10%硫代硫酸钠溶液，每千克体重 1～2mL，或静脉注射 5%维生素 C 注射液 20～30mL，以破坏体内的毒物。此外，还可输氧或静脉注射 3%过氧化氢溶液 1 份与生理盐水 3 份的混合液 300～500mL（缓慢静脉注射，以防气栓）。

在中药辅助治疗上，应定喘缓解呼吸困难以及排毒、解毒，可用白矾定喘解毒散口服。白矾 60g，川贝 35g，白芷 30g，郁金 30g，黄芩 30g，葶苈 40g，石苇 30g，黄连 30g，龙胆草 30g，大黄 50g，甘草 50g，茯苓 30g，枳实 30g，共研为细末，以蜂蜜 500g 为引，开水冲调，灌服。待气喘缓解、肠道毒物基本排除后，用补中益气汤加味，以补益中气，健肝运脾，疏肝理气，恢复消化功能。党参 60g，炙黄芪 60g，炒白术 45g，当归 35g，升麻 30g，柴胡 35g，陈皮 35g，茯苓 30g，山药 40g，大枣 40g，山楂 60g，建曲 60g，炙甘草 40g，共研为末，开水冲服。

在中西药物治疗的同时，必须对病鹿加强护理，如保持圈舍干燥，通风良好，并保持一定温度，充分供给清洁饮水和柔软易消化的饲料。

【预防】

要妥善保管甘薯，避免发生霉败；如已发生黑斑病，不能用来喂鹿。

第二节 麝常见疾病

一、香囊炎

香囊炎是指麝的香囊由于机械性或病理性损伤而发生的炎症反应。

【病因】

主要是在取香时没有按规程操作，取香前香囊没有消毒或取香时操作用力过猛，致使贮香囊表面组织毛细血管破裂，感染细菌而发生炎症反应，发病后不仅影响麝香产量，严重者甚至停止泌香。

【临床症状】

贮香囊的皮肤表面发炎，轻则出血，严重的半个贮香囊呈紫红色，甚至完全糜烂、化脓。若不及时治疗，病情恶化可形成脓性溃疡，致使香囊萎缩，泌香功能消失。

【诊断】

根据发病特点、症状，可做出准确的诊断。

【治疗】

首先将炎症部位清洗干净，然后涂抹抗生素药膏如磺胺药膏、红霉素软膏等。

【预防】

采香时首先要保定确实，防止麝在采集麝香过程中不安和骚动，从而造成香囊意外损伤。将贮香囊外部清洗消毒，挤压香囊时动作要轻，并柔和地反复揉挤香囊，使香液慢慢排出，严禁用力挤压，也可用牛角匙轻轻刮取香膏，每次取香后应涂以润滑油，遇有充血发炎现象可涂抹磺胺类等抗生素软膏，待炎症消除后再取香，炎症未消除前应暂停取香。

二、化脓病

化脓病是我国圈养麝群中发病率最高和危害最严重的群发性疾病之一。患病个体发病部位不同，其症状表现也不同。发生在近体表的浅层组织化脓，可见包块，包块性质柔软且具移动性。脓肿可随着病情的发展而变大，按压有波动感，多数经治疗后可痊愈；而发生在内脏等深层组织的化脓，其生前反应不明显，脓肿大多是在解剖病死林麝时发现的，并且多发生在肝、肺、子宫等部位。

【病原】

引起圈养麝出现化脓的病原是复杂的，目前报道从林麝脓肿内分离鉴定出的病原菌有化脓隐秘杆菌（又称化脓放线菌或者化脓棒状杆菌）、铜绿假单孢菌（又名绿脓杆菌）、大肠杆菌、沙门氏菌、葡萄球菌和侵肺拟杆菌等，但哪种菌是真正的原发性病原尚待深入研究。

【病因】

麝外伤、病麝隔离治疗不及时以及注射或手术后消毒不严均是引起化脓的原因。同时，化脓病的发生与饲料含水量、麝肥胖程度以及遗传因素有关。有报道，饲喂含水分较少、多纤维的植物鲜叶时，化脓发病率可下降到10%以下。多年麝类化脓病死亡统计结果显示：患病个体中体胖的占82.3%，其中雌麝占发病死亡总数的78.5%，这可能与雌麝相对于雄麝食量大、活动量较小、体重较重有关，因而雌麝具有更高的发病率。对林麝Ⅱ类主要组织相容复合体基因与化脓相关性进行了研究，从基因水平证实了林麝易患化脓病。林麝等位基因、基因型与超级单倍型的数量易感型都多于抗病型。其中，5条等位基因与化脓性疾病的易感性显著相关，4条等位基因与化脓性疾病的抗性显著相关。

化脓性疾病易感型相关的基因型有7个，抗性相关的基因型有6个。4条超级单倍型与化脓性疾病的易感性相关，2条超级单倍型与化脓性疾病的抗性相关。染色体上有等位基因的存在，由于近亲繁殖造成的易感性等位基因纯合子和杂合子个体的增多可能是导致圈养林麝易患本病的主要隐患。近亲繁殖会增加基因相关性疾病发生的概率，目前我国不同养殖规模的养殖场，均存在不同程度的近亲繁殖现象，这是今后值得关注的。

【防治】

对发生在近体表浅层组织的化脓，局部采取消毒、封闭、切开排脓、冲洗、引流等方法治疗后大多数可痊愈；而发生在内脏等深层组织的化脓，由于诊断条件限制，生前不易被发现，所以大多是在解剖病死林麝时发现的，并且这类化脓多发生在肝、肺、子宫等部位。确诊后可以采取大剂量注射抗生素治疗，但通常治疗效果不佳。目前尚无有效的疫苗用于本病的防治。

三、肺炎

肺炎是呼吸系统的多发性疾病。在实际生产中，患呼吸系统疾病而死亡的病例比例最高。肺炎多发于温度骤变和环境较差的时候，并常见于 4 月龄以内的仔麝。

【病原】

肺炎主要由巴氏杆菌单独感染，或者巴氏杆菌、大肠杆菌和绿脓杆菌混合感染所致，有时伴有沙门氏菌和葡萄球菌感染。此外，支原体和病毒感染也可导致肺炎。

【病因】

呼吸系统疾病的发生与温度正相关，温度升高可以加快呼吸频率，从而诱发呼吸系统疾病。麝类感冒之后如没有得到及时有效的治疗，病原菌就会沿着呼吸道进入肺脏诱导肺炎的发生。此外，肺炎好转或临床痊愈后，病原菌依然能在肺脏病灶里长期存活，成为肺炎复发的内源性基础。

【防治】

麝肺炎的治疗主要是抗生素与清热镇痛类药物的结合使用。罗燕等用 3 株麝肺源性大肠杆菌制作了大肠杆菌三联苗，在雌麝分娩前 35d、28d 和 14d 进行 3 次免疫后，雌乳中含有的高水平抗体可以保护仔麝一段时间，在仔麝出生 60d、67d 和 81d 3 次免疫后，仔麝的高抗体水平会一直保持到 137d，可有效保护仔麝免受大肠杆菌的威胁。

用麝源性巴氏杆菌、大肠杆菌和绿脓杆菌 3 种主要病原菌制作的疫苗，在小鼠身上分别取得了 80%、85% 和 90% 的保护率，但在麝上尚无应用报道。

四、胃肠炎

【病因】

胃肠炎是圈养麝的常发性疾病，其发病率为 20%~30%，病死率约 30%。麝食入霉变饲料、饲料配比不合理、饲喂过多以及细菌或寄生虫感染等均可引发胃肠炎。

【诊断】

急性胃肠炎临床上易诊断。对麝的慢性肠炎有研究报道可采用近红外反射光谱检测粪便进行诊断，这种检测方法方便、快速，是一种非接触性诊断方法。

【防治】

细菌感染引起的可用抗生素治疗，消化不良引起的则应减少饲喂量并在饲料中添加助消化的微生态制剂与健胃消食散等，同时补充体液，用碳酸氢钠纠正酸中毒。

麝属反刍动物，长期或大剂量口服抗生素会破坏瘤胃和肠道内微生物的稳态，胃肠道稳态被破坏之后会影响麝类对肠道中食物的消化吸收，从而对麝类生长发育造成影响。采用注射治疗，反复抓捕又会导致应激，可能不但没起到治疗效果反而会加速麝的死亡。有报道用分离自麝肠道内 3 种乳酸菌以不同配比制备的微生态制剂与致病性肠炎沙门氏菌共同灌服昆明鼠，微生态制剂对昆明鼠保护率最高可达 100%，将把效果最好的配比组合对临床上 6 只腹泻的林麝使用 3~4d 后发现其中 3 只林麝有明显好转，治愈率达 50%。同时，有报道称使用复合酶制剂对麝消化日粮粗纤维、日粮无氮浸出物和能量都有显著提高，并能提高麝类对粗纤维饲料的消化，以减少消化系统疾病，有利于消化器官的发育。

五、异食症

【病因】

由于饲料单一，长期缺乏必要的微量元素（如铜、钴、锰等）和维生素，导致麝代谢紊乱、消化功能障碍而引起异食。麝由于异食癖采食了干树叶类饲料中坚硬的茎部以及小树枝等不易消化的粗纤维部分，这些坚硬粗纤维形成瘤胃结石性球状物的核。结石性球状物在瘤胃内不断刺激胃黏膜，促使瘤胃分泌物包裹其周围，并形成不断增大的球形物。这类结石性球状物可下排进入网胃、瓣胃和皱胃，引起麝皱胃的阻塞。

【临床症状】

病麝营养不良，消瘦，背毛粗糙无光泽。反刍咀嚼无力，间断性瘤胃臌气，排黑色稀粪，黏稠恶臭，粪便中混有未消化的饲料和肠黏膜。严重时，反刍、嗳气、采食及活动量明显减少，病麝消瘦直至死亡。

【防治】

饲料配方应满足必要的微量元素和维生素 D 的需要，钙和磷的比例应适当，满足其营养需求。清除圈舍和饲料中的坚硬异物，防止麝误食。病麝采用 B 超确诊后可通过手术去除结石。

六、尿石症

麝尿石症集中发生在每年 9～12 月，主要是 4—6 月龄生长良好的育成麝发病。雌、雄麝均可发生，但对雄麝危害最大。在林麝 31 个尿石症死亡病例中，雄麝有 23 头，占 74.19%。有人统计 254 例死亡病例中，雄麝有 144 头（56.7%），雌麝有 110 头（43.3%）。同时，刚出生的雄麝相对于雌麝更容易患尿结石。发病的性别差异与其尿道解剖结构差异有关，雌麝尿道短而直，结石易排出；雄麝尿道长而有弯曲，是易发病死亡的重要原因。

【病因】

麝饮用水偏碱性、硬度偏高或饮水不足以及维生素 A 等的缺乏、代谢物的聚积和麝自身泌尿器官中有炎症等均有助于形成结石。

【临床症状】

如果饲养过程中观察到麝腹痛不安、常作排尿动作、尿液中伴有血丝、细沙样沉淀物并且尿量少时，即可高度怀疑是患有尿石症。此外，还可能有腹部皮下水肿、腹部有波动感等症状。如果发展到完全停止排尿，则可导致膀胱破裂，继发尿毒症而导致死亡。

【防治】

在部分水质较硬的地区可以用盐酸和氯化铵调整饮水 pH 值，可抑制草酸钙析出。及时治疗尿道炎症，症状轻者可大量饮水促进小的结石排出，严重者需通过手术排除结石。

七、寄生虫病

麝感染寄生虫后可出现动物逐渐消瘦、贫血、仔麝发育缓慢、被毛失去光泽、间歇性腹泻等症状，严重时甚至导致麝类的死亡。目前发现寄生于麝的寄生虫已达 24 科、44 种。圈养麝寄生虫感染率较高，寄生虫病的发生率约 15.09%，是严重制约麝类养殖业发展的一类重要疾病。最近，有学者在四川、陕西和甘肃等 24 个养麝场中抽样采集了 1 049 头麝的新鲜粪样进行寄生虫感染调查，发现寄生虫总感染率为 70.83%，球虫阳性率最高达 44.61%；线虫卵阳性率次之，为 11.72%。

（一）绦虫病

危害圈养林麝的绦虫主要是莫尼茨绦虫，感染率可达 21%，甚至 100%。莫尼茨绦虫病的发生具有季节性，与其中间宿主（甲螨）的生活习性有关。甲螨具有在早晨、黄昏和夜晚活动旺盛的生活习性，而麝也喜欢在这一段时间内活动，从而造成了麝易食入甲螨而感染绦虫。莫尼茨绦虫为大型绦虫，可造成肠腔阻塞。其生长速度很快，所以可以夺取宿主大量营养，影响宿主生长发育造成贫血。同时，它在生长发育过程中所分泌的代谢产物和有毒物质，可引起炎症和破坏神经系统等。

本病的防治主要是采用吡喹酮对麝进行驱虫，并采用复合酚等杀螨剂杀灭中间宿主（甲螨）。

（二）线虫病

危害圈养麝的线虫主要有毛首线虫、捻转血矛线虫、肺线虫和乳突类圆线虫等。

毛首线虫主要寄生于麝的盲肠，其致病作用包括对肠黏膜造成的机械性损伤和毒素作用。在感染严重的情况下虫体可达数千条，盲肠和结肠黏膜有出血、水肿、溃疡和坏死，有时肠黏膜上形成结节。主要症状为腹泻、贫血和消瘦。

肺线虫幼虫移行时，可导致肠黏膜、淋巴结和肺毛细血管的机械性损伤，成虫寄生时引起支气管、细支气管炎症，发生肺萎缩、肺气肿和大叶性肺炎。患病动物表现咳嗽，尤以夜间和清晨活动时明显，咳出的痰液中可含有虫卵、幼虫和成虫。常流鼻液、打喷嚏、逐渐消瘦、贫血、头胸部和四肢水肿、呼吸困难甚至死亡。

乳突类圆线虫移行过程中会对血管、肝、肺和小肠造成机械性损伤，引起继发感染导致化脓、腐败、炎症甚至败血症死亡。成虫主要寄生于小肠前 1/3 段，引起腹泻、消化吸收障碍以及继发细菌感染，败血症是本病致死的主要原因。

捻转血矛线虫寄生于麝的皱胃，成虫头部刺伤胃黏膜引起皱胃炎，虫体吸血并分泌抗凝血物质，使血流不止；分泌的毒素能抑制造血功能，并影响胃肠蠕动及消化液的分泌。患病麝出现贫血、水肿、衰弱等。

线虫感染可选用伊维菌素、多拉菌素、丙硫咪唑、甲苯咪唑和芬苯咪唑等进行驱虫与治疗。

（三）球虫病

麝球虫病主要危害仔麝，目前报道寄生于林麝的球虫有 2 种，即麝艾美耳球虫和金凤山艾美耳球虫。仔麝感染球虫后可导致腹泻、黄染、消瘦，最终因虚脱或其他继发感染而导致死亡，但是成年麝感染球虫后多无症状，仅是带虫者和传染源。仔麝在 8 月底至 9 月初是由哺乳期转向独立生活的时期，免疫功能正在不断完善，抗病能力不强，极易感染疾病，故仔麝球虫病的发病大多集中在 9 月下旬至 10 月初。

对发病麝可采用口服氨丙啉并肌内注射磺胺二甲嘧啶进行治疗。

第三节　狐常见疾病

一、狐传染性脑炎

狐传染性脑炎是由犬腺病毒 I 型（CAV-1）引起的一种以眼球震颤、高度兴奋、肌肉痉挛、感觉过敏、共济失调、呕吐及便血为特征的急性、败血性、接触性传染病，是危害养狐业的三大疫病之一。

【病原】

狐脑炎病毒又称犬传染性肝炎病毒（CHV），属腺病毒科、哺乳动物腺病毒属成员。犬腺病毒Ⅰ型主要引起狐传染性脑炎。犬腺病毒Ⅱ型（CAV-2）主要引起狐喉气管炎，虽然两者的血清型存在差异，但两者具有70%的基因亲缘关系，所以在免疫上能交叉保护。

本病毒易在犬肾和睾丸细胞内增殖，也可在猪、豚鼠和水貂等的肺和肾细胞中有不同程度的增殖，并出现细胞病变（CPE），主要特征是细胞肿胀变圆、聚集成葡萄串样，也可产生蚀斑。感染细胞内常有核内包涵体，核内病毒粒子呈晶格状排列，已感染犬瘟热病毒的细胞，仍可感染和增殖本病毒。

本病毒在4℃、pH值7.5~8时能凝集鸡红细胞，在pH值6.5~7.5时能凝集大鼠和人O型红细胞，这种血凝作用能为特异性抗血清所抑制，利用这种特性可进行血凝抑制试验。本病毒的抵抗力相当强大，在污染物上能存活10~14d，在冰箱中保存270d仍有传染性；37℃条件下可存活2~9d，60℃作用3~5min方可将其灭活。对乙醚和氯仿有耐受性，在室温下能抵抗95%酒精达24h，污染的注射器和针头仅用酒精棉球消毒仍可传播本病。苯酚、碘酊及氢氧化钠是常用的有效消毒剂。

【流行病学】

本病具有发病急、传染快、死亡率高等特点。本病广泛流行于世界各地，其他犬科动物也感染本病。美国、德国、法国、罗马尼亚、波兰、挪威和加拿大等国家相继报道过狐脑炎，现已广泛流行于世界各养狐国家。我国狐脑炎时有发生，给养狐业造成了较大的经济损失。

本病毒犬和狐易感，特别是出生后3~6个月的幼狐最易感。各种不同年龄的狐类动物都能感染传染性脑炎。幼兽发病率为40%~50%，2~3岁的成年狐感染率为2%~3%，比较老的狐很少患病。

发病动物在发病初期，血液内出现病毒，以后在所有分泌物、排泄物中都有病毒排出。特别是康复动物，自尿液中排毒可长达6~9个月，康复和隐性感染动物为带毒者，是最危险的传染源。这些动物的分泌物和排泄物污染了饲料、水源和周围环境，经消化道等途径传染。寄生虫也是传播本病的媒介，发病动物在本病的流行初期死亡率高，中、后期死亡率逐渐下降。

本病没有明显的季节性，但夏、秋季节由于幼兽多，饲养密集，本病易于传播。本病也可经胎盘和乳汁感染胎儿。本病病程较长，无治愈率。

【临床症状】

本病潜伏期6~10d，常突然发生，呈急性经过。病狐初期发病，流鼻液，食欲减退，轻度腹泻，眼球震颤；继而出现中枢神经系统症状，如感觉过敏、过度兴奋、肌肉痉挛、共济失调、呕吐、腹泻等；阵发性痉挛的间歇期精神委靡、迟钝，随后麻痹、昏迷而死。有的病例发生截瘫和偏瘫。

几乎所有出现症状的病狐全部死亡，病程短促，一般2~3d即死。本病一旦传入养狐场，可持续多年，呈缓慢流行，每年反复发生。慢性病例，病狐食欲减退或暂时消失，有时出现胃肠道功能障碍和进行性消瘦、贫血、结膜炎，一般慢性病例能延长到打皮期。

【病理变化】

急性病例内脏器官出血，常见于胃肠黏膜和浆膜，偶有骨骼肌、膈肌和脊髓膜有点状出血。肝肿大、充血，呈淡红色或淡黄色。慢性病例尸体极度消瘦和贫血，肠黏膜和皮下组织有散在出血点，实质器官脂肪变性。肝肿大、质硬，带有豆落状纹理。组织学检查可见脑脊髓和软脑膜血管呈袖套现象。各器官的内皮细胞和肝上皮细胞中，可见有核内包涵体。

【诊断】

根据流行特点、临床症状和病理变化，可做出初步诊断，本病的早期症状与犬瘟热相似，且有时混合感染，必须注意区别。狐传染性脑炎主要为急性病程和严重的神经症状，最终确诊还需要实验室检查。常用的实验室检查与血清学检查方法如下。

1. 病原分离

应用犬或猪肾原代细胞进行病毒分离培养。可根据犬传染性脑炎病毒致细胞病变的特征，如出现单个的圆形折光细胞，并在细胞单层内出现空泡，小岛样病变细胞堆积成较大团块，如葡萄样，形成核内包涵体等加以确认。

2. 血清学中和试验

中和抗体在感染后1周即出现，持续时间也长，适于中和抗体的测定和免疫水平的判定。通常用组织培养中和试验法，实用效果很好。

3. 皮内反应

应用病死的感染动物实质脏器悬浮液离心取上清液，加入甲醛灭活，然后用于皮内接种，观察局部是否出现红肿即可判定。

另外，免疫荧光抗体技术、间接血凝试验、炭凝集法也可以用于本病的诊断。然而，比较有实用价值的是用免疫荧光抗体检查扁桃体涂片和肝脏涂片，或用活组织标本染色检查核内包涵体或病毒（抗原），可提供比较确实的早期诊断。

【鉴别诊断】

一般能治愈的脑炎均不属于此类型感染，可能是细菌性或非病原性脑炎，如脑膜炎双球菌感染、李氏杆菌感染、低血钙症、维生素 B_1 缺乏等；此外，脑积水、中毒病以及其他传染病也能导致脑炎症状，应加以区分和识别。

1. 传染性脑炎与脑脊髓炎的区别

传染性脑炎广为传播，大面积流行，不分成年狐和幼狐均能发生；而脑脊髓炎常为散发流行，局限于场内某一区域，常侵害 8 ~ 10 月龄的幼狐，银黑狐易感，蓝狐不易感。

2. 传染性脑炎与犬瘟热的区别

犬瘟热病是高度接触性传染病，传播迅速，发病动物表现出典型的浆液性化脓性黏膜变化和结膜变化，消化功能紊乱、腹泻，眼流泪、有脓性眼眵，皮肤脱屑有特殊的腥臭味，二次发热。而传染性脑炎则无以上症状。

3. 传染性脑炎与钩端螺旋体病的区别

钩端螺旋体病主要症状为短期发热、黄疸、血红蛋白尿、水肿、妊娠雌兽流产等。而传染性脑炎则无以上症状。

【治疗】

病狐在隔离情况下对症治疗，可使用抗血清特异治疗，结合镇静（如氯丙嗪、硫酸镁）、降低颅内压（如甘露醇）、消炎（磺胺嘧啶钠、脑炎清、青霉素等）综合治疗。两种球蛋白也能起到短期的治疗效果，还可给发病动物注射维生素 B_{12}，成年兽每只注射量为 350 ~ 500μg，幼兽每只注射量 250 ~ 300μg，持续给药 3 ~ 5d，同时随饲料给予叶酸，每日每只 0.5 ~ 0.6mg，持续喂 10 ~ 15d。

【预防】

对狐的传染性脑炎每年定期接种疫苗即可有效预防，一旦发病应进行紧急接种，保护健康狐。发生狐传染性脑炎时，应将发病动物和可疑发病动物隔离、治疗，直到取皮期为止。对污染的笼具应进行彻底消毒。地面用10%~20%漂白粉溶液或10%生石灰乳消毒。被污染的（发过病的）养殖场到冬季取皮期应进行严格的兽医检查，精选种兽。对患过本病或发病同窝幼兽以及与之有过接触的毛皮动物一律取皮，不能留做种用。

二、病毒性肠炎

肠炎型和心肌炎型多见。病毒对外界有较强抵抗力。被病毒污染的笼舍，病毒能保持1年的毒力。本病以夏、秋季多发。

以3~4月龄幼狐最易感。本病的传染源是患病动物和带毒动物，患病动物在发热过程及具有明显临床症状时，传染性非常强，可不断向外界环境排毒，饲料、饮水、食具被污染后即可能传染给健康的狐。

【临床症状】

可分为肠炎型和心肌炎型。肠炎型症状在临床上表现为呕吐和持续腹泻，粪便变软，呈黄灰白色稀便或水样便，粪便有恶臭味、腥味，病狐逐渐消瘦，最后会因脱水衰竭而死亡。心肌炎型多发生于1月龄以上的幼狐，临床症状为呼吸困难，心跳加快，可视黏膜苍白，最后往往发生心力衰竭而死亡。在实际生产中，大多数病例常继发大肠杆菌病或沙门氏杆菌病而使病情加重，最后死亡。确诊要结合流行病学、临床症状、剖检变化以及病理组织学检查。

【防治】

及时给健康仔狐在断奶后接种狐病毒性肠炎疫苗，半个月后再进行第二次接种，仔狐接种剂量为2mL/只，成年狐3mL/只。接种时间为每年的1月下旬至7月下旬。

新购种狐要隔离观察30d后，确诊无病后方可入场。饲养员每天要认真检查狐的精神状态和饲喂的饲料。喂狐的肉食必须煮熟后再喂。发现病狐要及时隔离治疗，在半年内禁止购买和出售种狐。

对病狐可注射中药制剂"肠炎灵注射液"，每日2次，每次注射2.5mL。

三、狐狂犬病

野狐是狂犬病自然疫源中最主要的疫源动物。早在 1936 年苏联学者即发现银黑狐狂犬病。迄今，在我国尚未有这方面的报道。多数研究者认为，野狐既是狂犬病的自然疫源，又是主要的狂犬病传播者，因为这种食肉动物的活动范围更接近于居民区。若带毒野狐闯进居民区或庭院攻击犬、猫等动物，可扩大本病的传播。人工饲养狐的病例，多数是由于饲喂了带毒的肉类，特别是包括动物头在内的下脚料引发的。此外，感染犬闯进狐舍通过直接或间接的接触传染也是存在的。

狐狂犬病的临床表现与犬的相似，也分为狂暴型和麻痹型，但临床多以狂暴型为主。依据临床症状、病理变化和实验室诊断可对病狐做出确诊，但本病目前尚无特效的治疗方法。在免疫预防时，一般认为 ERA 株狂犬病疫苗经口对狐进行免疫接种，可获得较好的预防效果。

四、传染性肝炎

又叫蓝狐和银狐传染性肝炎，是由犬腺病毒引起的一种急性、高度接触性、败血性传染病，常呈地方性流行，其患病率和死亡率不随季节而变化，但夏、秋季节对本病的传播最为有利。

病毒通过呼吸通、消化道及损伤的皮肤和黏膜侵入狐机体，病毒在子宫内及雌狐哺乳期还可以传染给胎儿和仔狐。病毒通过毛皮动物可以使其毒力增强，引起成年毛皮动物发病。

【临床症状】

自然条件下感染本病时，潜伏期为 10~20d 或更长，人工感染时，潜伏期为 5~6d。本病分为急性型、亚急性型和慢性型 3 种。

1. 急性型

病狐表现为拒食，精神迟钝，体温升高至 41.5℃ 以上，直至死亡。病狐出现呕吐，饮欲增高，病程为 3~4d，逐渐昏迷而死亡。很多情况下病狐无任何症状而突然死亡。

2. 亚急性型

病狐表现为精神抑郁，出现弛张热，病狐躺卧，起来后站立不稳，步伐摇晃，后肢虚弱无力，迅速消瘦，眼结膜和口腔黏膜贫血和出现黄疸，后肢不全麻痹或麻痹，发病期病狐体温升高达41℃以上，体温升高时，伴有心血管系统障碍，心跳每分钟达100~120次、脉搏无节律、软弱，病狐上述症状出现后可能会消失，但过一段时间后会重新出现上述症状，且症状更加显著。病狐尿液呈暗褐色，兴奋和抑郁交替出现，常隐居于笼的一角，给食时表现出攻击性，病程长约1个月，最后死亡或转为慢性。

3. 慢性型

症状不显著和不稳定，病狐常出现食欲减退或暂时消失，有时出现胃肠道功能障碍（腹泻和便秘交替）及进行性消瘦，出现短时的体温升高，一般慢性病例能延长到屠宰期。

【诊断】

根据流行病学、临诊表现和病理变化特点，可做出初步诊断，但确诊有赖于病毒分离和血清学检查。

1. 病原学检查

生前可采取发热期的血液和尿液，或采取病狐扁桃体棉拭子标本，死后采取有特征性病理变化的组织及腹腔液，用电镜直接检查病狐肝脏中的典型腺病毒粒子，或检查核内包涵体。还可做病毒分离与鉴定。

2. 血清学检查

荧光抗体检查扁桃体涂片可提供早期诊断。采取发病初期和其后14d的双份血清，进行凝集抑制试验。当抗体升高4倍以上时即可作为现症感染的证明。此外，补体结合试验、琼脂扩散试验、中和试验和皮内变态反应等亦可用于诊断。

近年来已建立聚合酶链式反应技术，能区分犬腺病毒Ⅰ型和Ⅱ型，可用于本病的临诊检验。

【防治】

本病无特异性疗法，一般采用输血、输液疗法，注射葡萄糖，给予蛋氨酸、胆碱、胆汁酸盐等对症疗法，配合抗生素防止继发感染，同时注意饲养卫生管理。发病早期注射高免血清有较好的疗效。

免疫血清皮下或肌内注射，免疫狐全血进行静脉注射，血清剂量为每千克体重 2~5mL，全血剂量为每千克体重 4~6mL，连用 3~4d。输注葡萄糖、复方生理盐水、维生素 C、三磷酸腺苷（ATP）、辅酶 A、氨苄青霉素或林可霉素等药物。肌内注射大青叶注射剂和维生素 B_1、维生素 B_2、维生素 K 注射液。同时，加强护理和饲养管理，饲料中添加维生素 A、维生素 D 和维生素 E。

人工接种疫苗是防治本病的根本方法。我国当前使用的是犬传染性肝炎与犬瘟热、狂犬病、犬细小病毒病、副流感的五联苗。幼狐于 6~8 周龄时进行初次免疫，10~12 周龄时进行第二次免疫，13~15 周龄时进行第三次免疫。成年狐每年免疫 1 次，即可达到有效的免疫目的。

鉴于犬腺病毒弱毒具有良好的免疫原性与稳定的遗传性，包括 E3 区在内的基因背景已基本查清，国内外正进行以犬腺病毒弱毒株为载体的狂犬病毒、犬细小病毒以及犬瘟热病毒基因重组疫苗的研究。

五、狐、水貂酮体征

狐、水貂酮体征是指由于饲料中糖和产糖物质不足以及脂肪代谢障碍使得血液中糖含量减少而酮体含量异常增多，导致消化功能障碍和神经症状的一种营养代谢病。

【病因】

本病的发生表现为幼龄动物重于成年动物，食欲旺盛的个体病情大多较重，蓝狐的病情重于银黑狐、发病率高于银黑狐的特点。其主要发病原因如下。

1. 与饲料及饲养管理有关

在幼兽生长发育旺期，为满足其快速生长发育的需要，饲养上通常采用高脂肪、中等蛋白质和低碳水化合物类型的饲料，易造成动物代谢失调。由于碳水化合物水平过低，使得动物体单独依靠碳水化合物已不能满足其对能量的需要，需要一定的脂肪和蛋白质提供能量；然而，脂肪和蛋白质在体内分解代谢，不像碳水化合物那样完全生成二氧化碳和水，而会产生大量的 β-羟丁酸、乙酰乙酸、丙酮酸等中间产物——酮体，酮体的产生与酮体的转化利用失去平衡，严重时便可引发酮体征。在饲料配比不科学的情况下，饮水不足可诱发和加重酮体征的病情。

2. 发病有季节性

酮体征多在天气较为炎热的季节发生。狐和水貂都是毛皮动物，皮肤汗腺不发达，十分怕热。在天气炎热季节，动物体内水分损失较大，因而特别容易在其他因素协同作用下促进酮体征的发生。夏季遮阳效果较差、通风不良的养兽场更容易发生，其他季节则较少发生。

3. 维生素 B_1 缺乏

维生素 B_1 为羧化辅酶成分之一，羧化辅酶能使组织内代谢中间产物内酮酸脱羧解毒，因而在维生素 B_1 缺乏的情况下羧化辅酶的合成就会受到影响，脑组织和血液中的丙酮酸会大量蓄积而发生酮体征。在动物的饲养中，饲喂未经熟制处理的淡水鱼时，其体内的硫胺素酶及饲料的氧化酸败都会大量破坏维生素 B_1，导致酮体在兽体内蓄积。

【临床症状】

1. 狐

病狐食欲下降或废绝，鼻镜干燥，精神沉郁，活动减少；大多病狐体温、呼吸、心跳均基本正常，尿液呈酸性。本病发病过程一般较长，往往大群发病，且很少出现突然病死现象，一个狐群发病不波及附近狐场。

2. 水貂

大部分病貂病初食欲下降或废绝，精神沉郁，此后开始衰弱，步态摇晃，盲目行走，很快四肢间歇性抽搐和痉挛，1d 左右死亡，死前偏瘦。

【病理变化】

1. 狐

头、颈、胸、腹皮下脂肪黄染水肿，有的皮下有出血点，皮下脂肪变硬，呈黄褐色，脂肪细胞坏死，脂肪细胞间有大量黄褐色物质，具有蜡样性质，腹股沟两侧脂肪尤为严重。淋巴结肿大，胸腹腔有黄红色的渗出液。肠系膜及脏器沉积黄褐色脂肪，肝脏肿大，略呈土黄色，质地略脆弱，呈脂肪肝状，肾肿大黄染。有的胃肠黏膜肿胀出血，内容物呈红色或黑色，直肠处有煤焦油状稀便。有的膀胱内充满深色的尿液，死亡尸体消瘦，皮下组织干燥，但黄染不明显。

2. 水貂

肝脏质脆，表面红黄相间，呈花斑状；肺脏尖叶和心叶淤血；脾脏肿大、淤血、边缘梗死；肾脏肿大，皮质以及肾乳头出血，皮质和髓质的交界模糊不清；肠系膜淋巴结肿大、出血；胃黏膜大面积出血、溃疡；膀胱积尿。

【诊断】

根据病因、发病特点和临床症状可做出初步诊断。检查血糖和血清酮含量，出现低血糖、高血酮现象即可准确诊断。

【治疗】

对病情严重的患病动物，为减少脂肪分解产生更多酮体和促进酮体排出，可静脉输入 20% 葡萄糖注射液；为确保羧化辅酶的正常合成，促进酮体转化，输液时每日加入维生素 B_1 0.5mg；为纠正酸碱平衡，静脉注射 3% 碳酸氢钠注射液；为防止继发感染，可在输液时加入抗生素类药物。发病狐群应普遍采取饲料疗法，进行饲料调整，加大饮水量。

饲料疗法：减少动物性饲料比例，特别要减少富含脂肪的饲料比例，加大富含碳水化合物的谷物类饲料比例和蔬菜在日粮中的配比。在饲料中加入适量的白糖，有利于迅速提高动物身体血糖水平，减少酮体产生，每日在饲料中加入维生素 B_1 2~3mg，可提高动物体的脱羧解毒能力。经过 7~15d 的调整，待狐群恢复正常后，便可恢复正常饲养。

【预防】

在幼年动物的生长旺期，应采用高脂肪、中等蛋白质和低碳水化合物类型饲料饲养。在处理三大营养的关系时，要以蛋白质为核心，首先确定蛋白质的给予量处于一年中的中等水平（冬毛生长期最高），然后再在三大营养关系列表中选择相应的脂肪和碳水化合物水平，并在浮动范围内，脂肪选择上限，而碳水化合物选择较低的水平，千万不能错误地选择不同时期脂肪水平的最高水平，造成脂肪水平过高；也不能选择不同时期碳水化合物的最低水平，造成碳水化合物水平过低，否则会因营养供应失调而导致兽体营养代谢失调，从而引发酮体征。

狐和水貂是肉食动物，饲料中要注重蔬菜及各种维生素添加剂的添加，以满足不同时期动物体对维生素的需要及促进消化道的正常蠕动。为使动物体保持正常代谢，预防酮体征的发生，日粮中应添加维生素 B_1 0.4mg，蓝狐还要加大剂量。

在炎热的季节应让动物群自由饮水，早饲应适当提前，晚饲要适当后延，中午补饲要快，以减少饲料的氧化酸败。以淡水鱼养弧和水貂时，要注意熟喂，注意养殖场的通风，在地面上经常洒水降温，避免动物受到阳光直射。

第四节　貂常见疾病

一、貂瘟热

貂瘟热又称水貂犬瘟热，是由犬瘟热病毒引起的一种具有高度接触性传染的烈性传染病。临床上以双相热型、化脓性眼结膜炎、急性卡他性呼吸道炎症、严重的胃肠炎和脑炎为特征。本病分布于世界各地，我国多有发生。

【临床症状】

由于传染源动物种属不同，其传染速度也不一样。如果是貂源性传染源，经3~4周即可引起广泛传染，症状典型，死亡率高。狐源性传染的，则需经过2~4个月的隐性经过，待毒力增强后才能造成广泛传播。根据临床表现和症状，水貂犬瘟热可分4个类型。

1. 最急性型

常发生于流行的初期或后期，无任何前兆突然发病，病貂出现神经症状，突然前冲、滚转、四肢抽搐，头颈后仰或咬住笼网，吱吱尖叫，口吐白沫，癫痫性发作，经多次发作后全身处于无力状态，不能支撑起立，体躯瘫软任人摆动，病程仅1~3d，转归死亡。有时只看到1~2次抽搐、尖叫、吐沫，仅几分钟便以死亡告终，发作后体温均在42℃以上，病死率达100%。

2. 亚急性型（混合型）

患病初期有感冒症状，病貂眼圈湿润、流泪，鼻孔湿润、流鼻液，体温升高。出现"双峰热",即在感染后 2~5d 出现第一次高热,体温多为 40~41℃,持续 2~3d,而后体温下降至常温,经 5~7d 又出现第二次高温,可达 41.5℃,再经 3~5d 患兽死亡,"双峰热"是犬瘟热重要的临床特征之一。除体温变化之外,患病动物的消化道和呼吸器官也常表现特征性变化。患病动物的肛门黏膜或外生殖器发炎微肿;食欲减退或拒食,鼻镜干燥。随着病程的发展,眼部出现浆液性、黏液性乃至化脓性分泌物,附着在内眼角或整个眼睑,严重者将整个眼睛糊死。鼻端也有少量分泌物固着,重者可将整个鼻孔糊死。口裂和鼻部皮肤增厚,黏着糠麸或豆腐渣样的干燥物。病貂被毛蓬乱、无光泽,毛丛中有谷糠样的皮屑。颈部或股内侧皮肤可发现有黄褐色分泌物的皮疹,病畜散发出一种特殊的腥臭味,消化紊乱、下痢,病初排出黏液性蛋清样稀便,后期粪便呈黄褐色或煤焦油样。肛门红肿外翻,呼吸急促,尿流不止。雄畜腹下被毛浸湿,似尿湿症。少数病例同时表现脚掌红肿、趾间溃烂。有时病症稍缓解,但很快又恶化。病后期部分患病动物出现后躯麻痹,共济失调或拖拽前进,或某部肢体呈现不随意运动,如仰头歪颈、肌群震颤等,神经症状间歇发作,一次比一次严重,病程平均 3~10d,多数转归死亡。

3. 慢性型(皮肤黏膜型)

一般病程在 20d 以上,患病动物以双眼、耳、口、鼻、脚爪和颈部皮肤病变为主。患病动物食欲减退,时好时坏,不活动,多卧于小室内。眼睑边缘皮肤发炎、脱毛、变厚、结痂,形成眼圈,或上、下眼睑被黏液脓性眼分泌物黏着在一起,看不到眼球,时而睁开,时而又黏在一起,反复交替多次。鼻面部肿胀,鼻镜和上下唇、口角边缘皮肤有干痂物附着;有的患病动物耳边皮肤干燥无毛。四肢趾掌肉垫增厚,为正常时的几倍,病初爪趾(指)间皮肤潮红,而后出现微小的湿疹,皮肤增厚肿胀变硬,俗称"硬足掌症"。皮肤弹力减弱,出现皱褶,尤以颈、背部为重,被毛内有大量麸皮样湿润污秽的脱屑,发出难闻的腥臭味。有的病貂外阴肿胀、肛门外翻。此类型患病动物虽然多良性经过,但发育滞后,皮张质量降低,一部分患病动物出现并发症后,最终死亡。

4. 隐性感染型

多见于流行后期,病貂仅有轻微的一过性反应,类似感冒,或仅有轻度皮炎及一些极轻的卡他性症状，看不到明显的异常表现，多耐过自愈，并获得较强的终身免疫力，但成为隐性带毒者。部分病貂出现细菌性继发感染并发症，最终死亡。

【病理变化】

1. 急性型

尸体营养良好，体表不洁，常被粪尿等玷污。刚停止呼吸不久的尸体非常绵软，口角周围带有泡沫样唾液。病貂鼻镜干涸、口张开、肛门松弛、尿失禁浸湿周围被毛。胃肠黏膜出血、肿胀，肝、脾变化轻微，肺尖叶有紫红色病灶，切面多含泡沫样液体。脑实质变软、充血、出血。其他实质脏器无明显变化。

2. 亚急性型

尸体外观变化不明显，仔细检查才能发现眼、鼻有少量黏液性分泌物，鼻镜裂纹较深，齿龈出血，四肢脚掌轻度肿胀。肺的一般性炎症病灶呈粉红色、紫红色、灰褐色等多种颜色，而肺气肿灶外观则呈灰白色泡沫状。同时，还可见到无气肺，个别病例胸肺粘连。病貂体腔干燥，心脏扩张，心肌弛缓。胃和小肠黏膜增厚，呈明显的卡他性炎症变化。病变严重的肠黏膜出血、脱落、溃疡，大肠末端肠管多见出血性炎症变化。肝脏呈暗紫色或黄褐色，质脆。胆囊显著增大、充满胆汁。脾有时轻度肿大。肾脏分界不清，一般病例皮质呈暗紫褐色或灰褐色，包膜下常有出血点。膀胱黏膜肿胀，有出血点。

3. 慢性型

病貂外观多见有较多的眼分泌物，鼻面部皮肤肿胀、粗糙。足垫肿胀，肢端明显增大，绒毛中有糠麸样皮屑。病貂脑和脑膜有出血性浸润灶，神经细胞变性，着色较深，部分神经细胞核消失，呈渐进性坏死。肺及细支气管明显水肿，上皮肿胀增生。脾血管高度充血并有弥漫性出血。肾小管上皮空泡变性、玻璃滴样变性、坏死和出血。肾小球囊肿，内皮增生，呈急性肾小球肾炎变化。膀胱黏膜上皮样细胞着色深浅不一、易脱落，黏膜下水肿。肠黏膜上皮样细胞脱落。

【诊断】

根据病史和临床症状可做出初步诊断，依据检查结果、病毒分离和血清学试验、动物接种结果可以作为确诊的依据。

【防治】

本病无特异性疗法，用抗生素治疗无效，只能控制继发感染，目前对毛皮动物犬瘟热病可用犬瘟热高免血清或康复动物血清（或全血）进行治疗。为预防继发感染，可用碱胺、抗生素类药物控制细菌引起的并发症，延缓病程，促进治愈，眼、鼻可用青霉素眼药水点眼和滴鼻，并发肺炎时，常使用青霉素、链霉素控制，水貂每天注射 15 万 ~ 20 万 IU。也可用拜有利注射液，每千克体重 0.05mL。

当出现胃肠炎时，可将土霉素或喹乙醇等混入饲料内投给，用药剂量按常规治疗量，早、晚各 1 次，水貂和紫貂为 0.03g，连投 3d。

对毛皮动物犬瘟热的防治需要从以下几方面加以综合考虑。

1. 加强饲养管理

目前在犬瘟热没有得到很好控制的情况下，采取适当封闭式饲养是必要的。主要是限制外人进入，对新引进的动物应隔离观察 1 ~ 2 个月，观察无病后方可合群。对群养动物，应依性格、品种、年龄分群、分地饲养。分散饲养易于隔离，一旦有疫病发生，缩小了传染范围，易于治疗和扑灭。

2. 严格消毒制度，加强卫生防疫措施

养殖过程中消毒的好坏直接影响动物群的健康，必须做好笼舍的消毒工作。消毒方法应由过去简单的消毒方式转变为多种消毒剂交替使用，由过去的平面消毒变为立体化、全方位消毒。各养殖场应尽量做到自繁自养。在犬瘟热流行季节，严禁将个人养的犬带进养殖场。如已有动物发病，应采取下列措施：对有典型临床症状的动物，应立即隔离。对动物圈舍可用 3% 甲醛溶液、0.5% 过氧乙酸溶液或 3% 氢氧化钠溶液进行彻底消毒。

3. 及时隔离治疗

及时发现病貂，尽早隔离治疗，预防继发感染是提高治愈率、减少死亡率的关键。病初可肌内或皮下注射抗犬瘟热高免血清（或犬五联高免血清）或本病康复动物血清（或全血）。血清的用量应根据病情及动物个体大小而定，在用高免血清治疗的同时，配合应用抗病毒类药物，可提高治疗效果。

4. 定期进行免疫接种

犬瘟热的防治主要来自各种类型的疫苗刺激机体产生免疫保护。由于不同动物对疫苗的生物学反应差异较大，慎重选择疫苗和把握接种动物的免疫日龄是免疫接种取得理想效果的关键。注射犬瘟热疫苗需要注意：注射针头要消毒，以防由于接种传播疾病；不要误打、漏注，加强疫苗注射后的管理。

二、貂传染性肠炎

貂传染性肠炎又称泛白细胞症或病毒性肠炎，是由貂传染性肠炎病毒引起的一种以腹泻、粪便含有灰白色脱落肠黏膜、纤维蛋白和肠黏液以及血液白细胞显著减少为特征的急性病毒性传染病，是危害水貂饲养业较严重的病毒性传染病之一。

貂传染性肠炎首先发现于加拿大威廉堡地区，1952年经Wills证实其病原是肠炎病毒，我国黑龙江、辽宁、山东、江苏等省先后发生过本病。本病之所以在我国不少地区流行，一个重要原因就是随带毒进口貂的不断引进而扩散。貂传染性肠炎在很多国家曾造成极大的经济损失，应引起高度重视。

【病原】

本病的病原为貂传染性肠炎病毒（Mink enteritis virus），为细小病毒科、细小病毒属，具有细小病毒群的主要特征。与猫的泛白细胞减少症病毒和犬细小病毒在抗原上有相关性，许多学者认为本病毒是猫泛白细胞减少症病毒的一个生物学变种。

貂传染性肠炎病毒无囊膜，直径18~26nm，壳粒直径3~4nm，基因组为单一分子的单股DNA。对乙醚、氯仿、胆汁有抵抗力，煮沸能被杀死，0.5%甲醛、氢氧化钠溶液室温条件下12h可使其失活。能耐受66℃作用30min的加热处理，病毒在户外土壤中1年以上，其毒力仍不减。本病毒可在貂肾、猫肾原代细胞上增殖，也能在FK、CRFK、NLFK等细胞株上生长繁殖，并产生核内包涵体。

本病毒能凝集猪和猴的红细胞。在微量红细胞凝集试验时，凝集猪红细胞的最适条件是：猪红细胞悬液浓度为0.8%，稀释剂为加有0.5%灭菌兔血清的pH值6~6.4磷酸盐缓冲液，在4℃、18℃和37℃条件下凝集价差异不明显，但4℃时凝集价最高且稳定。

【流行病学】

在自然条件下，所有品种、品系、年龄的貂都易感，以仔幼貂和育成貂的易感性和病死率最高。发病或带毒貂是本病的主要传染源,耐过貂至少能排毒1年以上。患泛白细胞减少症的猫可传染貂并使其发病。引进的带毒种貂、感染貂在场间互相串换,是近几年来本病在我国蔓延扩散的重要原因。

感染貂可自粪便、尿液和唾液中排毒,污染饲料、饮水、用具和周围环境,通过消化道或呼吸道等途径直接或间接传染。还可通过野鸟从污染貂场将病毒携入安全场。另外,蝇类、禽类、鼠类在本病的传播中起重要作用,饲养人员的手套和用具也可传播病毒。

本病呈地方性流行,在短时间内几乎传染整个水貂群,死亡率很高,这与本病毒的抵抗力较强、排毒时间较长等有关。

【临床症状】

本病潜伏期多为4~9d,11d以上者少见。病貂的主要症状是腹泻,病初表现精神沉郁,食欲减退乃至废绝,渴欲增加,不愿活动,有时呕吐,体温升高达40.5℃以上。粪便稀软无光泽,呈灰红色或淡黄色管柱状,有肠黏膜、纤维蛋白、黏液附着。病后期严重腹泻,粪便内混有大量肠上皮黏膜、黏液和血液,甚至排出水样血便。当呈慢性经过时,病貂极度消瘦,被毛松乱且无光泽,有的眼裂变窄,眼呈斜视,排粪频繁但量少,极度虚弱和消瘦,常常四肢伸展平卧。

病貂白细胞显著减少,由正常的10 000左右减少到5 000以下,严重的可降低到2 000左右,中性粒细胞由正常的40%增高至65%,淋巴细胞由正常的58%减少到29%。病程短的4~5d死亡,长的14~18d逐渐恢复健康,但长期带毒、生长迟缓。最急性病例不出现腹泻,仅在食欲出现废绝后12~24h发生死亡。

【病理变化】

急性病例尸体营养良好,病理剖检以急性卡他性、纤维素性乃至出血性肠炎为特征。慢性病例尸体消瘦,被毛松乱,肛门周围被粪便污染。剖检主要病变局限于肠管和淋巴结。胃内空虚,仅有少量黏液、胆汁,幽门部黏膜充血并有溃疡灶。肠内容物呈水样,并混有血液、脱落的肠黏膜和纤维蛋白,肠壁菲薄、有出血性病变,有的肠内容物完全为暗红色血液。肠系膜淋巴结肿胀、充血、水肿。肝脏肿大,质脆色淡,胆囊膨胀充满胆汁。脾脏肿大,呈暗紫色,表面粗糙。

病理组织学检查,可见小肠黏膜明显充血,有坏死灶和纤维蛋白沉着。肠黏膜上皮细胞肿胀，有空泡变性，上皮细胞内可见到包涵体，苏木精–伊江染色时包涵体被碱性复红着色。

【诊断】

根据流行病学、临床症状、病理变化，综合分析可进行初步诊断。发病率和死亡率高，表现急性腹泻、并在粪便内发现黏膜圆柱物、白细胞显著减少等可作为诊断本病的依据。临床上应注意与其他类型的肠炎进行鉴别诊断。确诊须进行实验室检查。

1. 动物接种

无菌采取病貂的肝脏、脾脏或小肠内容物，制成 1∶5 的悬液，每毫升加入青霉素、链霉素各 2 000IU，给健康仔幼貂灌服 10~20mL 或腹腔注射 3~4mL，经 1 周左右后发生肠炎症状，即可确诊。

2. 琼脂扩散试验

貂感染后第 6 天即产生沉淀性抗体，此时可获得 60% 的阳性检出率，此后抗体滴度迅速升高，到第 15 天可达 1∶(8~64)，且持续时间较长。沉淀性抗体较之补体结合抗体和中和抗体出现早，因此琼脂扩散试验可适用于本病的早期诊断。

3. 免疫荧光抗体技术

适用于检查病料组织的抹片或切片中的病毒抗原。自高免兔血清中按常规法提取免疫球蛋白，用异硫氰酸荧光素标记后染色标本，镜检时可见到胞质呈灰黄色或暗红色、核仁呈暗黑色、核内病毒抗原呈现明亮的翠绿色荧光。如用 0.02% 伊文思蓝水溶液复染 0.5min，则荧光更清晰。

【防治】

临床上尚无特效药物治疗本病，应用抗生素和补液可以控制继发感染和减少死亡。患过本病的水貂可获得长久的高度免疫。对于本病的预防和控制，必须采取综合性防疫措施。加强饲养管理，严格执行兽医卫生制度，定期进行免疫预防注射等都应切实做好，才能达到目的。

至于本病的免疫预防，目前国内外已广泛采用灭活疫苗和弱毒疫苗作预防注射，疫苗种类包括同源毒组织灭活疫苗、细胞培养灭活疫苗和弱毒疫苗，以及猫源毒细胞培养灭活疫苗和弱毒疫苗等异源疫苗。研究表明，猫源毒弱毒疫苗比同源毒组织灭活疫苗效果好。用病貂肺、心、血制成灭活疫苗的效果明显高于用肝、脾、肾制成的灭活疫苗。猫泛白细胞减少症猫肾细胞弱毒株疫苗，在貂接种后3d即能获得对貂肠炎病毒坚强的抵抗力。

此外，多种联合疫苗在国外也已被广泛采用，如猫泛白细胞减少症、肉毒梭菌类毒素二联疫苗及犬瘟热、肉毒梭菌类毒素、貂传染性肠炎三联疫苗等。通常在配种前（1~2个月）对种貂进行预防注射，在断奶分窝后（6~7个月）对幼貂做疫苗注射。对发病场（群），在流行开始时即进行紧急接种疫苗。

防治本病的发生，除进行疫苗接种外，还应严格执行卫生防疫制度，严禁猫、犬、禽类入场。更换种貂在入场前30d进行病毒性肠炎疫苗接种，到场后隔离饲养15~30d，方可混入大群饲养。当水貂场流行本病时，应停止称重及其他一切畜牧工作措施。对污染的笼舍用2%福尔马林或氢氧化钠溶液消毒，地面用5%氢氧化钠溶液消毒，粪便用2%~3%氢氧化钠或20%漂白粉溶液处理。从最后一只患病水貂痊愈或死亡之日起，经30d再无本病发生，可解除封锁。发过病的貂场每年接种1次疫苗，以防本病复发。

三、貂肉毒梭菌中毒症

貂肉毒梭菌中毒症是由于食入含有肉毒梭菌毒素的肉类或鱼类动物性饲料而引起的一种急性、致死性中毒性疾病。本病的主要特征是运动中枢神经和横纹肌麻痹或不全麻痹及延脑麻痹，失去活动性。本病死亡率很高，常呈群发性。

本病是多种动物的共患病，世界各地均存在，但不常发生，一旦发生病死率极高。曾在我国貂群中断续地发生过多次，且以东北、西北和内蒙古等地最多。

【病原】

本病病原为肉毒梭菌（*Clostridum botulism*），又称腊肠中毒杆菌，系芽孢杆菌科、梭状芽孢杆菌属。肉毒梭菌是一种腐生菌，其芽孢广泛分布于自然界，土壤是其自然存留之所。水、空气、动物肠道、粪便、腐败尸体、腐烂饲料和各种植物中均有可能存在。

肉毒梭菌为大杆菌，大小为（4~6）mm×（0.9~1.2）mm，两端圆形，大多数单在，偶尔成对或呈短链状，无荚膜。芽孢偏于一端，呈卵圆形，比菌体略大。有 4~8 根鞭毛，运动力较弱，幼龄培养物革兰氏染色阳性。其芽孢对热的抵抗力很强，A 型芽孢煮沸 6~8h，C 型芽孢煮沸 1h，都不能被完全杀死。各型芽孢必须在 120℃经 20min 方能杀死，在 5%石炭酸溶液和 5%来苏儿溶液中经 7d 尚不能被杀灭。

肉毒梭菌在繁殖时要求严格厌氧，最适生长条件为 pH 值 6~8，温度为 28~37℃。产生毒素的环境为 pH 值 4 以上，温度 8℃以上，最适温度为 25~30℃。在葡萄糖血液琼脂上长成细小、扁平、颗粒状、中央隆起、边缘不整齐、带丝状的菌落，菌落容易融合，能形成溶血环。在卵黄琼脂上生长良好，菌落周围有淡黄色乳光。

根据肉毒梭菌产生的外毒素不同，可将其分为 A 型、B 型、C 型、D 型、E 型、F 型六型，其中 C 型又分为 C 型与 CB 型两型。各型菌株的生长特性略有差异，如在肉汤培养基中，A 型、B 型、F 型三型呈混浊状，底部有沉淀；C 型、D 型、E 型三型表现清澈。A 型、B 型、E 型、F 型四型能液化吕氏血清斜面（37℃，15d），而 C 型、D 型则不能。实验证明，貂对 C 型毒素最敏感，食后 24~36h 内即发病死亡；对 A 型与 B 型有中度敏感性；D 型毒素在貂体内的潜伏期较长，在 48~96h 方见发病，多数不致死，仅有低度敏感性；E 型毒素虽然对貂危害较重，但仅在丹麦等少数国家发生。

【流行病学】

貂对肉毒梭菌毒素十分敏感。所有年龄的水貂对肉毒梭菌都易感，特别是对 C 型肉毒梭菌产生的毒素最易感。其发病和流行没有年龄、性别和季节性，常呈地方性流行，有时散发。本病常突然发生，第一昼夜死亡占 70%，第二昼夜占 20%，第三昼夜占 9%~10%，本病的严重性和延续时间，决定于水貂食入的肉毒梭菌毒素量，死亡率可高达 90%以上。在实验动物中，小鼠、豚鼠对毒素最敏感，鸟类也敏感，家兔的敏感性较低。

本病的发生与污染地区和饲料来源有关，我国的东北、西北和内蒙古等地区污染比较严重。貂的主要饲料是肉类产品，如果饲料冷藏设备缺乏，卫生状况又不良，则发生的较多。本病多数发生于夏、秋季节，南方地区气温较高，在春末也能发生。

据记载，我国自 20 世纪 60 年代以来在东北、西北和内蒙古等地区的貂群中陆续发生本病，病死率极高。在这些地区主要是由于饲喂了污染的肉类饲料引起的，尤其是在无冷藏设备的情况下肉类饲料堆放过久，细菌大量繁殖，产生大量毒素，被貂食后引起急性中毒。

【发病机制】

水貂饲料特别是动物性饲料被肉毒梭菌污染后，在适宜条件（如腐败、厌氧、温度和 pH 值）下大量繁殖，产生毒素；或者饲料被毒素污染，水貂食入污染的饲料后，自肠黏膜吸收并进入血液循环，侵害中枢神经，其中尤以对延脑神经核的损害最为明显，运动神经末梢也受侵害。由此，神经末梢停止释放乙酰胆碱，从而阻碍神经冲动对运动终极（神经与肌肉接头点）的传导，随之发生一系列的神经症状。

【临床症状】

本病潜伏期多数为 8~48h，长的可达数日，潜伏期的长短及病程经过主要以食入的毒素种类和数量而定。

本病多为最急性经过，少数为急性经过。一般情况下，多数突然发病，常呈群发。病貂表现运动不灵活、躺卧、不能站立，有的在喂食后不久即发生，有的在翌晨发现死亡。主要的临床表现是肌肉进行性麻痹，首先见于后肢肌肉麻痹，病貂拖着后肢向前爬行，不能支撑身体，呈海豹式行进，继而前肢也出现麻痹、瘫痪。而后出现呼吸困难，当前肢麻痹后即呈全瘫，卧地不起，眼球突出或斜视，瞳孔散大。咽部肌肉麻痹，表现不能采食和吞咽困难、流涎等。颈部肌肉麻痹，头下垂，不能抬起。将病貂拿在手中，其肌肉松弛无力，像未尸僵的死貂一样，瘫软无力。有的病貂痛苦尖叫，于昏迷中死亡，濒死前口吐白沫，排粪、排尿失禁，排出血便、血尿，昏迷，最后窒息死亡。意识在未入昏迷期前，一直清楚。病程短的几小时，长达数日，病死率几乎达 100%。

【病理变化】

尸体剖检无特定的病理变化。有的口内残留食物，有恶臭味，或舌露出口外。胃内空虚，肠管有卡他性炎症变化，有的充血、出血。实质脏器和淋巴结充血、质软。肺充血、水肿。脑血管怒张，全身浆膜和黏膜有点状或条带状出血。

心肌弛缓，心包积液，呈紫红色，血液常呈紫黑色。

【诊断】

根据采食 8~12h 之后突然全群性发病，伴有肌肉麻痹或不全麻痹等临床症状和剖检病理变化，特别是流行情况可以做出初步诊断。确诊需进行实验室检查，采集可疑饲料或病死貂的胃内容物做毒性试验。

琼脂扩散试验：以被检物的浸提液或毒性物质作为抗原，用 pH 值为 7.8 的硼酸盐生理盐水缓冲液制成 1% 琼脂板，打出直径 6mm 的 7 个孔，各孔和中央孔的间距为 3mm。中央孔滴加抗原，周围 1 孔、3 孔、5 孔滴加不同型抗毒素血清，2 孔、4 孔、6 孔滴加正常血清做对照，然后放于室温或 22℃ 条件下经 24~48h 后观察沉淀线的有无即可判定。

其他如反向间接血凝试验、酶联免疫吸附试验等也是敏感性较高的诊断方法，但存在一定程度的型间交叉，故尚需作进一步研究。

【治疗】

由于本病来势凶猛、病程短，所以很多时候来不及治疗即死亡。早期应用抗毒素可获得一定疗效，对中毒较轻的动物也可投给抗生素治疗。

一经发现病貂立即彻底地更换被污染的饲料，全部用具进行清洗消毒，并及早抢救。在未确定毒素型的情况下，可用多价抗毒素血清治疗，静脉或肌内注射，4~6h 后重复 1 次，至病情缓解为止。同时，配合 5% 碳酸氢钠溶液或 0.1% 高锰酸钾溶液灌肠、洗胃以提高疗效，因肉毒梭菌毒素在碱性条件下易被破坏，在氧化作用下毒力易减弱。

【预防】

平时须认真贯彻卫生防疫措施。鱼、肉类动物性饲料应来源于非疫区，贮存于冷藏库内，包装不宜过大，贮存时间不宜过长，要做到速冻、速融和速加工，以防止污染、堆放而发生腐败变质。可疑饲料必须充分煮熟后饲喂；在盛夏，水貂吃剩下的食物要及时清除，以防酸败，变质饲料不可用于饲喂水貂。冷库、饲料加工场所和用具应经常消毒，加工器具和食具可用煮沸消毒或用 2% 热氢氧化钠溶液洗刷后再用清水冲洗晾干。严禁场内饲养其他动物，特别是犬、猫和禽类，防止传染和污染，非安全地区，特别是以马、牛、羊等肉类产品为主要饲料的地区，应在每年发病季节前（南方地区 4—5 月，北方地区 6—7 月）进行一次预防注射。可以使用供牛、羊用的肉毒梭菌 C 型疫苗免疫水貂，皮下注射 2mL，也可用肉毒梭菌 C 型干粉疫苗免疫水貂，皮下注射 4mg，免疫期可达 1 年。此外，国外尚有貂犬瘟热、肉毒梭菌、传染性肠炎三联苗，养殖户也可使用。

四、貂阿留申病

貂阿留申病又称貂浆细胞增多症，是由阿留由病毒引起的一种慢性衰竭性传染病。其主要特征是终生病毒血症、持续性感染、全身淋巴细胞增生、血清 γ-球蛋白增多、肾小球性肾炎、动脉血管炎和肝炎，同时雌兽出现空怀增加，秋、冬季节本病更加严重。

本病最早发现于 1941 年，以后在美国、加拿大、瑞典、丹麦、日本等一些国家相继发现，人们曾一直认为本病是一种遗传性疾病，直到 1962 年才被证实是一种病毒性疾病。

本病广泛存在于世界各国，我国很多地区也先后报道本病的存在，有些貂场应用碘凝集试验，结果阳性检出率为 9.3% ~ 12.8%，有貂场甚至高达 32.4% ~ 38.1%，欧美等一些国家的污染也十分严重，我国口岸检疫也曾多次证实进口水貂中存在十分严重的阿留申病。本病的危害是多方面的，既能影响繁育和毛皮品质，又会干扰免疫反应，是当前主要的水貂病之一，常造成较大损失。

【病原】

貂阿留申病毒系细小病毒科、细小病毒属。主要存在于感染水貂的血液、血清、骨髓、脾脏、粪便、尿液和唾液中，感染组织的无胞滤液和离心沉淀沉渣都具有传染性，完整病毒粒子直径 22 ~ 25nm，病毒 DNA 的密度 1.733g/mL。阿留申病毒的抵抗力很强，常用的消毒药要作用很长时间才能使之失活，能在 pH 值为 2.8 ~ 10 时保持活力，80℃条件下可存活 1h，在 5℃条件下，于 0.3% 福尔马林中能耐受 2 周，4 周才能灭活。本病毒在 pH 值为 3，56℃作用 3min 及用氟碳、乙醚处理后仍保持稳定，但易被紫外线、1.5% 碘溶液灭活。

貂阿留申病毒不同毒株的毒力有差异，但与其他细小病毒在抗原性上无关。动物人工感染试验表明，病毒在阿留申貂体内复制速度很快，在接种后第 10 天，脾、肝和淋巴结内即可检测出病毒，且能持续较长时间，甚至在感染后7年仍可自脾脏回收到。阿留申病毒为DNA病毒，从发病水貂的脾制得的DNA具有传染性，而且DNA酶可使之失活。用补体结合试验、中和试验和沉淀试验等血清学方法均不能证明发病水貂血清中有与本病毒发生反应的抗体，用发病水貂的血清注射健康水貂可使其发病，但病毒是和γ-球蛋白相结合的，除去γ-球蛋白后的血清则失去了传染性。所以，即使病貂产生了抗体，也是和病原结合在一起的。

本病毒能在貂睾丸细胞和肾细胞、鼠和鸡胚成纤维细胞等原代细胞上生长，也可在猫肾细胞株（CRFK）和鼠L细胞株等传代细胞繁殖，并产生细胞病变。低毒力株对温度较敏感，在细胞培养增殖时可能需要较低的温度。毒力强的犹他Ⅰ号株对细胞的适应能力较强，可成功地获得每毫升细胞培养物含有2 500万个感染性毒粒。

【流行病学】

本病存在于世界各国的貂群中，只是污染程度不同而已。主要传播来源是病貂和潜伏期的貂。病毒主要随尿液、粪便和唾液排泄到外界环境中，从而污染环境、饲料、饮水和用具，在血液中也发现病毒。用病貂尿液接种健康水貂，被接种水貂在8周内全部发病，16周后出现典型的肝、肾肿大和浆细胞浸润。

本病能通过不同方式和途径传播，通常经消化道和呼吸道传播，通过雌貂胎盘直接传递给子代的垂直传播方式也存在。在笼养条件下，主要通过传播媒介间接传播，特别是饲养人员和兽医工作者，往往是散布病原的媒介，接种疫苗、外科手术和注射等也可造成本病的传播。本病在年龄和性别上有一定差异，成年貂感染率比幼貂高，雄貂高于雌貂。

不同品系、年龄和性别的水貂均可感染。本病有明显的季节性，虽常年发病，但秋、冬季节的发病率和死亡率均高。病貂因肾脏的高度损害，表现渴欲增加，而秋、冬季节不能满足其饮水，使衰竭的病貂病情急剧恶化，发生大批死亡。不良的饲养管理条件和其他不良因素均可促使本病的发生和发展，致使病情恶化。

【发病机制】

很多实验研究表明，病毒侵入机体后，存在于脾、淋巴结巨噬细胞及肝星状细胞内，并在这些细胞内复制。同时，促使很多组织发展成浆细胞增多和 γ-球蛋白增多病变，血液内迅速出现抗体，一般在染后 10d 左右病毒就与抗体结合成复合物，但仍具有感染性，而且不能中和体内或体外感染的病毒。血清中也可检测出不同的较小的免疫复合物，这些复合物最终沉积于动脉及肾小球中，导致炎症出现。通常这些由免疫复合物引起的炎症变化发生在感染后第四周，继而在临床上开始出现蛋白尿，最后大多数病貂死于肾衰竭。

阿留申病实质上是由于强烈的抗原刺激，过度的免疫球蛋白产生及免疫复合物在组织内沉积而引起的一种自身免疫性疾病。

【临床症状】

本病潜伏期长而不定，直接接触感染时平均为 60~90d，长的达 7~9 个月，有的感染貂甚至持续 1 年或更长时间仍不表现症状。本病属自身免疫性疾病，并无固有的特征性症状，少数呈急性经过，但多数为慢性或隐性型。临床表现为食欲减退、消瘦、口渴、嗜睡，疾病末期昏迷。这些表现大都是慢性进行性、弥散性肾小球肾炎的反应，随着病情发展，4~12 个月后出现肾衰竭而死亡。

临床上本病大体可分为急性型和慢性型。急性经过的病例，可在 2~3d 内死亡。病貂食欲减退或拒食，呈抑郁状态逐渐衰竭，死前痉挛。慢性经过的病例病程延长至数周。病貂由于肾脏遭到严重侵害，水盐代谢紊乱，临床上表现高度口渴。病貂逐渐消瘦，生长发育缓慢，食欲反复无常，被毛无光泽，眼窝下陷，精神高度沉郁，步态蹒跚。侵害神经系统时，伴有抽搐、痉挛、共济失调、后肢麻痹或不全麻痹。由于浆细胞在骨髓内大量增生，取代了造血红细胞，使造血功能减低，因此在临床上表现高度贫血、可视黏膜苍白，齿龈、软腭、硬腭黏膜上常有出血或溃疡，由于内脏自发性出血，粪便呈煤焦油样黑色。

具有特征性的症状是明显的血液学变化。血清 γ-球蛋白明显增高，由正常的 0.7~15g/100mL 增高到 3.5~4.5g/100mL，有的高达 11g/100mL，血清总氮量、谷草转氨酶、谷丙转氨酶和淀粉酶均显著增高，而血液纤维蛋白、血小板、血清钙、白蛋白与球蛋白比例降低。也有研究证明，血清 IgA 与 IgG 量增高。

【病理变化】

阿留申病貂内脏器官的特征性变化主要在肾脏、脾脏、肝脏，尤以肾脏最为显著。肾脏肿大 2~3 倍，呈灰色或淡黄色，有时呈橙黄色，表面有黄白色小病灶和点状出血，被膜易剥离，切面上皮质和髓质平整。在慢性经过情况下髓质结节不平，有粟粒大灰白色病灶。肝脏肿大 1 倍，急性病例呈肉红色，慢性经过者呈黄褐色或土黄色。一般肿大 2~5 倍，呈紫红色，被膜紧张、有弹性，慢性经过的脾脏萎缩，边缘锐利，呈红褐色或红棕色。淋巴结肿胀、多汁，呈淡灰色。胃肠黏膜有点状出血，口腔黏膜有溃疡灶。

特征性的组织学变化是浆细胞异常增殖。在正常情况下，浆细胞的增殖仅见于骨髓内，而患阿留申病时，则见于许多器官内，特别是在肾脏、肝脏、脾脏及淋巴结的血管周围发生浆细胞浸润。在浆细胞中有许多圆形的 Russe 小体，小体可能由免疫球蛋白组成。在肾小管、肾盂、膀胱、胆管上皮细胞及神经细胞内，有时也可见到小体。自然病例的 Russe 小体检出率为 62%，人工感染的检出率为 58%。肾近曲小管的损伤最严重，浆细胞浸润多见于肾小球基底膜周围。亚急性和慢性病例，肾小管内可见到颗粒样的透明蛋白管型和红细胞管型。

本病常伴有小血管壁变厚，管腔缩小乃至阻塞。小血管内遗留过碘酸雪夫染色阳性物质，外膜疏松，周围淋巴浆细胞大量聚集，即所谓的结节性动脉周围炎。根据流行情况、临床症状和剖检变化只能做出初步诊断，血清学诊断迅速而且准确。

碘凝集试验（IAT）：是根据感染貂血清中 γ-球蛋白增高并遇碘凝结的原理进行的。通常在感染后 25~50d 即出现碘凝集阳性反应，慢性和隐性感染貂的阳性反应可持续几个月，最长的达 1 年以上。急性病例，往往呈阴性反应，早期出现死亡。实践表明，每年用碘凝集试验进行定期检疫，淘汰阳性貂，能达到控制蔓延和减少损失的目的，但不易达到最后扑灭的目标。

做碘凝集试验时，只需自趾部采取 0.25~0.5mL 血液，自然凝固后低速离心分离血清。吸血清 1 滴置于载玻片上，再加 1 滴碘液（碘化钾 4g，用少量蒸馏水溶解，加入碘 2g，最后加水至 30mL，充分溶解后置于棕色瓶中于冷暗处贮存），在 1~2min 内判定，出现棕色絮状凝集物者为阳性。

对流免疫电泳（CIE）：一般在感染阿留申病后第 9 天即产生沉淀抗体，但抗体量较少，在对流免疫电泳时仅出现细而淡的沉淀线。至第 11 天以后，沉淀线粗而清晰，且能持续 190d 以上。

【防治】

本病目前无特效治疗药物，行之有效的防治方法只是以检疫、淘汰阳性貂为主的综合性防疫措施。只有改善水貂的营养水平，加强管理，提高机体的抵抗力，才能积极应对本病。临床上一旦发病可对症治疗，配合适当的药物（青霉素 20 万 IU，维生素 B_{12} 100mg 等分别肌内注射）以缓解其症状，控制继发感染。要重视平时的饲养管理，保证饲料优质、全价和新鲜，以提高机体的抗病能力，将发病率控制在最低水平。兽医卫生措施是控制疫源扩散蔓延的关键，也是消灭传染源的重要手段。地面、笼箱、食具和一切用具、器械都应定期消毒。粪便、尿液等每天都应清除干净，并做消毒处理。定期检疫和淘汰阳性貂，是控制和消灭本病的主要措施。每年检疫 2 次，第一次通常在配种开始前 1—2 月间进行，第二次在选留种期间，一般在 9—10 月进行，引进种貂应在隔离条件下进行检疫，阴性者注射有关疫苗后才能混群饲养。

五、貂假单胞菌病

貂假单胞菌病又被称为貂绿脓杆菌病或貂出血性肺炎，是由假单胞菌属中的绿脓杆菌引起的人和毛皮动物的一种急性传染病。本病的主要特征是出血性肺炎、肺水肿、呼吸困难、脏器组织出血性病理变化，本病常呈地方性暴发流行，常给水貂饲养业造成较大损失。

1953 年本病于丹麦貂群中被首次发现，此后蔓延至整个北半球。以后陆续在瑞典芬兰、美国、法国、加拿大和苏联等地相继证实本病的存在，我国在 1980 年首次报道本病。

【病原】

本病的病原为绿脓假单胞菌，又名绿脓杆菌，是假单胞菌属成员。本菌广泛存在于自然界中，动物粪便、尿液和污水中均存在。菌体大小为（1.5~3.0）mm×（0.5~0.8）mm，呈单在、成双或短链状排列，是专性需氧菌，不形成荚膜和芽孢，一端有鞭毛，能运动。革兰氏染色阴性。最适生长温度为 37℃，普通琼脂上生长良好，可形成圆形、光滑的菌落，多数菌落可以产生蓝绿色色素和芳香气味。鲜血琼脂上可见溶血圈。在麦康凯琼脂上生长良好，菌落不呈红色。在三糖铁培养基上不产生硫化氢，底部不变黄。本菌能发酵葡萄糖、阿拉伯胶糖、木糖、单乳糖、果糖、甘露醇及甘油，产酸不产气；不发酵蔗糖、麦芽糖、乳糖、鼠糖、杨苷和棉实糖，能液化明胶及凝固血清，接触酶试验呈阳性。

本菌对外界环境抵抗力比较强，在干燥环境下可生存 9d，在水、尿液、粪便等潮湿环境中能保持病原性 2~3 周，在冷冻或解冻条件下能存活 7~10d。55℃加热 1h 即被杀死，对紫外线有较高抵的抗力。一般消毒药液如 1%~2%来苏儿溶液、0.25%甲醛溶液、0.5%石炭酸溶液或 0.5%~1%氢氧化钠溶液均能很快杀死本菌。

本菌不同菌株所产生的外毒素（蛋白酶、溶血素等）在种类和数量上有差异，而外毒素在发病机制中起着重要的作用。不同的菌株对抗菌药物的敏感性差异较大，有些对磺胺类药物敏感而对某些抗生素不敏感；反之，也会存在。

【流行病学】

貂、狐和毛丝鼠等经济动物均易感，其他动物也可感染发病，实验动物中豚鼠、小鼠、大鼠和家兔均能感染。6 月龄左右的幼貂易感性最高，老龄貂则很少发生。感染本病病毒的肉类饲料是本病的主要传染源，病貂的粪便、尿液、分泌物、污染的水源和环境也是本病的传染源，主要经鼻和口腔感染，特别是在 9—10 月的换毛季节，病菌随茸毛飞扬散播，通过鼻腔感染本病。鼠类在本病扩散传播中的作用同样不可忽视。

本病的发生没有明显的季节性，任何季节都能引起暴发，但多发于夏、秋季节，季节交替或冷热不均时，尤其在低温潮湿的环境中，机体抵抗力下降，成为绿脓杆菌病发生的诱因。当有应激因素或感染其他病原微生物时，发病率更高，病情会更加复杂。

【临床症状】

自然感染时潜伏期为 19~48h，有的为 4~5d。从病程和病理变化可分为最急性型与急性型。最急性型感染的貂病程多为几小时，通常未见明显症状即死亡，仅见昏睡厌食、呼吸短促且困难、惊厥和口、鼻流出血红色液体。急性型病例病程多为 1~2d，往往在死前不久才出现食欲废绝，精神高度沉郁，腹式呼吸，呼吸困难或听诊啰音，并有异常的叫声，鼻孔流出血样液体，口、鼻周围被血样物污染，体温升高，运动失去平衡，笼箱下常见有血迹。多数病例在出现症状后2~24h死亡，病死率几乎达100%。

【病理变化】

特征性的剖检变化是出血性肺炎。最急性型病例整个肺脏严重充血、出血，胸膜有出血性渗出物。急性型病例呈大叶性肺炎变化，肺充血和出血，还可见有几个肺叶呈棕褐色或深红色肝样实变，切开时流出大量血样泡沫，病变较轻部位常见灰白色小结节，严重的呈大理石样外观，投入水中下沉。气管和支气管黏膜呈桃红色，支气管淋巴结充血水肿。胸腔内充满浆液性液体，胸膜上有出血性渗出物附着，胸腺有出血点或出血斑散在。脾肿大呈桃红色，有出血点。肝脏干燥，呈苍白至浅褐色。肾脏有针尖大出血点。心肌弛缓，冠状沟有出血点。胃及小肠有血样液体潴留。

病理组织学检查，可见到肺脏组织呈出血性、大叶性、纤维素性变化。在肺细小动脉和静脉周围有清晰的绿脓杆菌集群。其他组织器官一般无明显变化。

【诊断】

根据流行病学、临床症状、剖检变化特别是肺脏病理组织学变化可做出初步诊断，确诊可进行实验室检查。

1. 细菌分离培养

无菌采取发病或死亡动物肺、肝、脾、肾或脑等部病料，接种于普通肉汤培养基上，24~48h后，培养基表面形成先为绿色后变为淡褐色的菌膜。无菌采取此菌膜接种在普通琼脂上可长成圆形、边缘整齐的青绿色菌落，并发出特殊的芳香气味。

2. 动物接种

将病料悬液或纯培养物接种于家兔、豚鼠、大鼠或小鼠，24~48h内可发病死亡，死亡动物中可分离到本菌，接种部位常出现水肿、胶样浸润，肺充血或出血，脾肿大出血。

3. 血清学诊断

凝集试验、酶联免疫吸附试验等血清学方法也可用于本菌的检验。

【防治】

由于本菌菌株类型不同和耐药性的产生，临床上治疗本病尚无特效药物，有条件最好进行药物敏感试验，筛选较为敏感的药物进行治疗。一般几种抗生素或抗生素与其他药物并用较好，水貂常用多黏菌素与新霉素合用（每次2万~3万IU）。也可用多黏菌素2万IU与磺胺噻唑每千克体重0.2g混在饲料内喂服，但易产生耐药性。同群水貂应紧急注射假单胞菌甲醛疫苗，水貂接种量为3mL，在股内侧肌内注射，正常情况下可在8—9月进行本疫苗的预防接种，经5~6d即可产生免疫力，免疫期1年。

本病的预防，除了定期注射不同血清型的疫苗外，还要注意环境卫生，发现病貂和可疑病貂立即隔离，用抗生素和化学药物给予治疗。对污染的用具、笼舍要彻底消毒，笼子和小室可用火焰喷灯消毒，地面可用洗必泰、新洁尔灭、消毒净等消毒，隔离2周后方可取消封锁，在取消封锁前应进行终末消毒。特别要注意养殖场的饮水卫生，对水源要进行兽医卫生监督，防止水源污染。

六、貂气单胞菌病

貂气单胞菌病又称貂出血性败血症，是由嗜水气单胞菌引起的一种以出血性素质为特征的传染病。临床上无特殊表现，多为急性经过，病理剖检以出血性败血症病变为特征。1988年，初次于我国东南部地区发现本菌，是当今严重危害水貂业发展的疾病之一。

【病原】

本病的病原体为嗜水气单胞菌，系弧菌科、气单胞菌属细菌，革兰氏染色阴性，不形成芽孢和荚膜，菌体一端有一根纤细的鞭毛，能运动。菌体大小为(0.6~0.8)μm×(1.5~2.5)μm。嗜水气单胞菌能产生多种性质的外毒素，这些毒素有溶血性、细胞毒性和肠毒性，可使接种部位发生肿胀、坏死及产生肠毒性作用。本毒素对热敏感，56℃作用10min，可抑制溶血作用、细胞毒性和肠毒性。

貂气单胞菌为兼性厌氧菌，在普通肉汤中生长良好，均匀混浊，在普通琼脂上菌落呈圆形，中央稍隆起，表面光滑，培养24h的菌落直径约2mm，在37℃与10℃下的绵羊鲜血琼脂上呈β型溶血，在溶血环外有一个不清晰的溶血带，溶血圈直径 3~4mm。本菌能发酵甘油和葡萄糖，产酸产气；发酵杨苷、阿拉伯胶糖、蔗糖、麦芽糖、甘露醇，不发酵乳糖、棉实糖和肌醇。能分解七叶苷，产生硫化氢。靛基质、MR 和 VP 反应呈阳性，氧化酶、过氧化氢酶、2，3-丁二醇脱氢酶阳性，在 7%氯化钠营养液中不生长，能还原硝酸盐为亚硝酸盐，液化明胶。

【流行病学】

嗜水气单胞菌是水中栖息菌，广泛存在于淡水、海水和含有有机物的水性淤泥中，也存在于鱼类体表，是两栖类、爬行类和鱼类动物的重要病原菌。健康鱼的带菌率也很高，因此污染水域和鱼是本病的主要传染源。水貂的易感性极高，断奶后的育成貂易感性要比老龄貂高，病死率达 80%以上。

本病主要由污染的鱼类饲料通过消化道感染发病，常群发，在饥饿、饲料蒸煮不完全、貂体抵抗力降低等因素诱发下更易引起暴发流行。也可引起猪、人等哺乳动物的严重感染，发生下痢等疾病，这在公共卫生上应予以注意。

【临床症状】

本病人工感染潜伏期为 2~4d，自然感染潜伏期与饲料污染程度、貂身体状况有关，通常为 3~5d。多数病例常突然发病，表现食欲下降或废绝，精神萎靡，体温升高至 40.5℃以上。继而出现口吐白沫、流涎、抽搐等症状。最后会发生下痢、痉挛、呼吸困难，因昏迷而死。有的突然抽搐、尖叫，迅速死亡。大约有 20%的病貂后肢麻痹，最后倒地不起。病程 2~3d，大多数发病貂死亡。

【病理变化】

出血性素质是本病主要的病理解剖特征。剖检可见肺脏有大小不等的出血斑点。部分肺叶出现肉样变，气管及支气管有淡红色泡沫样液体。心肌和心内膜上有大小不等的出血点。肝脏肿大质脆，呈土黄色，有出血点。脾脏肿大、有出血点。肠系膜淋巴结肿胀出血，切面多汁，肠黏膜有散在出血点；有的病例胃黏膜部分脱落，黏膜上有针尖大小的出血点、散在。有的病例在脑膜上和脑实质内可见到少量出血点。软脑膜下出血。

【诊断】

根据流行病学、临床症状和病理剖检变化对本病不易做出诊断，确诊本病必须进行实验室检查。

1. 细菌分离培养

采取病死貂肝脏和心血等病料分别接种于普通琼脂、绵羊鲜血琼脂、麦康凯琼脂上，分别在37℃、10~20℃和10%二氧化碳厌氧条件下培养，根据培养特性做出判定。

2. 生化特性检查

取纯分离菌做生化试验。

3. 动物接种

取新鲜病料的悬液或纯分离菌液，口服或皮下接种敏感水貂，或腹腔接种小鼠，试验动物在3~4d内即发病死亡。

【防治】

药敏试验表明，嗜水气单胞菌对羧苄青霉素、青霉素G、氨基青霉素、多黏菌素、四环素、先锋霉素、磺胺嘧啶和复方磺胺甲噁唑等药物有很强的耐药性，对链霉素、庆大霉素、红霉素、新霉素、呋喃妥因和呋喃唑酮等药物敏感。在实践中证明，及早使用链霉素或呋喃唑酮治疗能收到一定的疗效。

预防本病必须平时认真做好卫生防疫工作，严格执行卫生防疫制度，加强对环境和饲养场的管理，减少对貂的应激。另外，基于本病的发生和流行特点，还应特别认真贯彻下列各项措施：鱼类饲料必须用自来水冲洗干净、充分煮熟后饲喂，不得生喂；切忌直接使用江、海、河、池塘水，应用自来水或干净的地下水；笼舍应定期进行清理消毒，及时清除污染物及粪便；在夏、秋季节可于饲料内补加抗生素，防止病菌传染引起的感染；饲喂鱼类饲料时，应剔除烂尾、烂鳃、烂鳍等的病鱼；当怀疑有气单胞菌病发生时，应立即更换新鲜饲料，隔离发病动物，并喂服抗生素进行紧急预防，同时对笼舍和周围环境进行全面的彻底消毒。

七、貂传染性脑病

貂传染性脑病是由传染性貂脑病病毒引起的一种类似痒病的疾病，成年貂多发，病死率极高。其特征为慢性进行性脑海绵样变性、高度易惊、运动失调、强制性啃咬、嗜睡和昏迷。

【病原】

本病病原为传染性貂脑病病毒，其性质比较特殊，至今仍然很不了解，导致其分类地位未定。典型的病毒粒子尚未获得电镜鉴定，其感染性因子可通过50nm大小的滤器。这种因子对石炭酸敏感，对1%甲醛溶液有一定的敏感性，能抵抗254nm的紫外线照射及15min的煮沸。在感染脑组织的神经胶质细胞培养中能很好地生长繁殖，其完整的细胞及无细胞提取物均有感染性，即使在细胞培养若干代后仍保有传染性。近年来，有人认为这种感染性因子是一种能自我复制的感染性蛋白质分子，并称之为朊病毒。

朊病毒有两类：一类是正常细胞具有的，即所谓正常的朊病毒，存在于细胞表面，无感染性；另一类为有致病性的朊病毒。两者在mRNA和氨基酸水平上无任何差异，但生物特性和立体结构不同。当正常蛋白构象异常变化时可形成致病朊蛋白。两者一级结构与共价修饰完全相同，但空间结构不同。正常朊病毒主要由α螺旋组成，表现蛋白酶消化敏感性和水溶性；致病性病毒主要由β折叠组成，对蛋白酶消化具有显著的抵抗能力，并聚集成淀粉样的纤维杆状结构。

致病性朊病毒不仅具有常规病毒的一些典型特征，还具有一些非常规的特征，可对多种灭活作用表现出超强抵抗力，对物理因素如紫外线照射、电离辐射、冷冻干燥、超声波以及80~100℃高温，均有相当的耐受能力。甚至经138℃高压灭菌60min亦不能或不完全使其灭活。对多种化学与生化试剂表现出强抗性；它能在很宽的pH值范围内稳定存在；在有十二烷基硫酸钠（SDS）或β-二巯基乙醇情况下煮沸以及经2mol/L氢氧化钠溶液作用120min处理后均不能或不完全使其灭活。

【致病机制】

现在被广泛接受的朊病毒的致病机制是蛋白质构象致病假说。此假说认为致病性朊病毒进入正常细胞后，可胁迫正常朊病毒实现自我复制，产生病理效应。具体地说，正常细胞表达正常的朊病毒，当外源致病性朊病毒到达此细胞时，可导致细胞型朊病毒中的α-螺旋结构不稳定，至一定量时产生自发性转化使β-折叠增加，最终变为致病性朊病毒，并通过多米诺效应倍增，使细胞表面的朊病毒耗尽，对细胞造成损伤，并产生病理效应。也可能是因为致病性朊病毒是一种对蛋白酶水解有一定抗性、高度不溶的蛋白质，故而沉积在脑内形成淀粉样斑块，并导致神经元代谢和功能改变，最终导致神经元变性，造成中枢神经系统弥漫性海绵状变性。

【流行病学】

本病可传染给许多种动物，包括山羊、仓鼠、臭鼬、浣熊和猴等。1 岁以上的种貂最多见。以萨福克种羊痒病病料脑内接种水貂，经 12~14 个月发生脑病，但以雪维特种羊痒病病料接种水貂，经 20 个月仍不发病。以这两种绵羊痒病病料分别接种小鼠，经 15 周和 16 周都发生痒病。以痒病病料接种仓鼠后 16 周发生小脑性运动失调，以水貂脑病病料接种，则运动失调不明显。由此可见，本病与痒病十分相似。

存在于病貂脑组织中的貂传染性脑病病毒毒价最高，粪便内也存在。给貂脑内、肌内接种或经口喂服病脑材料，均可成功感染本病。然而，目前仍缺少有关本病水平传播或垂直传播的证据，所以还未能证实它的自然传播方式。据此，有人提出水貂可能不是脑病病毒的自然宿主，而是由于食用含有痒病病毒的肉类和副产品所致。

【临床症状】

自然感染病例与实验感染病例的临床表现基本相同。潜伏期为 6~12 个月或更长，感染后发病率几乎 100%。疾病初期，患病动物动作缓慢乏力，食欲不振，体重逐渐减轻，衰弱，皮毛粗糙。随之出现进行性兴奋和共济失调，伴有尾向上弯于背上、僵硬、反射性运动等，偶尔出现惊厥和啃咬。随着病程进展，神经症状逐渐明显，出现嗜睡，经 2~6 周病程后几乎都昏迷死亡。

【病理变化】

尸体剖检见不到肉眼可见变化。病理组织学变化以脑部的变化为特征，呈现星状细胞增生，神经元变性和空泡形成，似痒病病变，但较痒病轻，这些变化以海马角、下丘脑、丘脑和脑干等处最为显著。灰质海绵样变性。小脑浦肯野氏细胞消失，但缺少圆形细胞浸润和血管套等病毒感染性疾病的病理变化。

【诊断】

注意临床特征和剖检时采集脑作组织学检查，可以做出诊断。迄今，在自然或实验室感染貂还未检测到免疫学应答，所以血清学诊断方法尚未确立。其他实验室诊断法如下。

1. 组织培养

采取病貂脑组织磨细，用生理盐水洗 3 次，加入 0.25%胰酶液于室温下消化 10min。

2. 动物接种

采取脑、脾、肝制成 1∶10 悬液，给幼貂或仓鼠脑内、肌内接种或口服。幼貂脑内接种后，经 4~6 个月发病，肌内注射或口服后需 8~12 个月潜伏期才出现症状。

【治疗】

由于本病的特殊性，潜伏期长，发展缓慢，对于本病的治疗尚无特效方法，只能进行对症及支持治疗，目前已知的抗生素、抗病毒药物及抗真菌药物均对其无效，一旦发病其病死率仍为 100%。

【预防】

一般的预防措施对于本病无效，在无本病的国家，一经发现患病动物即全部淘汰处理。对怀疑有本病的貂场（群）立即封锁，经 2 年以上观察后确诊还有本病存在者，全部貂淘汰处理；未再发生者，允许解除封锁。

预防措施是禁止从有本病和羊瘙病的国家进口貂、羊等以及与之有关的加工制品，包括血清、血清蛋白、动物饲料、内脏、脂肪、肾及激素类等。在瘙病发生地区，禁止用羊肉及副产品作为貂饲料，肉类饲料应煮熟后饲喂。动物饲料加工厂的建立和运作，必须加以规范，严格禁止使用可疑患病的动物产品作为原料，使用严格的加工处理方法，包括蒸汽高温、高压消毒。

八、貂狂犬病

貂狂犬病在我国北方地区时有发生，一些地区的发病率较高，病貂病死率为 100%，应引起高度重视。貂狂犬病的发生与犬狂犬病的流行史密切相关，几乎都是由于感染犬咬伤貂开始，然后再由感染貂通过啃咬接触而传染给其他貂。可见本病的疫源主要是感染犬，而慢性病貂或带毒貂也可成为病毒扩散的传染源。

本病多发生于春、秋季节，无年龄、性别之分，多为创伤感染。

【临床症状与病理变化】

潜伏期 20~64d。发病初期病貂精神沉郁，喜藏暗处，不食不动。对外界刺激特别敏感，极易惊恐不安。异嗜，喜咬杂物、木片、碎石头、泥土等。随后发生兴奋、狂暴、攻击和乱闯乱撞。病后期舌下垂、大量流涎，后躯麻痹、倒地不起，最终窒息而死。急性病例病程 3~5d，亚急性为 7~10d，均转归死亡。个别病例临床表现极不明显，这种病貂在诊断时更要注意。

剖检时特征性病变为脑膜、脑实质出血。病理组织学变化可见脑神经细胞胞质内的嗜酸性包涵体。

【诊断】

根据流行病学、临床症状及病理变化即可确诊。对潜伏期貂的确诊，必须进行病毒分离鉴定或血清学诊断。

【防治】

在当地有狂犬病流行时，应对貂群进行免疫接种。一旦貂群发生狂犬病，应立即扑杀病貂，没有治疗价值。尸体要彻底焚烧，禁止取皮。饲养人员也要进行狂犬病疫苗接种。平时预防狂犬病的关键在于严防犬、猫及其他动物进入饲养场。另外，饲养场养的护院犬应定期接种疫苗免疫。

九、黄脂肪病

黄脂肪病又称脂肪组织炎，是一种营养代谢性疾病。以全身脂肪组织黄染、出血性肝小叶坏死为特征，是水貂的一种危害较大的常见病，其他经济动物较少发生。

貂黄脂肪病在美国、挪威、苏联、日本等许多国家均有发生，但总的来说，由于采取了科学的饲养方法，其危害已大大降低。在我国，由于饲养技术相对落后，饲养水平较低，仍时有发生，危害较大。

本病多发生于温和季节，尤以夏季发病率较高，这与鱼类等动物性饲料在此期间容易腐败变质有关。当年育成貂的发病率要比老龄貂高，黑色标准貂发病比彩色貂为多。

【病因】

硒和维生素 E 缺乏是导致貂黄脂病的主要原因。硒是动物体内谷胱甘肽过氧化物酶的必要成分，而谷胱甘肽过氧化物酶的功能是破坏过氧化物（自由基），使其成为无害的羟基化合物。在硒缺乏时，谷胱甘肽过氧化物的活性降低，体内的过氧化物攻击不饱和脂肪酸，生成过氧化脂质，与蛋白质结合，形成棕黄色颗粒即蜡样质，沉积在脂肪组织中，导致黄脂肪病的发生。维生素 E 也具有良好的抗氧化功能，尤其能阻止不饱和脂肪酸的过氧化作用，可与硒协同作用，保护不饱和脂肪酸。

饲料中不饱和脂肪酸含量过高，致使生物膜中不饱和脂肪酸含量升高，易于受到自由基的攻击，导致本病的发生。见于饲料中鱼油、动物油脂含量过高及油脂发生酸败。

饲料中蛋氨酸缺乏，导致巯基键合成受阻，谷胱甘肽过氧化物酶的合成受到影响，活性和抗自由基损伤的能力降低。

可能与遗传因素有关，黑色标准貂的发病率较彩色貂为高。

可能与黄曲霉毒素有关，因为黄曲霉毒素中毒可影响肝脏的脂肪代谢。

【临床症状】

本病的经过与动物性饲料脂肪酸败程度、食入量及维生素 E 和硒的补给量等有关，通常在喂给酸败饲料后 10~15d 即会陆续发病。多数为慢性经过，育成貂多发。

急性型病例多为肥胖的育成貂，主要表现下痢，粪便初呈灰褐色，后为煤焦油样。病貂精神萎靡，食欲废绝，可视黏膜黄染，阵发性痉挛，有的后躯麻痹，触摸腹股沟部有硬实的脂肪块，不久即死亡。

慢性病例表现精神沉郁，喜卧厌站，不愿活动，初期采食量降低，后期拒绝采食，逐渐消瘦，有的可视黏膜黄染。病后期腹泻，粪便呈黑褐色，后躯麻痹。多数转归死亡，病程 1~2 周。

妊娠期病例可发生胎儿死亡吸收、死产或流产，间或产下弱仔。成年病例恢复后往往出现性欲减退，繁殖力低下，出现空怀，最终导致生产性能下降。

【病理变化】

尸僵不明显，被毛松乱，可视黏膜黄染。脂肪组织普遍呈黄色或黄褐色，硬度增加。肝脏肿大呈土黄色，质脆，切面干燥无光泽，当弥漫性肝脂肪变性时，肝块可漂浮于水中。胆囊膨满，胆汁黏稠呈黑绿色。肾脏肿大，呈灰黄色。有的病例胃底部黏膜表层有淡褐色的溃疡。

严重病例出现心脏扩张，心肌色淡，有明显的纹理区，少数心肌呈煮熟样。

病理组织学检查，肝和肾可见到不同程度的脂肪变性。肝细胞增大，在肝小叶中心肝细胞内及小叶周围见有大量小滴状脂肪滴。心肌表现不同程度的颗粒变性和脂肪变性。脂肪细胞坏死，脂肪细胞间有多量滴状和无结构的黄褐色物质，具有蜡样性质。

【诊断】

根据本病的临床症状及病理变化可做出初步诊断，确诊还要进行相关营养成分的分析。

【治疗】

当发生本病时，首先应更换饲料，给予新鲜优质的肉、鱼、肝等全价饲料，并补给足量的维生素类。同时，给病貂皮下或肌内注射0.1%亚硒酸钠注射液，每千克体重0.1~0.2mg，维生素E 5~10mg。也可每只貂每次投给30~40mg氯化胆碱，效果也很好。为预防继发性细菌感染，可每次肌内注射10%磺胺嘧啶注射液1mL。

【预防】

预防本病，必须采取综合性管理和兽医卫生措施。

冷冻设备应定期清理消毒，杜绝污染。

动物性饲料的处理应以"速冻、速融、速加工"为原则，以防止污染和变质，保持新鲜度。肉类及副产品饲料，应剔除脂肪杂物后冻存。鱼类饲料中不饱和脂肪酸含量较高，应在捕捞后立即放于0℃条件下，然后尽早移入-20~-18℃冷库速冻存放，可贮存6个月以上不变质。通常动物性饲料的冻存期不应超过6个月。

在有条件的大型貂场，应对每批饲料进行"三检"。

检鲜：从外观的色、形、味等方面检查评定饲料的新鲜程度。变黑、发软和发出霉酸味的都属变质饲料。

检毒：对可疑污染农药、化学药品等有毒物质的饲料进行毒物检测。

检菌：对可疑饲料做产毒细菌和真菌检查。

应根据季节、动物性饲料种类与贮存时间以及对饲料品质的评定，制定日粮的配比与维生素 E、硒等抗氧化剂的补给剂量。在一般情况下，1g 不饱和脂肪酸需要 3mg 维生素 E 用以抗氧化。在饲料品质正常的情况下，水貂每日每千克体重需要维生素 E 2mg，至于硒，因其有毒性和在体内有蓄积作用，故不宜超量使用。在正常情况下，日粮中硒的需要量为 0.05~0.1mg/kg。

十、湿腹症

湿腹症又称尿湿症，是临床上表现泌尿功能紊乱、排尿失禁的一种疾病。本病主要发生于 7—9 月，貂常发，狐亦可发生，但发病率较低。雄貂和 40~60 日龄的貂发病较多，雄狐比雌狐发病率高，生长速度快的育成狐及哺乳期雌性狐也易患本病。本病广泛存在于许多养貂、狐的国家，可带来巨大的经济损失。

【病因】

据报道，苏联在 20 世纪 40 年代末曾认为本病是细菌性疾病。近年，国外认为本病在一定品系和彩色水貂群具有高度易感性，表明本病与遗传因素有关。国内许多养殖场观察发现，饲料氧化变质、饲料脂肪含量过高及维生素 B_1、维生素 E、维生素 A 及氯化胆碱缺乏可诱发本病。

【临床症状】

病兽排尿失禁，不随意地频频排尿。会阴腹部及后肢内部被毛高度浸湿，继而皮肤发生红肿，不久出现脓疱，形成糜烂、溃疡，发出刺鼻的恶臭味，以后被毛脱落，皮肤硬固、粗糙，皮肤和包皮上出现坏死变化，并扩延到后肢内侧及腹部。包皮发炎、水肿，排尿口闭锁，尿液滞留于包皮囊内，病兽高度疼痛。有的病例，仅会阴和腹部被毛局部浸润，经 2~5d 后，泌尿恢复正常，被毛逐渐干燥，病兽康复，尿液透明。当有化脓性膀胱炎时，尿液混浊，有沉淀，含大量血液、有形成分及膀胱黏膜上皮，有时还发现各种微生物区系。湿腹症病兽尿液呈酸性反应，与尿结石不同。有时炎症转移至腹部，引起化脓性腹膜炎而很快死亡。

【病理变化】

肺脏常见有不同程度的出血和肺炎病灶。肝变性呈泥土色，质地松软。脾轻度肿胀，或有坏死灶。淋巴结，特别是肠系膜淋巴结肿胀增大，有时表面出现点状出血。肾增大，有时包膜肥厚，常与皮质层粘着，表面颜色不一，有斑点状出血；肾盂扩张，含有污灰色脓液或血样液体。输尿管肥厚，常有化脓性膀胱炎。

【诊断】

排尿失禁、泌尿功能紊乱是诊断的根据。确诊尚须作实验室检查，采取新排出的尿液、脓疱液及坏死性溃疡物，培养于蛋白胨肉汤内，或采取死亡貂的肾、肝、脾、心血及膀胱等作细菌学检查。

在大多数病例的病料分离培养中，可分离到一些球菌、双球菌、大肠杆菌、绿脓杆菌。而疾病不同时期分离出的微生物区系不同，起初可能为大肠杆菌或绿脓杆菌，以后可能为球菌。

【治疗】

首先，查明饲料近期内有无问题，若饲料确实在质量等方面有问题，应立即改变或更换，调整饲料结构，保证新鲜，补充维生素 B_1、维生素 E、维生素 A 及氯化胆碱。其次做好卫生管理，如勤换垫料、擦干患部和更换全价营养的低脂肪、高蛋白质饲料等，同时给病貂肌内注射青霉素 20 万 IU（或金霉素 5 万 IU）加 B 族维生素和维生素 E，每日 2 次，连用 5d。改善貂群的饲养管理，从日粮内排除质量不好的饲料，用易消化和富含维生素的饲料。实践表明，采取低脂肪、高蛋白质饲料喂养育成貂，可明显降低貂群的发病率，因此可以改用马肉或兔肉作为貂的动物性饲料。注意给予清洁、足量的饮水。此外，加强卫生管理也可防止本病的发生发展，清理系谱淘汰病貂不留作种用也有一定成效。

十一、尿结石

貂尿结石是指尿路中盐类结晶的凝结物刺激尿路黏膜而引起的以出血、炎症和阻塞为特征的病因泌尿器官疾病。多发于断奶后且发育比较好的幼龄水貂。

尿结石可由多种因素引起，目前认为主要有以下因素：饲料单一、质量低下和饮水质量不良；机体甲状腺功能亢进，矿物代谢紊乱；泌尿器官特别是肾功能活动失调以及泌尿系统炎症；发生过外伤性骨折；长期服用磺胺类药物；饲料内钙、磷比不合适，维生素 A 给量不足等。

【临床症状】

若结石的体积小、数量少，一般不显任何症状。病的主要症状是排尿障碍、肾性腹痛和血尿。但由于结石存在部位不同，其临床症状不一致。结石位于肾盂时，多呈肾盂肾炎症状，有血尿，严重时肾区疼痛，后肢叉开步行，运步拘禁。肾结石行至输尿管时疼痛剧烈。单侧输尿管阻塞时，不见有尿闭现象。结石位于膀胱腔时，出现尿频或血尿。阴茎包皮周围常附有干燥的细沙粒样物。结石位于膀颈部时，呈明显的疼痛和排尿障碍。病貂频频作排尿动作，但尿量较少或无尿。尿道结石，尿道不完全阻塞时，病貂排尿痛苦且排尿时间延长，尿液呈断续或点滴状流出，常浸湿腹部绒毛。有时排出血尿。当尿道完全阻塞时，则呈尿闭或肾性腹痛。病貂后肢屈曲叉开，拱背缩腹，频频举尾，屡屡呈排尿动作，但无尿排出。尿道探诊，可触及尿石所在部位，尿道外部触诊时有疼痛感。长期的尿闭可引起尿毒症或发生膀胱破裂。膀胱破裂时，病貂努责、疼痛、不安等症状突然消失，病貂转为安静。尿液大量流入腹腔，使下腹部腹围迅速膨大，以拳触压时，有液体振动的击水音。行腹腔穿刺，有大量呈棕黄色腹水涌出并有尿味。尿液进入腹腔后，可继发腹膜炎。

【诊断】

根据病貂行为观察、尿液尿盐分析结果并结合触诊膀胱及 X 线检查可建立诊断，本病应与湿腹症鉴别诊断。

【治疗】

当病貂患有结石症时，应给予病貂流体饲料和大量饮水。必要时可予给利尿剂，使形成稀释尿，以冲淡尿液晶体的浓度，防止沉淀。尚可冲洗尿路，使体积小的结石随尿液排出。对有草酸盐结石的病兽，用硫酸阿托品或硫酸镁治疗，对有磷酸盐结石的病兽，用稀盐酸进行治疗。对体积较大的膀胱结石，特别是伴发尿路阻塞或并发尿路感染时，需施行尿道或膀胱切开术取出结石。为防止尿道阻塞引起膀胱破裂，可穿刺膀胱进行排尿。对膀胱破裂的病兽行修补术。

【预防】

首先，要防止饲料单一和以高矿物质饲料为主饲喂动物，日粮中钙、磷比例应保持 1.2：1 或（1.5~2）：1，同时饲料中适当添加维生素 A，每日每只水貂可于饲料内加入鱼肝油 1mL（2 000IU）。应适当增喂多汁饲料或增加饮水，以稀释尿液，减少对泌尿器官的刺激，并保持尿液中胶体和晶体间的平衡。

对圈棚养动物，应适当喂给食盐，或于饲料中添加氯化铵或磷酸盐化学纯品。要慎重使用磺胺类药物，以免加重肾脏损伤，加速尿结石的形成。

十二、黄曲霉毒素中毒

黄曲霉毒素中毒是由黄曲霉毒素（AFT）引起的以全身出血、消化功能紊乱、腹腔积液、神经症状等为临床特征，以肝细胞变性、坏死、出血、胆管和肝细胞增生为主要病理变化的中毒病，它是一种人兽共患并有严重危害性的霉败饲料中毒病。长期慢性的小剂量摄入具有致癌作用。各种动物均可发病，但由于性别、年龄及营养状况不同，其敏感性也有差别。一般幼年动物比成年动物敏感，雄性动物比雌性动物（妊娠期除外）敏感，高蛋白质饲料可降低动物对黄曲霉毒素的敏感性。

貂黄曲霉毒素中毒在很多国家发生过。水貂对黄曲霉毒素十分敏感，在我国貂群中时有发生，南方地区尤为多发。病的特征为消化道功能紊乱、便血、黏膜和浆膜出血、黄疸。

【病因】

黄曲霉毒素主要是黄曲霉菌和寄生曲霉菌等产生的有毒代谢产物，其他曲霉菌如青霉、毛霉、镰孢霉、根霉菌中的某些菌株也能产生少量黄曲霉毒素，这些产毒真菌广泛存在于自然界中，污染玉米、花生、豆类、棉籽、麦类、大米、秸秆及其副产品（酒糟、油粕、酱油渣），在适宜的条件下如基质水分在 16% 以上、相对湿度在 80% 以上、温度在 24~30℃ 时，可产生大量黄曲霉毒素。饲料水分越高，产生黄曲霉毒素的数量就越多，相反在 2~5℃ 或以下和 40~50℃ 或以上时黄曲霉菌不能繁殖，因此不会产生黄曲霉毒素。

　　动物采食被上述产毒真菌污染的饲料而发病。本病一年四季均可发生，但在多雨季节和地区（如我国长江沿岸及其以南地区）多发。温度和湿度较适宜时，若饲料加工、储藏不当，易被黄曲霉菌所污染，增加动物黄曲霉毒素中毒的机会。黄曲霉毒素并不是单一物质，而是一类结构相似的化合物。它们在紫外线照射下都能发出荧光，根据它们产生的荧光颜色可分为两大类，发出蓝紫色荧光的称 B 族毒素，发出黄绿色荧光的称 G 族毒素。目前已发现黄曲霉毒素及其衍生物有 20 余种，它们的毒性强弱与其结构有关，凡呋喃环末端有双键者，毒性强，可导致畜禽和人类的肝损害和肝癌。研究表明，黄曲霉毒素 B_1、黄曲霉毒素 B_2、黄曲霉毒素 G_1、黄曲霉毒素 M 都可以诱发猴、大白鼠、小白鼠等动物肝癌。在这些毒素中又以 $AFTB_1$ 的毒性及致癌性最强，对黄曲霉毒素污染的饲料进行黄曲霉素素含量测定和进行饲料卫生学评价时，一般以黄曲霉毒素 B_1 作为主要监测指标。

【临床症状】

　　临床表现与食入毒素量、时间和年龄有关。育成貂发病较多，成年貂长时期饲喂含毒饲料易引起慢性中毒。据报道，给成年貂喂 $5\mu g$ 黄曲霉毒素，持续 4 周，可引起肝脂肪变性和胃肠炎。貂摄入毒素总蓄积量达 $330\mu g$ 时，即可死亡。

　　急性病例，病初表现黄尿，粪便呈黄绿色糊状，附有黏液和血液，食欲废绝，阵发性抽搐。病程为 $2\sim5d$，转归死亡。慢性病例，出现食欲减退，行动迟缓，嗜睡，逐渐消瘦。有的腹围膨大，触诊有波动感，穿刺有多量棕红色腹水流出。严重的粪便呈煤焦油样，后躯麻痹、痉挛。病程 $2\sim3$ 周，多数转归死亡。

　　妊娠貂发生胎儿吸收、流产、死胎。毒素可自乳汁中排泄，哺乳仔貂表现为发育不良。

【病理变化】

　　急性病例肝脏脂肪变性，质脆易碎，被膜下有小出血点。肾脏肿大，有散在小出血点。血凝不良，全身黏膜、浆膜和皮下脂肪均有不同程度的黄染。胃和小肠黏膜充血、出血，呈现典型的出血性卡他性肠炎变化。有的脾脏肿大，边缘有贫血性梗死。亚急性病例呈典型的中毒性肝炎变化，实质变性、间质纤维化和汇管区血管周围淋巴细胞浸润。肾近曲小管上皮轻度脱落、变性和间质中少量淋巴细胞浸润。病程久者，多发现肝细胞癌或胆管癌，脑及脑膜血管充血，脑实质轻度水肿和神经细胞变性。慢性病例，肝脏色调不一，硬化而坚硬。腹水增量，或呈棕红色。有的有出血性肠炎变化和溃疡灶。

【诊断】

根据病史、临床症状和剖检病变可做出初步诊断，但本病易与黄脂肪病混淆。故确诊应进行实验室检查。

【治疗】

对本病尚无特效疗法。发现中毒时，应立即停喂霉败饲料，改喂富含糖类的青绿饲料和高蛋白质饲料，减少或不喂含脂肪过多的饲料。一般轻症病例不用任何药物治疗，可自然康复。重症病例，应及时投予泻剂如硫酸钠、人工盐等，加速胃肠道毒物的排出。同时，采用保肝和止血疗法，可静脉滴注20%~50%葡萄糖溶液、维生素C、葡萄糖酸钙或1%氯化钙溶液。心脏衰弱时，皮下或肌内注射强心剂。

【预防】

1. 防止饲料霉变

防霉是预防黄曲霉毒素中毒的根本措施。玉米、花生等收获时必须充分晒干，种子或饼类切勿放置于阴暗潮湿处。已被污染的处所可将门窗密闭，采用甲醛、高锰酸钾水溶液熏蒸（每立方米空间用甲醛25mL，高锰酸钾25g，水12.5mL混合）或过氧乙酸喷雾（每立方米空间用5%溶液2.5mL）进行消毒，必要时在饲料中添加防霉剂如丙酸盐等。

2. 霉变饲料的去毒处理

对于轻度发霉饲料，可先进行磨粉，然后按1∶3比例加入清水浸泡，反复换水，直至浸泡的水呈现无色为止；即使如此处理，仍必须与其他精饲料配合应用。对重度发霉饲料应坚决废弃，尚可用的饲料应进行脱毒处理。常用的去毒方法有以下几种。

（1）化学处理法。最常用的是碱处理法。在碱性条件下，可使黄曲霉毒素结构中的内酯环破坏，形成香豆素钠盐，且溶于水，再用水冲洗可将毒素除去。

通常用5%~8%生石灰水浸泡霉变饲料3~5h，再用清水冲洗可将毒素除去。

（2）物理吸附法。常用的吸附剂为活性炭、白陶土、黏土、高岭土、沸石等，特别是沸石可牢固地吸附黄曲霉毒素，从而阻止黄曲霉毒素经胃肠道吸收。

（3）微生物去毒法。据报道，米根霉、橙色黄杆菌对除去粮食中的黄曲霉毒素效果较好。

另外，还要定期监测饲草、饲料中黄曲霉毒素的含量，以不超过我国规定的最高容许量标准为宜。

十三、食盐中毒

食盐（氯化钠）是动物体不可缺少的矿物质成分，适量补饲食盐可增进动物食欲，改善消化功能。在动物体内氯化钠不足，则破坏正常机体内一价和二价阳离子的正常比例，导致严重的神经系统活动失调，破坏钙的代谢和改变组织内渗透压，使机体缺水，哺乳期水貂日粮中食盐不足，则发生泌乳衰竭。但食盐过量，其中一部分被吸收入血液，其余大部分则仍留于消化道内，直接刺激胃肠黏膜引起炎症。并由于胃肠内容物的渗透压升高而导致组织失水，脑功能紊乱，引起动物中毒。

【病因】

由于日粮中食盐添加量计算错误，加入过多而引起中毒。日粮内添加食盐不检查，用肉眼估算也易造成食盐中毒。饲料调制不均匀，食盐集中，可导致个别毛皮动物中毒。饲喂咸鱼时浸泡时间短，盐分过高，会引起大批毛皮动物中毒。毛皮动物中水貂和北极狐对食盐最为敏感。

【临床症状】

毛皮动物食盐中毒时，出现兴奋不安、呕吐，从口、鼻中流出泡沫样液体。呈急性胃肠炎症状，腹泻，全身虚弱。水貂很快消瘦，有的伴有癫痫、嘶哑尖叫。有时中毒水貂运动失调，作圆圈运动，排尿失禁，尾巴翘起，最后四肢麻痹，常于昏迷状态中死亡。

毛皮动物食盐中毒的程度，决定于吞入食盐量及有无充足饮水。据报告，食盐剂量达每千克体重1.8~2g时，在无充足饮水条件下有20%的毛皮动物会发生中毒，当剂量增加到每千克体重 2~7g 时，即可发生典型的食盐中毒症状，并于中毒后第 3 天水貂死亡达数可 80%。当饮水充足时，水貂及其他毛皮动物能耐受每千克体重 4.5g 的食盐量。

【病理变化】

死亡毛皮动物口内有少量食物及黏液。肌肉呈暗红色并且干燥。胃肠道黏膜充血和水肿。肺、肾及脑血管扩张。个别病例心内膜、心肌、肾及肠黏膜有点状出血。

【诊断】

结合过饲食盐或限制饮水的病史和神经症状的表现进行初步诊断，必要时进行血清及脑脊液中钠离子浓度的测定。当脑脊液中钠离子>160mmol/L、脑组织中钠离子>1 800μg/g 时即可确诊为钠盐中毒。

【治疗】

无特效解毒药。治疗要点是促进食盐排出，恢复阳离子平衡和对症治疗。

发现中毒时，立即停喂食盐。对尚未出现神经症状的病兽给予少量多次的新鲜饮水，以利于血液中的盐分经尿液排出。已出现神经症状的病貂，应严格限制饮水，以防加重脑水肿。

恢复血液中一价和二价阳离子平衡，可静脉注射 5%葡萄糖酸钙注射液 20~40mL 或 10%氯化钙注射液 10~20mL。

缓解脑水肿，降低颅内压，可静注 25%山梨醇注射液或高渗葡萄糖注射液。

促进毒物排除，可用利尿剂（如氢氯噻嗪）和油类泻剂。

缓解兴奋和痉挛发作，可用硫酸镁、溴化物（钙或钾）等镇静解痉药，或用盐酸异丙嗪肌内注射。为维持心脏正常活动，可皮下注射 10%~20%樟脑油，水貂 0.2~0.5mL，北极狐和银黑狐 0.5~1mL。水貂也可灌服 25%葡萄糖溶液 5~10mL。

【预防】

毛皮动物日粮要严格掌握食盐标准。日粮内的食盐必须按规定量添加，并保证在任何季节都要有充足的饮水，尤其对于泌乳期的动物必须充分供给。利用咸鱼饲喂毛皮动物时一定要脱盐充分，要多换几次水浸泡。

十四、肉中毒

畜禽副产品是貂动物性饲料的主要来源，但如果大量喂给卵巢、子宫、睾丸、甲状腺和甲状旁腺等，能导致繁育功能紊乱和代谢障碍，这些病害都是由过量的激素引起的。据 Suman 报道，过量的甲状腺碘可引起水貂和狐产仔数降低。

【临床症状】

大量雌性激素和产生脑垂体激素的饲料会导致繁殖功能紊乱，表现胚胎吸收、不育、缺乳和流产，有的雌貂肥胖、厌食、脱毛，最终产仔数和成活数都降低。甲状腺激素中毒病例，呈现产仔少、产下弱仔或生活力不强的后代。

【诊断】

根据病史、临床症状和剖检病变可做出初步诊断，确诊可进行实验室检查。

【治疗】

立即停喂卵巢、子宫、睾丸、甲状腺、甲状旁腺等动物性饲料。无特异性治疗药物。

【预防】

有效的措施是避免连续喂给或过量饲喂，适当与鱼类饲料、干饲料或鱼粉搭配使用。这样既可达到营养全价，又能增加适口性，但在繁殖期应尽可能少喂。

十五、鱼中毒

貂的鱼中毒是指给水貂饲喂一些含硫氨素酶的生鱼后，引起维生素 B_1 缺乏症或喂用一些毒鱼后，发生鱼中毒。白鱼、淡水胡瓜鱼、金鱼、鲤鱼、欧洲淡水鱼、鹿眼小银鱼、胖头小鲤鱼、胭脂鱼、白鲈鱼、杜文鱼、江鳕、狗鱼和咸水鲱鱼都含有硫胺素酶，生喂后可引起维生素 B_1 缺乏症。台巴鱼、狗鱼、鳕鱼、黄巴鱼、河豚等某些组织中含有毒性物质，饲喂后能发生中毒。

水貂的鱼中毒在我国也曾发生过。据报道，黑龙江一貂场曾用以台巴鱼占70%的日粮喂貂，仅在 3 天内病死率达40%，造成了极大的损失。

【临床症状】

由毒鱼所致的中毒病，临床表现主要是神经系统功能障碍，呼吸和运动中枢麻痹，如呼吸困难，四肢麻痹，兴奋，抽搐昏迷，瞳孔散大，排粪、排尿失禁，采食困难，口、鼻流液，黏膜发绀等，多数窒息而死。急性病例常在饲喂毒鱼2~3d后即发病，随后迅速死亡。

因含硫氨素酶的生鱼引起的中毒病，表现为维生素 B_1 缺乏样症状。病貂食欲和体重下降，弓背，被毛粗乱，步态失调，濒死前痉挛和麻痹。雌貂发病后出现胎儿吸收、产死胎，产仔率下降40%~50%，妊娠后期死亡明显增高。

剖检时可见肝、脾、肾和淋巴结等实质器官肿大、充血、出血，皮下组织胶样浸润。

【治疗】

本病无特效药物治疗，发病后应立即更换饲料，补给牛奶、糖水、维生素 C 等滋补饲料，同时肌内注射青霉素 15 万~20 万 IU、维生素 E 10mg，以防止继发感染。也可灌服 10%葡萄糖溶液进行缓解。

表现出维生素 B_1 缺乏症状的病貂及时补充维生素 B_1。

【预防】

主要是剔除有毒鱼类，并坚持煮熟后饲喂。

十六、貂球虫病

水貂是重要的经济毛皮动物，水貂球虫病能引起貂场严重的经济损失。

【病原】

据国外文献记载，水貂球虫有 12 种，艾美耳属和等孢属各 6 种，其中常见的莱道士等孢球虫致病力最强，能引起水貂腹泻和死亡。卵囊的形态特征为卵圆形，无微孔，平均大小为 3~29μm，孢子化卵囊内无外残体，有内残体，孢子囊椭圆形，平均大小为 20.8μm×1.4μm。

【流行病学】

本病广泛流行于水貂之间，幼龄貂更易感染，被球虫卵囊污染的笼子对本病的传播有重要作用。实验证明，笼子刮下物 39%被污染，亦可经被污染的饲料、饮水、用具和饲养人员而传播，其他动物也有可能成为球虫的传播者，特别是鼠类常偷吃毛皮动物的饲料，从而成为散布球虫的传染源。蝇类吞吃带球虫卵囊的食物，其卵囊可能在蝇肠管内存活很长时间，因而也可能成为传播球虫病的媒介。

【临床症状】

成年水貂球虫病症状不明显，病程为4~10周。幼龄貂用不全价和不合理的饲料时，本病症状表现剧烈。病貂食欲变化无常，出现腹泻，粪便稀薄，混有黏液，颜色为淡红色、黄色、绿色或黑柏油样，被毛粗糙、无光泽、易脱落，进行性消瘦，幼貂停止发育易死亡，老年貂抵抗力很强，常为慢性经过，易并发其他疾病。

【病理变化】

水貂尸体通常高度衰竭和贫血，常发现腹水，胃空虚，小肠黏膜有卡他性炎症，于球虫病灶处常覆以腐烂区。慢性经过者在小肠黏膜层内可发现白色结节（直径0.5~1mm），结节内充满球虫卵囊。水貂的肝性球虫临床上很少见，此时胆囊明显肿大，囊壁变厚、变硬。

【诊断】

在粪便中发现球虫卵囊是诊断的主要依据。但必须结合临床症状和病理剖检变化来综合判断。

【治疗】

用氨丙啉、莫能菌素、磺胺喹噁啉等进行治疗均效果良好。还可用磺胺嘧啶，首次量为每千克体重0.14~0.2g，以后每12h按0.11g/kg体重用药，直至症状消失。

【预防】

水貂球虫病最合理有效的预防措施是将貂离地单笼饲养，并保持笼子和小室清洁干燥，经常更换垫料，笼具等定期洗刷，清除貂粪，进行生物热发酵后再做肥料。经常用2%~3%克辽林溶液和热水消毒笼具，合理饲养，给予全价饲料，以增强貂体抵抗力。

第五节　貉常见疾病

近年来，貉的养殖呈现上升趋势，但是由于部分饲养者缺乏饲养管理技术，致使貉疾病频发，养殖效益低下。貉常出现的疾病以及诊断治疗技术如下。

一、感冒

【病因】

由于气温突变、长途运输、贼风侵袭、营养不良、体力下降等因素引发。

【临床症状】

表现为精神沉郁、两眼流泪、鼻镜干燥，有时鼻孔流出少量浆液性水样鼻液。

【治疗】

安痛定注射液 1mL、青霉素 50 万 IU、复合维生素 B 注射液 2mL，肌内注射于大腿内侧肌肉丰厚处，每日 2 次，连用 2~3d，同时增加饮水次数。

二、肺炎

【临床症状】

肺炎多因感冒治疗不及时、不彻底而继发，常表现体温升高，呼吸急促，有时咳嗽，鼻镜干燥，拒食。人为管理不当、责任心不强等因素常是感冒发展至肺炎的诱因。

【治疗】

青霉素 60 万 IU，同时配合链霉素 40 万 IU，但要注意体形大小和体重，安痛定注射液 2mL，采食不正常者可再加注维生素 C 和复合维生素 B 注射液各 2mL，每日 2 次，连用 3~5d。

三、胃肠炎

胃肠炎分为卡他性胃肠炎和出血性胃肠炎。卡他性胃肠炎多因管理不当、卫生条件不好、饲料变质引起，病貉两眼无光、食欲减退、弓腰蜷腹，个别出现呕吐，粪便呈白色蛋清样或黄色、绿色胶冻样，肛门、尾根被稀粪污染。出血性胃肠炎多由某种传染病如巴氏杆菌、副伤寒或黄脂肪病、犬瘟热继发，原发性较少见，其表现除上述特征外，明显症状是粪便带血，有时呈沥青状，完全拒食，有轻度痉挛、昏迷。卡他性胃肠炎治疗不彻底病情加重是出血性胃肠炎的主要诱因。治疗方法两者相似，只是剂量、药物略有区别，如果早期发现，病貉没有拒食，可将乳酶生 2 片、鞣酸蛋白 2 片、呋喃唑酮 2 片，研碎混匀，混入饲料内，每日 2 次，连喂 2~3 天。如果病兽拒食，不能口服，只能改用针剂，可用氯霉素注射液 2mL 或庆大霉素注射液 2mL、安痛定注射液 2mL、地塞米松注射液 2mL，混合后一次肌内注射，每日 2 次，连用 3~5d。

四、胃肠臌胀

主要诱因是饮食不卫生，食入变质饲料或经加热处理的活菌酵母，刚分窝的仔兽至幼年兽发病较多，青年兽和成龄兽少见，其表现症状是病兽腹围明显膨大，叩之有鼓音。

本病以防为主，平时多给仔兽和幼兽饲喂易消化的饲料，可在饲料内添加酵母和乳酶生各 0.5~1g，土霉素 1~2g，能起到预防作用。

五、红爪病

红爪病是貉、狸等新生仔兽的共患症，其表现是新生仔兽四肢和趾间破溃、充血、皮肤呈紫红色，仔兽不停地发出微弱的吱叫声，在产箱内乱爬，个别关节变粗，吮乳能力减弱，10 日龄以内仔兽多发，治疗不及时易造成死亡。

治疗办法简单易行，除雌兽妊娠期应给予全价饲料和补饲新鲜绿叶蔬菜外，在雌兽临产前 10d 可加喂维生素 C 4 片，也是行之有效的方法。仔兽自出生后可滴喂维生素 C 溶液，每日 2 次，每次 5~10 滴，给雌兽肌内注维生素 C 注射液 1~2mL。值得注意的是，饲养员在处理仔兽时应将雌兽挡在产箱外，偷偷地将仔兽（患兽）取出，滴完维生素 C 溶液后，其仔身上已产生异味，这时一定要用产箱内的垫料、貉绒往仔兽身上涂抹数次，涂抹笼下的尿液也可，这样可以将雌兽身上的气味重新涂到仔兽身上，使雌貉闻不到异味，否则雌貉会拒绝给仔兽喂奶，甚至将其咬死。

六、犬瘟热

本病是由病毒引起的高度接触性传染病，呈暴发性流行和散发性流行，任何季节均可发病。该病毒的自然宿主为犬、貉、狐、狼、豺和鼬科动物中的鼬、貂、狸、獾及浣熊、小熊猫等均可感染，自然发病的死亡率高达90%以上，人和其他家畜对本病天然易感，是毛皮动物的天敌，故应引起高度重视，患本病的水貂、犬、猫、鼠和其他动物是主要的传染源，被其污染的水、工具、工作服，病兽的分泌物、排泄物，以及病兽与健康兽接触等都是传播途径。本病的主要症状特点是由于犬瘟热病毒对上皮细胞有特殊的亲和作用，因而病变分布非常广泛，病兽均表现发热，眼、鼻、呼吸道和消化道黏膜卡他性炎症，中后期除表现拒食、呕吐、恶臭下痢（水样血便）外，往往还出现眼、鼻内流出浆液性、黏液性、脓性分泌物和神经系统的病状，如惊厥、尖叫、昏迷、抽搐、四肢瘫痪等。急性型体温超过40℃，超急性型口吐白沫，数分钟撞笼死亡，慢性型更为可怕的是病程长，传播广，2~4周才被发现，给养殖户造成较大损失。

目前我国对犬瘟热的防治已达到世界先进水平，疫苗的有效率已达到100%，因此只要做好防疫工作，毁灭性的死亡是不会发生的。当被确诊为犬瘟热时，可皮下注射血清20mL或马血清20~30mL，早期可得到治疗效果，同时采用对症治疗，可挽回部分损失。

七、病毒性肠炎

病原为细小病毒，其典型症状是剧烈腹泻，粪便呈黄灰白色或黄灰绿色水样，恶臭，后期多呈煤焦油状，早期鼻干、拒食、高热，后期尿液黏稠呈茶色，消瘦衰竭，因麻痹痉挛而死。腹部胀大，口、鼻流淡红色血水，个别病兽由于病毒侵袭心脏，往往无任何症状突然死亡。

本病目前尚无特效疗法，但在流行过程中可应用抗生素防止并发症，肌内注射庆大霉素4万~6万IU，皮下多点滴注葡萄糖（10%含量）50~80mL，维生素

B_1、维生素 C 注射液各 2mL，对腹泻脱水严重者也有治疗补充作用。

本病应以防为主，接种疫苗的时间、方法、剂量与犬瘟热相同。

八、幼貉佝偻病

主要是由于日粮中缺乏维生素 D、钙和磷，或钙、磷比例失调所致。病貉多呈蛙样姿势摇摆爬行，骨质松软，个体发育较正常幼貉慢，形成僵貉。

防治：及时改变饲料结构，增加维生素 D，合理搭配钙和磷。尽量让幼貉多晒太阳。症状严重的幼貉可肌内注射维丁胶性钙注射液，每次 0.5mL，每隔 2d 注射 1 次，连用 5 次即可。

九、黄脂肪病（脂肪组织炎）

由于食物中含有过多酸败的非饱和脂肪酸引起。病貉可发生突然死亡，或在死前见轻度运动障碍。剖检变化为内脏脂肪因含抗酸性色素而变黄，并有水肿发生。防治措施是立即停止饲喂含腐败脂肪的饲料和合理保存饲料，并连续 2 周在饲料中混入稳定的维生素 E（每只貉 2~4mg），对患病的幼貉则连续 5d 注射 10~15mg 维生素 E。

十、貉缺硒症

缺硒具有明显的地域性。一般是缺硒的地质环境引起人畜缺硒，尤其是在秋雨多的年份，地表土壤中的硒随雨水流失，以草食为主的动物或杂食动物很难从植物中获得足够的硒，从而引起硒的缺乏症。我国从东北到西南的狭长地带均为缺硒地区，尤以黑龙江省西部地区和四川凉山最为缺乏。缺硒动物机体器官组织中硒浓度下降，可出现肝坏死，或与肌肉营养不良、桑葚心、白肌病同时出现，临床上各种动物会有不同表现，但共同的表现都是生产力下降、产仔数减少、不孕、运动障碍、哺乳动物胎衣不下等。

【临床症状】

病初无明显症状，常被忽视，随着时间的延长，数十日后，由于长期缺乏会出现食欲减退或废绝，精神沉郁，喜卧，后肢活动不灵活。腰背弓起，行走困难。强迫运动时，两前肢跪下，后肢拖地匍匐前行，有时呈犬坐姿势。由于长时间营养不良，致使身体衰弱，直至衰竭死亡。

本病多发生在幼貉迅速生长期，如在妊娠期日粮中缺乏微量元素硒，仔貉出生后会因不会吮乳（木舌症）而死亡。

【病理变化】

骨骼肌和心肌变性，骨骼肌干燥、色淡、混浊，切面粗糙不平，有凹陷和坏死灶，呈淡黄色或白色，背最长肌、臀部后肢肌肉表现更明显。心肌脂肪减少，色泽变淡，混浊，缺乏光泽，心室扩张，心壁变薄、柔软。仔兽舌苔发白。

【预防】

要饲喂全价日粮，自配饲料要注意补充硒和维生素 E，可预防本病的发生。

【治疗】

用生理盐水配制终浓度为 0.1% 的亚硒酸钠溶液。5 月龄以下的治疗量：肌内注射 1.1mg，口服 2mg；预防量：肌内注射 1mL，口服 1.5mL。在补硒的同时，每只每日肌内或皮下注射 5~10mg 维生素 E 注射液，会增强治疗效果。由于亚硒酸钠的治疗量与中毒量很接近，因此需特别慎重。也可用市售的亚硒酸钠-维生素 E 注射液，在使用时一定要遵照说明书，或依其亚硒酸钠的含量计算好每次用量后再使用，避免引起硒中毒。

各种动物长期摄入 10mg/kg 饲料硒可发生慢性中毒，其表现是消瘦、贫血、关节强直、脱蹄（甲、爪）、脱毛和影响繁殖等。一次摄入 500~1 000mg/kg 饲料硒可出现急性或亚急性中毒，轻者盲目蹒跚运动，重者死亡。

第六节　小灵猫常见疾病

一、衣原体病

衣原体病主要引起小灵猫、果子狸发生结膜炎，偶尔也可引起上呼吸道感染，当与其他细菌或病毒并发感染时，可引起角膜溃疡。本病是自肺炎病猫中分离出鹦鹉热衣原体后才被确认的，是一种与鹦鹉热衣原体密切相关的综合病症，为临床上较常见的疾病之一。

【病原】

本病病原为鹦鹉热衣原体（*Chlamydia psittaci*），为衣原体属，其特性与鸟毒株相似。衣原体是一类严格的细胞内寄生原核微生物，具有特殊的发育周期，且能通过细菌滤器。具有细胞壁，含有 DNA 和 RNA 两种核酸。有核糖体和较复杂的酶类系统，但缺乏供代谢所需的能量来源，必须利用宿主细胞的三磷酸盐和中间代谢产物作为能量来源。具有特殊的发育周期，可形成 2 种不同的结构形式——原体和网状体。吉姆萨染色为紫色，对外界环境有一定抵抗力，室温条件下可存活近 1 周。衣原体可在 6~8 日龄鸡胚卵黄囊中生长繁殖，并可使小鼠感染。另外，McCoy、BHK、HeLa 细胞等传代细胞系也适合其生长。

鹦鹉热衣原体在抗原性和致病性上有明显的株特异性。它可在网状内皮细胞、眼结膜、生殖器官、胃肠黏膜上皮及胎儿、胎盘组织细胞内繁殖，产生病变或综合征，且依致病株的毒力而异。然而，尚未证实猫型株在雌猫子宫内繁殖。猫型鹦鹉热衣原体对眼结膜、鼻黏膜、气管和细支气管黏膜上皮有亲和性，能在这些器官的上皮细胞内增殖，并发生病害作用。

【致病机制】

衣原体通过创面侵入机体后，吸附于易感的柱状或杯状黏膜上皮细胞上并在其中繁殖，也能进入单核吞噬细胞内繁殖。细胞质围绕衣原体内陷形成空泡，即吞噬体。衣原体在空泡内发育成网状体，完成其繁殖过程。细胞内溶酶体如能与吞噬体融合，溶酶体内的水解酶则可将衣原体杀灭。衣原体能产生类似革兰氏阴性细菌内毒素的毒性物质，抑制宿主细胞代谢，直接破坏宿主细胞。此外，衣原体主要外膜蛋白能阻止吞噬体和溶酶体的融合，从而有利于衣原体在吞噬体内繁殖并破坏宿主细胞。在体内抗衣原体的免疫应答过程中，一方面疾病得以缓解，另一方面由 T 细胞与感染细胞的相互作用也会导致免疫病理损伤，产生第 IV 型超敏反应。

不同的衣原体致病性不同，有些只引起人类疾病，有些是人兽共患病原体，有些只感染动物。

【流行病学】

发病小灵猫或果子狸的眼及呼吸道分泌物内含有大量病原体，并不断向外排泄，扩散传播。在隐性感染小灵猫的结膜、鼻黏膜、脾、肝等器官组织内持续存在，在应激因素作用下转为显性感染，同样大量排出病原体。易感小灵猫主要通过接触具有感染性的眼分泌物或污物而发生水平传播，也可能发生由鼻腔分泌物产生的气溶胶传播。输卵管途径人工感染可引起慢性输卵管炎，而且带菌时间可持续2个月。并发猫免疫缺陷病毒可促进和加重临床症状及病原体的排放。

衣原体病主要通过近距离的含毒飞沫接触传染。实验性气溶胶感染表明，在感染后7~10d结膜上皮细胞内的衣原体即达到增殖高峰，且仅在结膜、鼻腔、气管和细支气管上皮细胞内大量增殖。

据报道，猫型鹦鹉热衣原体最初来源于小鼠或猎鸟，可传染给人，曾有一些感染猫的主人发生滤泡性结膜炎。

【临床症状】

本病最常表现为结膜炎。易感小灵猫感染鹦鹉热衣原体后，经过3~14d的潜伏期后表现明显的临床症状，而人工感染发病较快，潜伏期为3~5d。新生小灵猫可能发生滤泡性结膜炎及脓性坏死性结膜炎。病初眼睑痉挛、充血、结膜水肿、流泪，继而出现黏液性、脓性分泌物，形成滤泡性结膜炎。食欲不振，不活泼，伴发鼻炎者出现间歇性打喷嚏和流出浆性鼻液。混合感染的重病小灵猫症状加剧或恶化，伴发数日体温升高，甚至出现鼻腔、口腔溃疡。

慢性感染的小灵猫球结膜水肿主要限于眼结膜处，眼分泌物减少。成年小灵猫感染后可成为病原的慢性携带者而不表现临床症状，或者在某些因素作用下，间歇性发生结膜炎，可向外界排出病原菌。

【病理变化】

典型的病变在眼、鼻、肺等器官。结膜充血、肿胀。有的可见到化脓性鼻炎和溃疡病灶，轻度间质性肺炎病灶。结膜感染持续发展，巨噬细胞和淋巴细胞增多，球结膜水肿。

【诊断】

虽然在急性感染阶段可出现球结膜水肿，慢性感染可形成淋巴滤泡肿大等，但仅根据临床症状只能进行初步诊断，确诊必须进行实验室检查。实验室检查方法主要有以下几种。

1. 涂片镜检

采取新鲜分泌物或组织病料涂片，用吉姆萨染色液染色、镜检，可见到细胞质内小的亮红色或紫色的感染性小体及大的蓝色的非感染性粒子。

2. 鸡胚接种

取结膜或鼻腔拭子或组织病料悬液，接种 5~7 日龄鸡胚卵黄囊，于 5~12d 死亡，可见到充血、出血等病变，其抹片染色镜检可见到衣原体。

3. 细胞培养

将结膜拭子或病料悬液接种原代或传代细胞，在 2~7d 可出现蚀斑。

衣原体感染的快速诊断是通过细胞学方法检查急性感染猫结膜上皮细胞胞质内衣原体包涵体。在采样前，应使用眼冲洗液将结膜囊内的分泌物、黏液及碎屑冲洗干净，并在刮取细胞之前滴加表面麻醉药，然后用一个边缘钝圆的无菌平刮铲刮取细胞，将刮铲边缘的细胞转移到载玻片轻轻触片，干燥后立即进行姬姆萨或改良瑞-姬染色检查其胞质内包涵体，一般在出现临床症状 2~9d 采集结膜片最有可能观察到包涵体。另外，还可进行特异性 IgM 和 IgG 抗体检测、特异性核酸检测、聚合酶链式反应技术检测等。

【治疗】

衣原体对四环素类药物如强力霉素和一些新的大环内酯类抗生素如罗红霉素、阿奇霉素等敏感。对妊娠雌猫和幼猫应避免使用四环素，因为该药物可使牙釉质变黄。外用四环素眼药膏可起到明显的治疗作用，但猫外用含四环素的眼药膏制剂常会发生过敏性反应，一旦出现过敏反应，应立即停止使用该药。

【预防】

由于本病主要是由于易感小灵猫与感染小灵猫直接接触传播的，故预防本病的重要措施便是加强防疫措施和饲养管理，发现病例后将感染猫隔离，并进行合理地治疗。雌猫一旦发病，幼猫可以从初乳中获得雌源抗体，对幼猫的保护作用可持续到 9~12 周龄。对无特定病原体小灵猫在人工感染衣原体前 4 周接种疫苗，可明显降低结膜炎的严重程度，但不能防止和减少结膜病原的排出量。

二、惊恐症

多发生于初捕和新引进的个体，由于捕捉、运输过程中过度惊恐所致。即使是已经过驯养的个体，由于突然的声响、异味、调换笼舍、人工取香、因病服药打针等引发本病的情况也时有发生。这是由于小灵猫属夜行性野生动物，防卫能力很弱，在野外借夜幕活动和取食，家养后，一有应激因素就会使神经中枢高度兴奋，这种兴奋是先天性活性功能的强烈反应。

【临床症状】

小灵猫在窝室和运动场之间乱窜，在笼舍边以鼬科动物常见的运动模式"晃动"，抓咬小室门企图逃逸。嘴里发出"咕咕"的声音，有些个体拒食。雌性小灵猫常叼起幼仔奔跑，有的还摔死或咬死幼仔。

【防治】

调教驯化，改变野性，采香时动作要轻，切忌粗暴；保持饲养场安静（笼舍避开机车引擎、喇叭等噪声源）；禁止外来人员进入饲养场。受惊严重者可一次肌内注射氯丙嗪 0.01~0.025g。

三、拒食症

多发生在初捕和新引进个体。在采香后 1~2d 和患病个体中亦常见。这是由于小灵猫属以肉食为主的杂食性动物，在野外多以鼠、小鸟、青蛙等活动物为食，一旦被捕受惊，活食难觅，加之人工配制的饲料适口性不好以及因生境的改变等因素而产生拒食。

【临床症状】

患病小灵猫不吃饲料，蜷曲于窝室内驱而不动，身体状况较差，并发其他疾病。

【防治】

保持周边环境安静，减少惊扰。以小白鼠、小鸡、青蛙等活物诱食，保持体能，逐渐改变饲料成分。以鲜鱼、鲜肉挑逗，让其扑咬，引起食欲，使其逐步适应人工饲养环境。对拒食的病兽，要不急于捕捉检查，尽量改注射治疗为口服药物治疗。用药时可将药物置于活小白鼠口内，使小灵猫擒鼠吞药。对病弱个体，可注射葡萄糖注射液补液。

四、黄脂肪病

饲养场小灵猫的日粮大多以鱼类和畜禽下脚料为主，而且一次进货甚多，然后分成小包放于冰柜中冷藏。若遇冷藏低温不够（达不到-18℃）或冷藏时间过长（超过6个月），加之解冻后受热时间过久，产生大量不饱和脂肪酸，使维生素E遭到破坏而失去抗氧化作用，其他维生素也丧失了生物活性，引起脂肪代谢障碍和中毒，使脂肪在内脏器官、皮下组织积蓄和肌肉变性、坏死，引起维生素缺乏和分泌功能障碍。

【临床症状】

病猫行动不灵活，不愿活动，常卧于窝室内（早晨、黄昏也不出窝），运动失调，步态蹒跚，腹肌松弛，腹围膨大，采食量减少，生长发育停滞。常出现不随意的半麻痹状态，重症者排出煤焦油状黑色粪便，后期则拒食，并发症多为胃肠炎。

【防治】

喂饲新鲜动物性饲料并剔除其脂肪。补充维生素E，每日每只5~10 mg，B族维生素每日每只0.5~1片。随采香时肌内注射维生素 B_{12} 1~2mL（0.1~0.2 mg），维生素E 1~2mL（5~10mg）。随冷却后的饲料全群每日每只普喂维生素C 1片。

五、自咬病

自咬病是因饲料单一、过敏性反应、营养缺乏而引起的一种维生素缺乏症。

【临床症状】

兴奋性增高，极度不安，狂暴地追咬尾部、四肢、机体后躯，作螺旋状圆周运动。重症者咬掉尾尖、肌肉，尾骨裸露，笼舍内鲜血淋漓。

【防治】

改善饲料营养成分，添加新鲜动物性饲料，随冷却后的饲料每日每只饲喂维生素C 1片。以40%普鲁卡因蓖麻油浸过的药棉擦拭伤口，然后涂抹磺胺结晶1周，后肢股内侧皮下注射0.2%高锰酸钾溶液0.5~1mL。重症者，肌内注射异丙嗪 10mg，地塞米松磷酸钠 5mg。

六、胃肠炎

因饲料腐败变质、污秽不洁、脂肪含量过高，饲料配比不当、投喂过量，气候突变和消化不良所致。

【临床症状】

食欲不振，采食量减少，不愿活动。重症者拒食，鼻镜干燥，体温上升，肢部蜷曲，排出白色蛋清或黄色黏稠状粪便。身体后躯被粪便污染，散发臭味。

【防治】

定时、定量喂饲（一般每日下午 4 时一次投料 500g）；保持饲料清洁，配比得当；每日每只饲喂土霉素 1 片，多霉素 1 片；或每日每只饲喂呋喃唑酮 0.5 片，多霉素 1 片。重症者，静脉注射 10% 葡萄糖注射液200mL、维生素注射液 0.5mL、B 族维生素注射液 0.5mL。全群随饲料每日每只饲喂维生素 C 0.1g。

第七节　果子狸常见疾病

一、狸瘟热

狸瘟热是由犬瘟热病毒引起的以感染犬科动物为主的一种急性、高度接触性传染病。临床上以双相热、急性鼻卡他、支气管炎、卡他性肺炎、严重胃肠炎和神经症状为特征。

【临床症状】

主要表现为急性败血症。突然高热，体温升高，3~5 天后降至常温。精神高度沉郁，后转为兴奋。有明显的呼吸道症状。剧烈打喷嚏，鼻孔流出黏液样分泌物，并伴有眼结膜炎、咽喉炎。腹部或股内侧皮肤有小红点。病狸烦躁不安，尖叫不停，最后出现严重的脱水或衰竭死亡。

【防治】

平时注意免疫，隔离消毒。饲养场应建立严格的防疫制度，定期进行预防注射。接种的方法是：幼狸断奶后先注射小儿麻疹疫苗，半个月后再接种犬瘟热疫苗或多联疫苗，4月龄的再加强免疫1次。种狸在繁殖前期和分窝后各免疫1次。发生本病时，早期治疗可用犬多联高免血清5mL肌内注射，每日1次，连用3d；皮下注射患本病康复后的成年狸血清15~20mL。脱水时，静脉注射葡萄糖盐水200~250mL，维生素C、维生素B_1注射液各2mL，每日1次。

二、细小病毒病

细小病毒病是由细小病毒感染幼狸所引起的一种急性传染病。临床上有2种表现型：出血性肠炎型以剧烈呕吐、出血性肠炎和白细胞显著减少为主要特征，心肌炎型则以突然死亡为特征。无论哪种类型，均以发病率高、死亡率高和传染性强为特点。

【临床症状】

病狸表现为以先呕吐后急性出血性腹泻，精神沉郁，食欲减少或废绝，体温升高，白细胞减少等为特征的综合征，最终迅速脱水衰竭死亡。

主要表现为急性败血症。突然高热，体温升高，3~5d后降至常温，精神高度沉郁，后转为兴奋，有明显的呼吸道症状。剧烈打喷嚏，鼻孔流出黏液样分泌物，并伴有眼结膜炎、咽喉炎。腹部或股内侧皮肤有小红点。病狸烦躁不安，尖叫不停，最后出现严重的脱水或衰竭死亡。

【防治】

加强饲养管理，增强体质，搞好狸舍的消毒及环境卫生，发现有本病立即隔离治疗。预防本病可用犬细小病毒灭活疫苗或弱毒疫苗肌内注射。病狸可用犬猫120注射液按0.2~0.3mL/kg体重肌内注射，每日2次，连用2~3d；配合用5%糖盐水200~250mL，维生素C、维生素B_1注射液各2mL，庆大霉素4万~8万IU，混合静脉注射。

三、便秘

便秘是由于肠管运动功能和分泌功能紊乱，内容物滞留不能后移，水分被吸收，致使一段或几段肠管秘结的一种疾病。以食欲减少或废绝，排粪减少或停止，并伴有不同程度的腹痛为主要特征。本病多种经济动物均能发生，但以果子狸较为常见，发病率较高，而且相对于其他动物而言，便秘对于果子狸来说，危害更为严重。

【病因】

原发性便秘的病因主要是果子狸摄入的食物中粗纤维含量不足、食物干燥或饮水不足。继发性肠便秘主要见于某些肠道的热性传染病和寄生虫病。

【临床症状】

病狸喜卧于阴暗处，食欲减退或拒食，常做排粪状，排出硬粪或无粪便排出，大便秘结，有时伴有发热、打寒战、眼结膜潮红并伴有眼分泌物、头缩尾垂、身体弯成弓状。

【防治】

加强饲养管理，减少米糠、麸皮等饲料，喂给清洁饮水、瓜果类和多汁易消化饲料。发病后可在稀粥料中加数滴花生油及 5~10g 食盐；或用硫酸镁、蜂糖各 15g 加适量水混合后一次口服；或口服果导糖片 3 片，每日 1 次，连服 3d，并在饲料中加入人工盐 30g。若伴有发热现象，可用 1 支 40 万 IU 青霉素针剂溶于 1~1.5kg 冷开水中，让病狸饮服（药液要在 1~2h 内饮完）；或用庆大霉素 4 万~8 万 IU 肌内注射，每日 1 次，连用 2~3d；或肌内注射青霉素 20 万~30 万 IU，每日 2 次，连用 3d。采用上述治疗方法，狸的便秘 2~3d 即可痊愈。

第八节 蛇常见疾病

一、肺炎

蛇的肺炎是由于肺泡发炎出现水肿而引起蛇的以呼吸困难导致窒息而死的疾病。蛇类患肺炎后，由于呼吸不畅，多停留在蛇窝外盘游不安。肺炎是导致幼蛇死亡的重要原因之一。

【病因】

温度高，湿度大，骤冷骤热的剧烈天气变化和空气污浊，是蛇患肺炎的主要原因。在这种环境中，体质差或产后尚未复原、或冬眠后体质较弱的成年蛇发病率较高。本病具有极强的传染性，若治疗不及时，有时在 2～5d 内便会危及全群。

【防治】

蛇类肺炎病的防治着重于预防方面。首先是注意保持蛇窝、蛇运动场、蛇房等场所的干净整洁，空气清新；其次是注意越冬场所或蛇窝的干燥，保持稳定而适宜的温度，避免出现高热、高湿。若是在蛇房内养蛇，当房舍温度过高而采取通风降温措施时，要避免冷风直接吹向蛇体。同时，发现病蛇后，要及时将病蛇隔离，并对蛇类栖息活动的场所用消毒药进行及时消毒。

二、霉斑病

蛇霉斑病是发生在蛇皮肤上的一种真菌性传染病，多发生于梅雨季节，是蛇常患的一种季节性皮肤病。毒蛇中平常不爱活动的蝮蛇、尖吻蝮、金环蛇等更易患本病。本病传播迅速，常常会导致此类幼蛇大批死亡。

【病因】

蛇霉斑病是由真菌感染而引起。多因盛夏季节蛇场内温度高、湿度大，阴雨连绵，致使蛇窝内空气污浊，真菌易大量滋生而致病，此时环境卫生差的蛇场更易流行发病。健康蛇可通过互相接触而感染，此外，蛇吞吃了真菌的孢子也易暴发本病，且易于死亡。

【临床症状】

病蛇的腹鳞上可见有点状或片状的黑色霉斑块，继而向蛇的背部和全身延伸扩大。严重时鳞片脱落，露出污浊、溃烂的皮肤。如不及时治疗，溃烂很快波及全身而发生自体中毒死亡。

【治疗】

发现病蛇后应及时隔离治疗，用刺激性较小的新洁尔灭溶液或中草药药液予以冲洗、消毒患处（切忌用高锰酸钾溶液冲洗，因其刺激性太大），而后用制霉菌素软膏涂抹。同时，给病蛇灌喂制霉菌素片（25 万 IU/片）0.5～1 片，每日 2 次，连用 3~4d。

发现病蛇霉斑连成片时，可用1%~2%的碘溶液涂抹患处，每日涂药1~2次，并同时灌服制霉菌素片剂。若有克霉唑软膏配合涂抹，效果更佳。

取黄连适量煎汤灌服也有一定的疗效。

【预防】

在使用上述药物的同时，必须降低饲养场内或窝内的湿度，改善蛇的栖息环境，力求做到清洁、干燥、通风，可经常用生石灰块杀菌吸潮，或将木炭、草木灰用纸包好，放入蛇窝的潮湿处，定期更换除潮。

一般病蛇经1周治疗后可痊愈。治愈后的蛇在放回蛇场前，需重新进行药浴消毒后方可混入全群饲养。

三、蛇口腔炎

口腔炎是指口颊、舌边、上颚、齿龈等处发生溃疡，周围红肿热痛，溃疡面有糜烂，中医认为是由脾胃积热、心火上炎、虚火上浮而致。各种动物均可能发生，但由于蛇类特殊的生物学特性，其发病率可高达50%。因此，蛇类的口腔炎应比其他动物更要引起重视。多种蛇类，特别是有毒蛇，如五步蛇、银环蛇、眼镜蛇等，均可发生本病。

【病因】

口腔黏膜因在挤蛇毒或刮拔毒牙时受损，或蛇在吞食有爪动物时划损口腔而发生本病。

经冬眠后体质虚弱的蛇，或是梅雨天，或空气干燥、蛇体缺水时，或冬眠时蛇窝的湿度高，则本病的发病率较高。

【临床症状】

病蛇两颌潮红、肿胀，打开口腔时可见溃烂和有脓性分泌物。这些蛇从外表看去，头部昂起，口微张而不能闭合，食物吃进又吐出，不能吞咽食物，最后因不能进食和进水而饿死。

【治疗】

用消毒药棉缠于竹签头上，抹净其口腔内的脓性分泌物，再用依沙吖啶溶液冲洗其口腔，然后用龙胆紫药水涂于患处，每日1~2次；也可用冰硼散等药物撒于患处，每日 2~3 次，直至口腔内再无脓性分泌物为止。一般 10d 左右即能痊愈。中草药以金银花 10g、车前草 20g、龙胆草 10g，煎水清洗口腔，每日 2~3 次，也有一定疗效。

【预防】

取蛇毒捉拿头部并挤压毒囊时，不要用力过大，以免损伤口腔。投喂有爪动物时，最好先去掉利爪。清除致病的传染因子，若窝内湿度过高，应将窝内打扫干净，并暴晒消毒。窝应通风，降低湿度。若蛇已结束冬眠，将蛇移于日光下经受阳光照射，然后清洁窝土、垫料，保持干爽清洁，以清除可能的病原菌，然后将蛇放回蛇窝。

第九节　蜈蚣常见疾病

一、绿僵菌病

本病为蜈蚣的主要病害，一般多发生于炎热的夏季。

病原由绿僵菌感染而致，绿僵菌属半知菌类、丛梗菌目、丛梗霉科、绿僵菌属，是一种广谱的昆虫病原菌。它是一类能够寄生于多种昆虫的真菌，可通过体表或摄食作用进入昆虫体内，在体内不断繁殖，通过消耗营养、机械穿透、产生毒素，使虫体致死并不断在昆虫种群中传播。

【病因】

环境潮湿、饲料腐败变质、饮水污秽都会使绿僵菌大量繁殖，感染健康蜈蚣，从而引起本病的发生。每年 6 月中旬至 8 月底，由于天气炎热，温度较高，湿度较大，更易使蜈蚣遭受绿僵菌的感染。

【临床症状】

发病初期可见蜈蚣腹部、步足部位关节处的皮肤上出现黑色小斑点，随着病菌的扩散、浸润，蜈蚣体表失去光泽，有些地方还会出现绿色的孢子群。后几对步足逐渐僵硬，食欲减退，最终因拒食消瘦而衰竭死亡。

【治疗】

对发病蜈蚣可采用下列药物治疗。

食母生 0.6g，土霉素 0.25g，氯霉素 0.25g，研成粉末，同 400g 饲料拌匀饲喂患病蜈蚣直到治愈。

氯霉素 0.25g，全脂奶粉 5g，溶于 150mL 温水中，让蜈蚣吸吮，每日 1 次，直至病愈。

青霉素 0.25g，加水 1kg，喷雾消毒或加水饮用。

【预防】

平时要加强饲养管理，经常刷洗饲养池和水槽，保持饲料和饮水的新鲜清洁。改善通风条件，掌握好饲养池内的温度和湿度。及时清理残余食物和霉烂物质。一旦发现有绿僵菌病的初期症状，应迅速拣出患病蜈蚣，隔离饲养，将被污染的饲养土全部清除干净，并用 0.3%高锰酸钾溶液喷洒消毒，然后换进备用已消毒的饲养土。饲养池及其他被污染的器具等用 0.5%漂白粉溶液或 0.3%高锰酸钾溶液浸洗消毒，待其晾干后，再将物品放回饲养池中。

二、蜈蚣脱壳病

蜈蚣脱壳病是一种以脱壳为主要特征的疾病。

【病因】

本病主要是由于蜈蚣栖息场所过于潮湿、空气湿度大和蜈蚣饲养管理不善、饲料营养不全（特别是矿物质缺乏），使脱壳期延长，或真菌在躯体内寄生而引起。

【临床症状】

疾病初期蜈蚣表现极度不安，来回爬动或几条蜈蚣绞咬在一起。后期表现为无力、行动迟缓、不食不饮直至最后死亡。

【诊断】

根据蜈蚣的表现和饲养管理情况进行诊断。

【治疗】

注意改善养殖环境，发现发病蜈蚣立即隔离，及时清除死蜈蚣。对病蜈蚣可用土霉素 0.25g、干酵母 0.6g、钙片 1g，共研细末，拌匀在 400g 饲料中，连喂 10d。

【预防】

加强饲养管理，密切注意蜈蚣栖息场所的湿度，相对湿度控制在60%～75%。同时，要保证饲料全价，微量元素和矿物质含量充足。

三、蜈蚣肠炎

蜈蚣肠炎是蜈蚣养殖过程中一种迅速发病、迅速死亡的常见急性疾病。

【病因】

由于温度偏低或饲喂腐烂变质饲料而引起。

【临床症状】

早期蜈蚣头部呈紫红色，行动缓慢，毒钩全张，不食或少食，逐渐消瘦，病后 5～7d 大批死亡。

【治疗】

药物治疗可用磺胺脒 0.5g、氯霉素 0.5g，分别拌入 300g 饲料中交替饲喂。同时，要调整养殖温度达 20℃以上，并禁喂腐烂变质饲料。

【预防】

加强饲养管理，密切注意蜈蚣栖息场所的温度，蜈蚣生活的最适宜温度为20～28℃，产期蜈蚣需 32～39℃的温度，初生仔蜈蚣最适温度为 32℃左右。保证饲料的全价和不霉变，严禁使用腐烂变质的饲料。

第十节　蛤蚧常见疾病

一、口腔炎

口腔炎是在蛤蚧养殖过程中发病率最高，且极易传播蔓延的一种疾病，一旦发生，如不及时有效地控制，常导致蛤蚧群体毁灭性的死亡。多年来，在世界各地，蛤蚧口腔炎一直都是蛤蚧养殖过程中危害最严重的一种疾病。

【病因】

蛤蚧口腔炎是由铜绿色假单胞菌感染而引起的以口腔溃疡为特征的一种传染病。尤其在夏季高温、高湿条件下，蛤蚧的发病率特别高。本病原菌在空气、土壤、水及蛤蚧体表都广泛存在，特别是在潮湿环境下繁殖更是异常迅速，在养殖过程中若消毒不严格、管理粗放，易导致本病发生。

【临床症状】

发病蛤蚧口腔表面粗糙、肿胀，口腔黏膜局部出现大小不一的红点。口腔黏膜、口角、牙龈弥漫性发炎、红肿，逐渐出现糜烂、溃疡；口中分泌物为白色或灰白色，分泌物随病程扩展而增加，最后形成干酪样物附着于齿龈及黏膜上。发病蛤蚧张口困难，不能摄食，导致消瘦、衰竭而最终死亡。发病严重时牙齿脱落，下颌骨出现脓疡断裂，口腔紧闭，不能张开，口腔周围肿胀，四肢无力，直至衰竭死亡。剖检时可见咽、喉、食道口有大量黏液，黏膜出血。肺充血，呈暗红色。肝肿胀，脾、淋巴结肿大，肠胀气并充满黏液。

【诊断】

本病口腔病变明显，生产过程中据临床症状及流行特点可做出初步诊断，进一步确诊需经实验室诊断。

【治疗】

可用0.5%呋喃西林溶液或0.1%高锰酸钾溶液清洗患处，并喂服维生素 B_1 和维生素 C，每日 3 次，每次 2mg。

用20%明矾溶液冲洗发病蛤蚧口腔，每日数次；也可用20%硫酸铜溶液于喂食前涂擦口腔黏膜；还可用明矾水加白糖，用吸管吸取，再吹入患蚧口腔患处，连用3d即可治愈。

【预防】

在蛤蚧养殖过程中，除保持环境清洁卫生外，还要定期对养殖场地进行全面消毒。

对于引进的健康蛤蚧也必须消毒并隔离观察 7d 左右，未出现任何症状方可混入全群饲养，以减少此类病菌对本场蛤蚧的危害。

一旦发现患口腔炎的蛤蚧，应立即隔离，并及时给予治疗，以避免口腔炎在蛤蚧群中传播蔓延。

二、消化不良

【病因】

蛤蚧采食过多高蛋白质动物性饵料或食入发霉变质的饵料，易引起消化不良。饵料中维生素缺乏，长期栖息在阴暗潮湿环境中，也可引发本病。

【临床症状】

患病蛤蚧不采食，很少活动，夜间亦不活跃，离群独处，有时白天爬出洞缝外，粪便呈黄色稀软状。多数病蛤蚧 1 周后自愈，少数因衰弱脱水而死亡。

【防治】

在蛤蚧饮水中，加入复合维生素 B 溶液（口服液），添加量是每升饮水加复合维生素 B 溶液 50mL，连饮 7d。

每只病蛤蚧喂给土霉素片 1/4 片，开口灌服，每日喂药 1 次，连喂 3d。

若是投喂人工配制饵料，可把土霉素粉拌入饵料中，按每只蛤蚧每日 0.5g 的量拌入，连喂 5d。

三、软骨病和夜盲症

【病因】

是由于维生素 A、维生素 E 摄入不足，致使钙、磷代谢紊乱引起的疾病。本病是因为把蛤蚧长期饲养在阴暗、狭窄、潮湿环境中，且又喂给单一饵料，尤其很少喂金龟子等甲壳类昆虫和蛾蝶类昆虫，导致营养失衡而发病。

【临床症状】

蛤蚧爬行时步态不稳，行动困难，四肢无力，常从墙壁上掉下，平时见病蛤蚧呈卧伏状态，食欲减退，身体消瘦，有时眼睛红肿发炎，眼分泌物增多，流泪，甚至失明。如不及时治疗，经 20~30d，常因身体衰弱而死亡。

【防治】

在饵料中添加维生素 A 和维生素 E。在配制饵料时，按每只蛤蚧加入鱼肝油 3~5 滴的量，拌匀后投喂。亦可用滴入口腔的办法，每日用鱼肝油制剂 1 滴，滴入病蛤蚧口腔，让其吞入，连喂 7d；或口服鱼肝油胶囊，每日 1 丸。

四、农药中毒

【病因】

周边农田果树喷施农药，沾有农药的昆虫被蛤蚧吞食而引起中毒。

【临床症状】

蛤蚧突然软弱无力，流涎，昏迷，迅速死亡，严重的 1~3h 即可死亡，临死前蛤蚧四肢挣扎，死后身体伸直，口不闭合。剖检可见胃内及内脏充血、黏膜溃烂等病变。

【防治】

周边村镇果树、蔬菜和农田喷药时，要暂停 3~5d 不开灯诱虫。发现蛤蚧中毒后立即注射硫酸阿托品注射液，每只成年蛤蚧注射 0.1mg，每 30min 注射 1 次。如确诊为农药中毒，经 1~2 次注射后，病蛤蚧会有好转，病情稳定。还可结合灌服 10% 葡萄糖溶液，每只灌服 2mL，可以增强疗效。

五、中暑

【病因】

蛤蚧饲养室内温度持续在 35℃ 以上，且通风不良，蛤蚧即会发生中暑。

【临床症状】

病初蛤蚧烦躁不安，呼吸加快，饮水次数增加，严重时病蛤蚧身体虚弱，无力在墙壁上爬行，终因衰弱脱水而死亡。

【预防】

室内温度升高、闷热、气温持续在 35℃ 以上时，要采取适宜的降温方式给蛤蚧通风降温。保证饮水供应，笼舍避免阳光直射。

六、脚趾脓肿

【临床症状】

患病蛤蚧腿或爪部红肿，随着病情的发展肿胀面逐渐扩大，手压有波动感。

患病蛤蚧爬行慢，患肢爬行时不着地，甚至无力爬上墙；爪部感染时，吸盘无力，精神状态差，食欲减退。剖检内脏无明显病理变化。

【治疗】

用75%酒精对患部进行消毒后，在患处切开一小口，清除脓块，然后用3%过氧化氢溶液消毒，并在伤口外撒上磺胺粉。

第十一节　蝎子常见疾病

一、斑霉病

蝎子斑霉病为真菌性病害，致病菌多为绿霉真菌，又称真菌病或黑斑病，多集中于6—8月发病，传染性极强。

【病因】

常因环境潮湿、气温较高、空气湿度大，以及食物发生霉变等，致使真菌大量繁殖，在蝎子躯体上寄生引起发病。

【临床症状】

感染发病的蝎子，初期极度不安，胸腹板部和前腹部常出现黄褐色或红褐色小点状霉斑并逐渐向四周蔓延扩大，隆起成片。病蝎生长停滞，后期活动量减少，行动呆滞，不吃不喝，直至死亡。死后躯体僵硬，体表出现白色菌丝。严重时呈突发性大批死亡，死后尸体僵化，在蝎窝内集结并和腐烂的饲料一起结块发霉，蝎体长出的绿色霉状菌丝体集结成菌块。

【治疗】

可用土霉素1g或长效磺胺1~1.5g与配合饲料1 000g拌匀饲喂，直至痊愈。

【预防】

本病主要以预防为主。保持饲养区空气流通，调节温度、湿度，使蝎室和蝎窝保持蝎子生长所需最佳条件，从而达到根除病原的目的。降低饲养密度，场地进行喷洒消毒。食盘和供水器应经常洗刷，及时更换食盘衬垫物，防止剩余饲料变质。病蝎要及时隔离治疗，死蝎要及时拣出焚烧，切勿加工入药。用1%~2%

福尔马林或0.1%高锰酸钾溶液对养殖区进行消毒。另外，也可用0.1%来苏儿溶液喷洒消毒。

二、黑腹病

蝎子黑腹病又叫黑肚病、黑腐病。一年四季均可发生，多因蝎子采食了腐败变质饲料和不清洁饮水所致。

【病因】

饲养过程中，供给蝎子的饲料腐败、变质或饮水器长时间不清洗，造成饮水不洁，或直接供给受到污染的水而引起健康蝎感染黑霉真菌所致。另外，没有及时将患病或病死的蝎子拣出，而使健康蝎子吃了病死蝎子的尸体，也可引起发病。

【临床症状】

发病初期，蝎子前腹部臌胀、发黑，活动减少或不出穴活动，食欲减退或不食，粪便呈绿色污浊水样。病程继续发展，病蝎前腹部出现黑色腐败溃疡性病灶，用手轻轻按压病灶部位，即有污秽不洁的黑色黏液流出，后腹部呈直线状拖在地上。本病发病时间短，病蝎在病灶形成时即死亡，且死亡率高。剖检时可见病蝎腹腔中有很多黑色液体流出。

【诊断】

根据临床症状可做出初步诊断。

【治疗】

可用干酵母1g、硫代硫酸钠2.5g、红霉素0.5g或长效磺胺0.5g，混合500g饲料中，拌匀后饲喂病蝎，直至痊愈。

【预防】

预防本病，首先要保证饲料和饮水新鲜，蝎窝定期清洁消毒，保持环境卫生。所喂饲料虫必须鲜活适量，吃剩的饲料虫要及时清理，以防蝎子误食。一旦发现本病要及时翻垛、清池，把养蝎室和垛体坯块用0.3%高锰酸钾溶液进行喷洒消毒，窝底垫土换用消毒后的新土，垛体和窝内垫土湿度以15%~18%为宜。及时清除死蝎尸体，拣出的病死蝎要及时清除并焚烧。

三、拖尾病

蝎子拖尾病又称半身不遂症，是由于长期饲喂脂肪含量较高的饲料，使蝎子体内脂肪大量沉积所致，有人也称本病为肥胖病。

【病因】

本病发生于夏末、秋初空气潮湿期。由于长期饲喂脂肪含量较高的饲料，使体内脂肪大量蓄积、营养过剩而引起。此外，栖息场所过于潮湿，也易诱发本病。

【临床症状】

病蝎躯体光泽明亮，肢节隆大，肢体功能减退或丧失，后腹部（尾部）下拖，活动缓慢、艰难或伏地不动，口器呈红色，似有液状脂溶性黏液泌出，一般发病5~10d后开始死亡，但有的病程可延续几个月。

【诊断】

根据发病特点、症状，可做出准确的判断。

【治疗】

不喂或少喂脂肪含量高的饲料，尤其是肥腻的肉类供应量宜少，并且要注意调节环境湿度。若早期发现并及时更换饲料种类，症状可自行缓解。一旦发病，要停止投喂肉类饲料，改喂果品或菜叶等植物性饲料。药物治疗可用大黄苏打片3g，炒麦麸500g，水60g，拌匀饲喂直至病愈为止，也可采取绝食3~5d进行治疗。

【预防】

不喂或少喂脂肪含量高的饲料，尤其是肥腻的肉类供应量宜少，并且要注意调节环境湿度。蝎子生活的最适宜温度为20~28℃，相对湿度控制在60%~75%，产期蝎需32~39℃的温度，初生仔蝎在32℃左右。做到以上几点基本上可杜绝本病的发生。

四、枯尾病

枯尾病又称青枯病，是一种慢性脱水症。

【病因】

主要是由于自然气候因素导致养殖环境干燥、饲料含水量低和饮水供给不足所致。

【临床症状】

发病初期，病蝎爬行缓慢，腹部扁平，肢体干燥无光，后腹部末端（尾梢处）出现黄色干枯萎缩现象，并逐渐向前腹部延伸，当后腹部近端（尾根处）出现干枯萎缩时，病蝎开始死亡。另外，在发病初期，由于个体间相互争夺水分，常引起严重的互相残杀现象。

【诊断】

本病要注意和拖尾病的鉴别诊断，从颜色外观上即可做出正确的判断。患枯尾病的蝎子尾部发黄，患拖尾病的蝎子尾部下垂，口器呈红色。

【治疗】

一旦发病，应每隔2d补喂1次果品或西红柿、西瓜皮等含水量高的植物性饲料，必要时适当增加饲养室和活动场地的洒水次数。病蝎在得到水分补充后，症状即自然缓解，一般不需采用药物治疗。

【预防】

在气候干燥季节，应注意调节饲料含水量和活动场地的湿度，适当增添供水器具。在养蝎室内投放的饲料、饮水要保证新鲜，宜用食盘和水盘盛放，不要将饲料直接撒入活动场地和栖息垛上，以免霉变。

五、腹胀病

腹胀病又称为大肚子病，常发生于早春和秋季阴雨连绵时期。

【病因】

主要是由于气候温度偏低或蝎舍温度过低，致使蝎子消化不良而引起。本病多发生在早春气温偏低和秋季阴雨低温时期。

【临床症状】

病蝎初期食欲减退，随病程的延长食欲完全丧失，前腹部肿大隆起，行动迟缓，对外界反应迟钝，在蝎舍一处俯卧不动。发病后如不及时治疗，往往在10~15d开始死亡。此外，雌蝎一旦发病，即使治疗及时、恢复健康，但亦会导致体内孵化终止和不孕。

【诊断】

本病的发生有明显的季节性，结合临床症状即可做出正确判断。

【治疗】

将病蝎挑出、隔离并进行重点治疗。提高蝎舍温度，使舍温保持在20~28℃，病蝎可用土霉素0.25g、干酵母0.6g、钙片1g，共研为细末，拌匀在400g饲料中，连喂10d，并酌情增加其饮水量。

【预防】

在早春和秋季低温时期注意保温，必要时可使用柴火、炉火或电热炉等加温方法，将温度调节至蝎子生活所需的最适宜温度，即可预防本病的发生。

六、白尾病

蝎子白尾病又称为便秘病，是养蝎过程中常见的一种疾病。

【病因】

主要是由于在人工饲养条件下，食物品种单一或质量不高，蝎子消化不良，代谢产物蓄积于肠道不能及时排出，从而导致肛门被粪便堵塞而发病。有时蝎窝土壤过于干燥，湿度低于5%时也易引发本病。

【临床症状】

蝎子发病初期食欲减退，精神沉郁，常常在蝎舍一处俯卧不动，灵敏性降低，触之不动或轻微行动。由于粪便排泄不畅，肛门处首先变白，并逐渐向前发展，变白的腹节失去活动能力。后期当病情发展到后腹部第一节时，蝎子食欲完全废绝，丧失活动能力，24~48h就会死亡。病蝎死后躯体干瘪，药用价值大大降低。

【诊断】

依据临床表现即可进行诊断。

【治疗】

当蝎子肛门变白时，首先检查饲料成分及含水量，酌情增加含水量，并在饲料中添加健胃消食药如食母生等，用量为 1g/kg 饲料。同时，检查蝎舍土壤湿度，保证不低于 5%。

【预防】

主要是改善蝎子的饲料成分，力求高质量和多样化。若饲喂混合性饲料，应适当增加饲料中的水分含量，并同时供给充足饮水。另外，还应经常保持土壤适宜的湿度。

七、蝎子体懈病

又称麻痹病，是由于高温突然来临，在热气下因蝎子急性脱水而引发的一种疾病。在夏季或冬季加热饲养的情况下，如温度控制不好，很容易发生本病。

【临床症状】

发病初期病蝎活动异常，多数蝎子出穴慌乱走动，蝎群烦躁不安，继而出现肢节软化，走动功能丧失，尾部下拖，全身颜色加深，肢体麻痹瘫痪。本病病程很短，从发病到死亡一般为 2~3h。

【防治】

注意调节温度和湿度，防止出现超过 40℃ 以上的高温情况和环境过度干燥的情况。如已出现高温干燥引起发病的状况，应立即加强通风，调节温度和湿度，并立即将蝎子捕出补水，方法是在 30~50℃ 的温水中加入少许食盐和白糖，喷洒在蝎子的体表（喷湿即可），待蝎室内的温度和湿度正常后，将已恢复正常的蝎子放入蝎室即可。

主要参考文献

李翠蓉，杨光荣，李洋甫，等. 2004. 四川特种经济动物养殖存在的问题与对策 [J]. 山东畜牧兽医 (6)：38.

刘建柱，马泽芳. 2015. 特种经济动物疾病防治学 [M]. 北京：中国农业大学出版社.

刘伟石，郭玉荣. 2005. 浅析特种经济动物养殖 [J]. 野生动物 (4)：21-22.

刘鑫. 2008. 特种经济动物养殖的现状及存在问题 [J]. 养殖与饲料 (10)：108-110.

任国栋，郑翠芝. 2016. 特种经济动物养殖技术 [M]. 第 2 版. 北京：化学工业出版社.

王信喜，杨海明，王庆. 2010. 特种经济动物养殖的现状与思考 [J]. 特种经济动植物 (6)：5-7.

王忠艳. 2015. 特种经济动物饲料学 [M]. 北京：科学出版社.

熊家辉. 2018. 特种经济动物生产学 [M]. 北京：科学出版社.